肉鸡场盈利八招

ROUJICHANG
YINGLI
BAZHAO

余燕　王彦华　罗志忠　主编

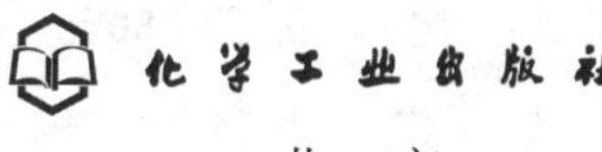

化学工业出版社

· 北京 ·

图书在版编目（CIP）数据

肉鸡场盈利八招/余燕，王彦华，罗志忠主编.—北京：化学工业出版社，2018.6

ISBN 978-7-122-31975-3

Ⅰ.①肉… Ⅱ.①余… ②王… ②罗… Ⅲ.①肉鸡-养鸡场-经营管理 Ⅳ.①S831

中国版本图书馆CIP数据核字(2018)第077804号

责任编辑：邵桂林　　文字编辑：赵爱萍

责任校对：王　静　　装帧设计：张　辉

出版发行：化学工业出版社

（北京市东城区青年湖南街13号邮政编码　100011）

印　　刷：北京京华铭诚工贸有限公司

装　　订：北京瑞隆泰达装订有限公司

850mm×1168mm　1/32　印张10　　字数311千字

2018年7月北京第1版第1次印刷

购书咨询：010-64518888（传真：010-64519686）　售后服务：010-64518899

网　　址：http：//www.cip.com.cn

凡购买本书，如有缺损质量问题，本社销售中心负责调换。

定　　价：39.80元

编写人员名单

主　　编　余　燕　王彦华　罗志忠

副 主 编　赵静静　吴俊朝　董　霞　罗显阳

编写人员（按姓氏笔画排序）

王彦华（河南省饲草饲料站）

吴俊朝（河南省禹州市畜牧局）

余　燕（河南科技学院）

罗志忠（驻马店市动物疫病预防控制中心）

罗显阳（郑州市兽药饲料监察所）

赵　敏（河南农业职业学院）

赵静静（焦作市畜牧兽医综合执法大队）

韩俊伟（新乡市动物卫生监督所）

董　霞（确山县动物卫生监督所）

魏刚才（河南科技学院）

前　　言

我国是养鸡大国，肉鸡存栏量和出栏量处于世界前列，肉鸡业在畜牧业的比重越来越大。肉鸡业以其投资少、见效快、效益好等特点深受养殖者青睐，成为人们创业致富的一个好途径。但是，近年来由于我国肉鸡业的规模化、集约化以及智能化，肉鸡养殖数量增加，市场供求处于基本平衡，肉鸡价格波动明显，养殖效益很不稳定，有的肉鸡场甚至出现亏损。

影响肉鸡效益主要有三大因素，即市场、养殖技术、经营管理。不过，市场变化虽不是鸡场能够完全掌控的，但如果鸡场能够掌握市场变化规律，根据市场情况对生产计划进行必要调整，可以缓解市场变化对鸡场的巨大冲击。另外，对于一个鸡场来说，关键是要练好内功，即通过不断学习和应用新技术，加强经营管理，提高肉鸡的生产性能，降低生产消耗，生产出更多更优质的产品，才能在剧烈的市场变化中处于不败之地。为此，我们组织有关人员编写了《肉鸡场盈利八招》，结合生产实际，详细介绍了肉鸡场盈利的关键养殖技术和经营管理知识，有利于肉鸡场提高盈利能力。

本书结合肉鸡生产实际，系统介绍了让种鸡生产更多肉用仔鸡、选择优质肉用雏鸡、使肉用仔鸡长得更快、维持鸡体健康、降低生产消耗、增加产品价值、注意细节管理、注重常见问题处理等肉鸡场盈利的关键点，为肉鸡场提高生产水平、获得更多盈利提供技术支撑。本书注重科学性、实用性、先进性，通俗易懂，适合肉鸡场（户）和养鸡技术人员参考阅读。

由于笔者水平所限，书中定有疏漏之处，恳请同行专家和读者不吝指正。

目　录

第一招 让种鸡生产更多的优质肉用仔鸡

【提示】

通过选择优良品种、加强肉用种鸡的饲养管理，科学地进行孵化，才能获得更多数量的肉用仔鸡，以出栏更多的优质肉鸡。

一、选择优良的品种

品种是决定肉鸡繁殖能力和生产性能的内因，只有优良的品种，才能保证肉鸡的增重速度、饲料转化率和养殖效益。

（一）肉鸡品种的繁育

20 世纪 60 年代以前，世界各国肉鸡生产主要选用标准品种，如白洛克、考尼什、浅花苏赛斯等进行商品生产，其生产性能低。60 年代以后，一些发达国家运用数量遗传学原理，在原来品种的基础上培育出生长速度快、生活力强、性能整齐一致的专门化配套品系。利用这些配套品系杂交后，生产商品杂交鸡。

1. 选育专门化的品系

由于鸡的产蛋量与其早期生长速度、成年体重呈负相关，即产

蛋量多的鸡生长速度慢，体型小；而生长速度快、体型大的鸡产蛋量少。这样就形成了仔鸡生产与生长速度的矛盾，为解决这一矛盾，肉鸡育种专家根据作物制种原理，设计出科学的肉鸡生产方案，即分别培育专门化品系——父系和母系，然后进行配套杂交。这样配套品系杂交后，既能够充分利用父母系的不同特点，为肉鸡商品生产提供数量多、质量好的肉仔鸡，又保证每一只肉仔鸡生长速度快。

（1）父系肉种鸡的要求　早期生长速度快，体型大，饲料报酬高，肉质良好，来源于肉用型鸡，如从白考尼什鸡、红考尼什鸡、芦花鸡等中选育。

（2）母系肉种鸡要求　产肉性能较好，且产蛋量较多，来源于兼用型鸡，常从白洛克鸡、浅花苏赛斯鸡、洛岛红鸡等中选育。

2. 杂种优势的利用

鸡的不同品种、品系或其他种用类群杂交后所产的后代往往在生产力、生长速度等生产性能方面优于其亲本的纯繁类群，这种现象称为杂种优势。

杂种优势的产生，主要是由于优良显性基因的互补和群体中杂合频率的增加，从而抑制或减弱了更多的不良基因的作用，提高了整个群体的平均显性效应和上位效应。但是，并非所有的“杂种”都有“优势”。如果亲本间缺乏优良基因，或亲本间的纯度很差，或两亲本群体在主要经济性状上基因频率没有太大的差异，或在主要性状上两亲本群体所具有的基因的显性与上位效应都很小，或杂种缺乏充分发挥杂种优势的环境条件，这样都不能表现出理想的杂种优势。因此，更好地利用商品肉鸡的杂种优势，必须做好如下工作。

（1）杂交亲本的选优提纯　利用近交系或闭锁群育种方法选育出优良的品系；然后对选育的品系进行选择。肉用鸡在7周龄时，根据体重、胸角和骨骼发育进行初选，20周龄时按外貌进行复选，40周龄时根据产蛋性能和繁殖性能做最后的选择。

（2）配合力测定和品系配套　所培育的品系究竟哪些品系杂交效果好，必须进行配合力测定。即将许多品系有规律的组合起来，通过杂交以观察哪些品系间的杂交优势最强，最后选出最好组合，作为生产杂交鸡的配套品系。

（3）品系扩繁和杂交制种　将选出的配套品系进行扩繁，然后

杂交制种生产商品鸡。杂交组合中，参与配套的品系叫配套系。根据参与配套系的多少，形成不同的杂交模式。现代生产中的杂交模式如下。

① 两系杂交　指两个不同品种或品系鸡杂交一次，子一代杂种全部用于商品生产。其优点是简单易行，配合力易于测定，优势明显。不足之处是不能在父母代利用杂交优势来提高繁殖性能，而且扩繁层次少，供种量有限。现在已基本不用。

② 三系杂交　指三个不同品种或品系鸡之间杂交。杂交三系配套时父母代母本是二元杂种，所以其繁殖性能可以获得一定杂交优势，再与父系杂交可在商品代产生杂种优势。扩繁层次增加，供种数量大幅提高。三系杂交是一种相对较好的配套形式（图 1-1）。

纯系：A近交系(白洛克)　B近交系(白洛克)　C近交系(考尼什)

祖代：A♂单性纯系(白洛克) × B♀单性纯系(白洛克)　C♂近交系(考尼什)

父母代：AB♀(单交系白洛克) × C♂单性纯系(考尼什)

商品代：ABC(三系配套杂交鸡)

图 1-1　三系杂交配套示意图

③ 四系杂交　指四个不同品种或品系鸡之间的杂交。四系配套是仿照玉米自交系双杂交模式建立的。从鸡育种中积累的资料看，四系杂种的生产性能没有明显超过两系杂种和三系杂种的。但从育种公司的商业角度看，四系配套有利于控制种源、保证供种的连续性（图 1-2）。

纯系：A 近交系(白洛克)　B 近交系(白洛克)　C 近交系(考尼什)　D 近交系(考尼什)

祖代：A♂单性纯系(白洛克) × B♀单性纯系(白洛克)　C♂近交系(考尼什) × D♀近交系(考尼什)

父母代：AB♀(单交系白洛克) × CD♂(单交系考尼什)

商品代：ABCD(四系配套杂交鸡)

图 1-2　四系杂交配套示意图

3. 黄羽肉鸡的杂交配套

早期优质黄羽肉鸡主要围绕石岐杂鸡等少数几个三黄鸡地方品种进行本品种选育，适当地作了一些引入杂交。20 世纪 80 年代开始以南方多个科研院所采用现代育种方法，培育了各具特色的配套系。其配套系的选育和组合可归纳为如下几个模式（图 1-3）。

模式一：优质地方鸡种（选育的品种 / 系）♂ × 外来鸡种（隐性白羽）♀

↓

优质地方鸡种（黄羽或麻羽）♂ × F_1♀

↓

商品鸡

模式二：纯合矮小型鸡种（dw）♂ × 外来鸡种或优良的地方鸡种（纯系）♀

↓

优质地方鸡种 ♂ × F_1♀

↓

商品鸡

图 1-3　黄羽肉鸡杂交模式示意图

4. 良种繁育体系

良种繁育体系是把高产配套鸡的育种和制种工作的各个环节有机地结合起来，形成一个分工明确、联系密切、管理严格的一个体系。

良种繁育体系具有重要作用，只有建立健全良种繁育体系并加强管理，才能使各级种鸡场合理布局，才能使良种迅速推广，才能使良种生产过程中的各个环节不出问题而保证良种质量；按照良种繁育体系要求设置和布局各级种鸡场，既可以避免种鸡盲目生产，又可以保证广大的商品鸡场和专业户获得最优良的商品鸡；全国只需要建立少数的育种场，集中投资，容易较快较好地育成和改良配套品系，保证商品场饲养到优质的高产杂交配套品种，从而提高鸡群的生产性能，减少饲料消耗，极大地降低生产成本；同时，建立健全良种繁育体系，可以从源头抓起，严格管理，控制病原的传播，特别是一些特定病原。

良种繁育体系主要由育种和制种两部分组成。第一部分是育种部分，进行选育、定型。在育种场内，利用选育出的具有符合人们特定要求的十几个或几十个纯系鸡种进行杂交组合，经过配合力测定，选出具有明显杂交优势（生产性能最好）的杂交组合，固定下来形成配套系进入下一部分。第二部分是制种部分，利用育种场提供的配套纯系进行扩繁（杂交制种）。扩繁过场中，必须按照固定的配套模式向下垂直传递，即祖代鸡只能生产父母代鸡，而父母代鸡只能用于生产商品代鸡，商品代鸡是整个繁育的终点，不能再作为种用。良种繁育体系结构图及各场的任务见图 1-4。

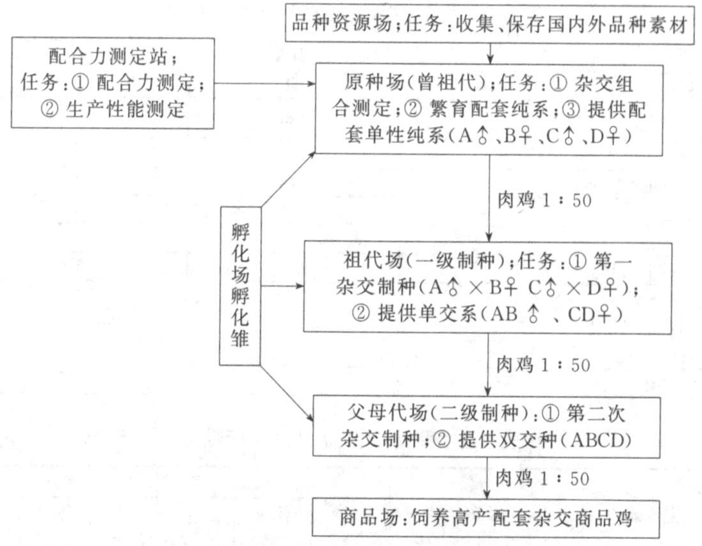

图 1-4　良种繁育体系结构图

（二）肉鸡主要品种

我国目前饲养的肉鸡品种有几十种，按其来源分为国外引进品种和地方优良品种（包括培育品种），按照肉品质分为快大型肉鸡和优质黄羽肉鸡。快大型肉鸡生长速度快，饲料报酬高，但肉质、风味相对差；优质黄羽肉鸡生长速度慢，饲料报酬低，肉质、风味优良。

1. 快大型肉鸡品种

（1）罗斯 308（Ross-308）　1989 年，罗斯 308 肉鸡最早被上海所引进，其父母代和商品代的表现很好。20 世纪 90 年代初建立在天津市武清区的华牧家禽育种中心也引进过罗斯 308 的祖代种鸡。现有的隐性白品系，基本上都是在白洛克品种的基础上选育出来的。其外貌特征与许多快大肉鸡配套系的母本甚为相似。该鸡全身羽毛均为白色，体型呈丰满的元宝形；单冠，冠叶较小，冠、脸、肉垂与耳叶均为鲜红色；皮肤与胫部为黄色。眼睛虹膜为褐（黑）色，这一点是区别隐性白羽和白化变异的重要特征。

目前，罗斯 308 肉鸡的饲养范围和数量较多。父母代和商品代生产性能见表 1-1、表 1-2。

表 1-1　罗斯 308 父母代种鸡生产性能

项　目	25 周入舍	23 周入舍
饲养期 / 周龄	64	62
入舍母鸡累计产蛋数 / 枚	180	180
入舍母鸡累计产合格蛋数 / 枚	175	173
入舍母鸡生产的健雏数 / 只	148	147
平均孵化率 /%	84.8	84.8
达 5% 产蛋率 / 周龄	25	23
高峰期日平均产蛋率 /%	85.3	85.3
体重 / 克	2975	2760
母鸡饲养期末体重 / 克	3960 ～ 4050	3960 ～ 4050
育雏育成期累积死淘率 /%	4 ～ 5	4 ～ 5
产蛋期累计死淘率 /%	8	8

表 1-2　罗斯 308 商品代生产性能

商品名称	公鸡			母鸡			混养		
	日龄 / 日	体重 / 克	料肉比	日龄 / 日	体重 / 克	料肉比	日龄 / 日	体重 / 克	料肉比
罗斯 308	36	2272	1.59	36	1950	1.672	36	2111	1.628
	42	2867	1.701	42	2436	1.811	42	2652	1.751
	49	3541	1.83	49	2986	1.937	49	3264	1.895

（2）爱拔益加（Arbor Acres）　简称 AA 肉鸡。全身羽毛白色，体型大，胸宽腿粗，肌肉发达，尾羽短。蛋壳颜色很浅；种鸡为四系配套，四个品系均为白洛克型。其特点是生长快，耗料少，适应性强。商品肉鸡胴体美观，胸脯和腿肉发达，是市场上分割加工、烤炸或整吃的重要鸡肉来源，畅销全世界。目前，世界上有 20 多个国家设有独资或合资的种鸡公司。我国从 1981 年起，就有广东、上海、江苏、北京和山东等许多省、市先后引进了祖代种鸡，父母代与商品代的饲养已遍布全国，深受生产者和消费者欢迎，成为我国白羽肉鸡市场的重要品种。

祖代父本分为常规型和多肉型（胸肉率高），均为快羽，生产的父母代雏鸡翻肛鉴别雌雄。祖代母本分为常规型和羽毛鉴别型，常规型父系为快羽，母系为慢羽，生产的父母代雏鸡可用快慢羽鉴别雌雄；羽毛鉴别型父系为慢羽，母系为快羽，生产的父母代雏鸡需翻肛鉴别雌雄，其母本与父本快羽公鸡配套杂交后，商品代雏鸡可以快慢羽鉴别雌雄。

父母代和商品代生产性能见表1-3、表1-4。

表1-3　爱拔益加父母代种母鸡主要性能

项目	常规系	羽速自别系
全期平均日产蛋率/%	66	65
高峰期日平均产蛋率/%	87	86
5%～10%产蛋率的周龄/周	25	25
全期平均存活率/%	91	90
入舍母鸡每只产种蛋数/枚	185	182
入舍母鸡每只产雏鸡数/只	159	155
55%～10%产蛋率时的体重/千克	2.83～3.06	2.83～3.06
产蛋结束时体重/千克	3.54～3.85	3.54～3.85

表1-4　爱拔益加肉仔鸡的生产性能

周龄/周	活重/千克		料肉比	
	常规系	改进型①	常规系	改进型①
5		1.810		1.56
6	2.145	2.440	1.75	1.73
7	2.675	3.040	1.92	1.90
8	3.215		2.11	

① 指羽速自别系2003改进型。

（3）艾维因　艾维因肉鸡是由美国艾维因国际有限公司培育的三系配套白羽肉鸡品种，我国自1987年开始引进，也是我国白羽肉鸡中饲养较多的品种之一。艾维因肉鸡为显性白羽肉鸡，体型饱满，胸宽、腿短、黄皮肤，具有增重快、成活率和饲料报酬高等特点。艾维因肉鸡可在我国绝大部分地区饲养，适宜各种类型的养殖场饲养。

父母代生产性能：入舍母鸡产蛋5%时成活率不低于95%，产蛋期内死淘汰率不高于8%～10%；高峰期产蛋率86.9%，41周龄可产蛋187枚，产种蛋数177枚，入舍母鸡产健雏数154只，入孵种蛋最高孵化率91%以上。

商品代生产性能：商品代公母混养49日龄体重2.6千克，耗料4.63千克，饲料转化率1.89，成活率97%以上。

（4）安卡红　安卡红为速生型黄羽肉鸡，四系配套，原产于以色列。1994年10月上海市华青曾祖代肉鸡场引进。安卡红鸡体型较大、浑圆，是目前国内生长速度最快的红羽肉鸡。初生雏较重，达38～41克。绒羽为黄色、淡红色，少数雏鸡背部有条纹状褐色，主

翼羽、背羽羽尖有部分黑色羽，公鸡尾羽有黑色，肤色白色，喙黄，腿粗，胫趾为黄色。单冠，公、母鸡冠齿以6个居多，肉髯、耳叶均为红色，较大、肥厚。与我国地方鸡种杂交有较好的配合力，可在我国绝大部分地区饲养，适宜集约化鸡场、规模化养鸡场、专业户。

父母代生产性能：0～21周龄成活率94%，22～26周龄成活率92%～95%，66周龄淘汰。25周龄产蛋率5%。每只入舍母鸡产种蛋数164枚，入孵种蛋出雏率85%。

商品代生产性能：商品代饲料转化率高，生长快，饲料报酬高，6周龄体重达2001克，累计料肉比1.75∶1∶7周龄体重达2405克，累计料肉比1.94∶1；8周龄体重达2875克，累计料肉比2.15∶1。

（5）哈巴德肉鸡　上海大江股份有限公司从美国引进的高产肉鸡品种。该品种具有生长速度快，抗病能力强，胴体屠宰高，肉质好，饲料报酬高，饲养周期短以及商品鸡依据羽速自别雌雄，有利于分群饲养等特点。可在我国大部分地区饲养。

父母代生产性能：开产日龄175天，产蛋总数180枚，合格种蛋数173枚，平均孵化率86%～88%，平均出雏数135～140只。

商品代生产性能：28天体重1.25千克，料肉比1.54∶1；35天体重1.75千克，料肉比1.68∶1；42天体重2.24千克，料肉比1.82∶1；49天体重2.71千克，料肉比1.96∶1。

（6）秋高肉鸡　该品种是由澳大利亚狄高公司培育而成的两系配套杂交肉鸡，父本为黄羽，母本为浅褐色羽，商品代皆黄羽。其特点是商品肉鸡生长速度快，与我国地方优良种鸡杂交，其后代生产性能好，肉质佳，可在我国大部分地区饲养。

父母代生产性能：开产日龄175天，产蛋总数191枚，合格种蛋数177.5枚，平均孵化率89%，平均出雏数175只。

商品代生产性能：42天体重1.81千克，料肉比1.88∶1；49天体重2.12千克，料肉比1.95∶1。56天体重2.53千克，料肉比2.07∶1。

（7）红波罗肉鸡　红波罗肉鸡又称红宝肉鸡，体型较大，为有色红羽鸡，肉用仔鸡生长速度快，具有三黄特征，即黄喙、黄脚、黄皮肤，屠体皮肤光滑，味道较好，备受国内消费者欢迎。初生雏重达38～40克。绒毛呈红色，无白羽，成年鸡羽色一致，鸡冠为单冠，公、母鸡冠齿极大，部分为7个，肉髯、耳叶均为红色、较大。

父母代生产性能：20周龄体重为1.9～2.1千克，64周龄体重为3.0～3.2千克，入舍母鸡累计产蛋数（66周龄）185个，入舍母鸡累

计提供种蛋数（64 周龄）165 ～ 170 个，入舍母鸡累计提供初生肉仔鸡数 137 ～ 145 个，生长期死亡率为 2%～ 4%，产蛋期死亡率（每月）为 0.4%～ 0.7%，平均日耗料量为 145 克。

商品代生产性能：用全价饲料 60 天体重可达 2.2 千克，饲料转化率为 (2.2 ～ 2.7) ∶ 1。生活力强，60 日龄存活率达 97% 以上。

（8）海波罗肉鸡　海波罗肉鸡是荷兰尤里勃利特育种公司培育的四系配套白羽肉用鸡。海波罗肉种鸡为白色快大型肉用种鸡，体型硕大，白色羽毛，单冠，胸肌发达，眼大有神，早期生长速度快，产肉性能好；生产性能稳定，死亡率较低，但对寒冷气候适应性稍差。

父母代生产性能：20 周龄母鸡体重 2230 克，公鸡 3050 克；65 周龄时的母鸡体重 3685 克，公鸡 4970 克。65 周龄入舍母鸡产蛋数 185 个，入舍母鸡产种蛋数 178 个，平均入孵蛋孵化率 83%，入舍母鸡产雏鸡数 148 只。

商品代生产性能：海波罗肉鸡生长速度快，28 日龄体重 1280 克，料肉比 1.45 ∶ 1；35 日龄体重 1833 克，料肉比 1.65 ∶ 1；42 日龄体重 2418 克，料肉比 1.74 ∶ 1；49 日龄体重 2970 克，料肉比 1.85 ∶ 1。

2. 优质肉鸡品种

（1）康达尔黄鸡　康达尔黄鸡是由深圳康达尔（集团）公司家禽育种中心培育的优质黄鸡配套系。利用 A、B、D、R、S5 个基础品系，组成康达尔黄鸡 128 和康达尔黄鸡 132 两个配套系。

① 康达尔黄鸡 128　属于快大型黄鸡配套 8 系，由于父母代母本使用了黄鸡与隐性白鸡的杂交后代，使产蛋率、均匀度、生长速度和蛋形等都有了较大的改善。同时，利用品系配套技术，使各品系的优点在杂交后代得到了充分的体现。

父母代生产性能：20 周龄体重 1.66 ～ 1.77 千克，64 周龄体重 2.50 ～ 2.55 千克，25 周龄产蛋率 5%，产蛋高峰为 30 ～ 31 周，68 周龄产蛋数 160 个，平均种蛋合格率 95%，平均受精率 92%，平均孵化率 84.2%，产蛋期死亡率 8%，饲料消耗 49 千克。

商品代生产性能：肉鸡出栏日龄 70 ～ 95 天，平均活重 1. 5 ～ 1.8 千克，料肉比 (2.5 ～ 3.0) ∶ 1。

② 康达尔黄鸡 132　是用矮脚基因，根据不同的市场需求生产的系列配套品种。用矮脚鸡做母本来生产快大型鸡，可使父母代种鸡较正常型节省 25%～ 30% 的生产成本；用来生产仿土鸡，可极大地提

高种鸡的繁殖性能，降低生产成本。

快大型黄鸡：利用矮脚鸡D系做父本，隐性白母鸡做母本，生产矮脚型的父母代母本，再以快大型黄鸡品系或品系之间的杂交后代做父本，生产快大型黄鸡品种，使商品代的生长速度达到市场上的主要快大黄鸡品种的性能。商品代的生产性能是肉鸡出栏日龄70～95天，平均活重1.5～1.8千克，料肉比(2.5～3.2)：1。

仿土鸡：用地方优质鸡（土鸡）做父本，矮脚母鸡做母本杂交生产的，其特点是后代在外观上和肉质上具有地方种鸡特色，种母鸡生产性能较地方鸡有较大提高，可极大地提高地方鸡生产经济效益。这种配套的商品代公鸡为黄羽快大型，母鸡为具有黄羽的矮脚型，肉质鲜美，胸肌发达，并较一些地方品种（土鸡）的生产速度快。

仿土鸡父母代生产性能：20周龄体重1.45～1.55千克，24周龄体重1.70～1.80千克，64周龄体重2.15～2.25千克，5%产蛋周龄24周，产蛋高峰周龄29～30周，68周龄产蛋数164个，饲养日产蛋数170个，健雏数127羽；育成期死亡率5%，产蛋期死亡率8%，饲料消耗39千克。

（2）苏禽黄鸡　苏禽黄鸡是江苏省家禽科学研究所培育的优质黄鸡配套系列。苏禽黄鸡系列包括快大型、优质型、青脚型3个配套系，主要特点和生产性能如下。

① 快大型　快大型羽毛黄色，颈、翅、尾间有黑羽，羽毛生长速度快。父母代产蛋较多，入舍母鸡68周龄所产种蛋可孵出雏鸡142只，商品代60日龄体重，公鸡1700克、母鸡1400克，饲料转化比为2.5：1。

② 优质型　该型的特点是商品鸡生长速度快，羽毛麻色，似土种鸡，肉质优，适合于要求40多天上市、体重在1千克左右的饲养户生产。麻羽鸡三系配套，由地方鸡种的麻鸡与外来品种杂交后做第一父本，具备了生长快、产蛋率高、肉质鲜嫩等特点；第二父本系国外引进的快大系黄鸡。因而，配套鸡的各项性能表现均处于国内先进水平。

③ 青脚型　以我国地方鸡种为主要血缘，分别选育、配套而成。其羽毛黄麻、黄色，脚青色，生长速度中等，肉质、风味特优，是典型的仿土种鸡品系。生产的仔鸡70日龄左右上市，可用于烧、炒、清蒸、白切等，在河南、安徽、四川、江西等省有较大的

市场。

（3）佳禾黄鸡　佳禾黄鸡是南京温氏家禽育种有限公司培育的系列黄鸡配套系。分别有快大型、节粮型和青脚型配套系。其特点是，体形外貌仿土鸡，肉质优，生长速度适合不同层次消费，节约饲料。佳禾黄鸡配套系主要为快大型和青脚型。

① 快大型　用隐性白和矮脚黄等配套而成，其父母代具有体型小、产蛋率高、羽毛受消费者欢迎等优点。由于配套系中 *dw* 基因的选用，父母代种鸡的饲养成本降低 25％～30％，产蛋率比其他种鸡提高 12％以上，因而生产成本降低近 40％，每只种蛋全程消耗饲料仅 186 克左右。商品代早熟，35 天时冠大面红，羽毛丰满，可上市出售。羽毛黄（麻）色，黄脚，黄皮，生长速度 42 天公、母鸡平均体重 1.9 千克左右，饲料转化比 2.04 ∶ 1。

② 青脚型　其父母代种鸡青脚、白肤，羽毛以黄麻为主，68 周龄生产；产蛋 181 个，提供商品雏鸡 154 只。商品代体型紧凑，胸肌丰满，羽毛麻黄，皮下脂肪中等，肉质优，生产量占国内青脚鸡市场的 40％以上。

（4）新浦东鸡　是由上海畜牧兽医研究所育成的我国第一个肉鸡品种。是利用原浦东鸡作为母本，红科尼什、白洛克做父本，杂交、选育而成的。羽毛颜色为棕黄或深黄，皮肤微黄，胫黄色。

生产性能：产蛋率 5% 的日龄为 26 周龄，500 日龄的产蛋量 140 ～ 152 枚，受精蛋孵化率 80%，受精率 90%；仔鸡 70 日龄体重 1500 ～ 1700 克，料肉比 (2.6 ～ 3.0) ∶ 1。成活率 95%。

（5）鹿苑鸡　鹿苑鸡又名鹿苑大鸡，属兼用型鸡种，因产于江苏省张家港市鹿苑镇而得名。该鸡以屠体美观、肉质鲜嫩肥美而著称。鹿苑鸡体型高大，体质结实，胸部较深，背部平直。头部冠小而薄，肉垂、耳叶亦小。眼中等大，瞳孔黑色，虹彩呈粉红色，喙中等长、黄色，有的喙基部呈褐黑色。全身羽毛黄色，紧贴体躯，且使腿羽显得比较丰满。颈羽、主翼羽和尾羽有黑色斑纹。胫、趾黄色，两腿间距离较宽，无胫羽。

生产性能：母鸡开产日龄（按产蛋率达 50％计算）为 180 天，开产体重 2 千克左右。年平均产蛋量 144.7 个，平均蛋重 52.2 克，蛋壳褐色；60 日龄公鸡体重 937.1 克左右，母鸡体重 786.9 克左右；120 日龄公鸡体重 1877.3 克左右，母鸡体重 1581.3 克左右。

另外，优质黄羽肉鸡还有惠阳鸡、桃源鸡、江村黄鸡、固始鸡、

石岐杂、粤黄 882 等。

3. 优良品种的选择

只有选择适合市场需求和本地（本场）实际情况，且具有较好生产性能表现的品种，才能取得较好的养殖效益。选择肉鸡品种必须考虑如下方面。

（1）市场需要　市场经济条件下，生产者只有根据市场需要来进行生产，才能获得较好的效益。肉鸡的类型较多，根据市场需要选择适销对路的品种类型。如香港、深圳和沿海经济发达地区喜欢优质黄羽肉鸡，优质鸡肉的消费量大，所以南方饲养较多的是黄羽肉鸡；北方地区和一些肉鸡出口企业，饲养较多的是快大型肉鸡。白羽肉鸡屠宰后皮肤光滑好看，深受消费者喜欢，我国饲养白羽肉鸡的多，饲养有色羽肉鸡的少。

（2）品种的体质和生活力　现代的肉鸡品种生长速度都很快，但在体质和生活力方面存在差异。应选用腿病、猝死症、腹水症较少、抗逆性强的肉鸡品种。

（3）种鸡场管理　我国肉用种鸡场较多，规模大小不一，管理参差不齐，生产的肉用仔鸡的质量也有较大差异，肉鸡的生产性能表现也就不同。如有的种鸡场不进行沙门菌的净化，沙门菌污染严重，影响肉鸡的成活率和增重速度；有的引种渠道不正规，引进的种鸡质量差，生产的仔鸡质量也差。无论选购什么样的鸡种，必须到规模大、技术力量强、有种禽种蛋经营许可证、管理规范、信誉度高的种鸡场购买。最好能了解种鸡群的状况，要求种鸡群体质健壮高产、没发生疫情、洁净纯正。

二、加强肉用种鸡的饲养管理

肉种鸡饲养过程一般分为三个时期，即育雏期（0～4 周龄）、育成期（5～23 周龄）、产蛋期（繁殖期）。饲养肉用种鸡的目的是为了获得受精率高、孵化率高的种蛋，生产可能多的健壮、优质和肉用性能好的肉用仔鸡。肉用种鸡具有采食量大，生长速度快，体重大，容易育肥，产蛋量低的特点，必须结合肉用种鸡的特点，科学饲养，加强管理，提高肉用种鸡的种用价值，生产更多的种蛋。

（一）育雏期饲养管理

1. 做好准备工作

（1）鸡舍准备　现代养鸡业面临的最大威胁仍然是疾病。鸡群周转必须实行“全进全出”制，以实现防病和净化的要求。当上一批育雏结束转群后，应对鸡舍和设备进行彻底的检修、清洗和消毒。消毒工作结束后铺上垫料，重新装好设备，进鸡前锁好鸡舍（或场区），空闲隔离至少 3 周，待用。饲养面积根据饲养方式和饲养数量确定。

（2）设备用具准备　根据生产计划、饲养管理方式及雏鸡适宜的饲养密度，准备足够的饲喂和饮水设备。为每 500 只 1 日龄雏鸡准备一台电热育雏伞。准备好接雏工具，如计数器、记录本、剪刀、电子秤、记号笔。准备好免疫工具、消毒用具、断喙用具等。

（3）其他准备　饲养人员在育雏前 1 周上岗，最好能选用有经验和责任心强的人员，必须进行岗前培训；育雏前 1 天准备好饲料和药品（消毒药物、生物制品、抗菌药物和营养剂等）。

（4）升温　提前开动加温设备进行升温，育雏前 2 ～ 3 天使温度达到育雏温度要求，稳定后进雏。

2. 接雏

引进种鸡时要求雏鸡来自相同日龄种鸡群，并要求种鸡群健康，不携带垂直传播的支原体、白痢、副伤寒、伤寒、白血病等疾病。引进的雏鸡群要有较高而均匀的母源抗体。出雏后尽快入舍，入舍愈晚对鸡产生的不良影响愈大。最理想的是出雏后 6 ～ 12 小时将雏鸡放于鸡舍育雏伞下。冷应激对雏鸡以后的生长发育影响较大，冬季接雏时尽量缩短低温环境下的搬运时间。将雏鸡小心从运雏车上卸下并及时运进育雏舍，检点鸡数，随机抽两盒鸡称重，掌握1日龄平均体重。从出壳到育雏舍运输时间过长，雏鸡会脱水或受到较大的应激。尽量缩短运输时间。公雏出壳后在孵化厅还要进行剪冠、断趾处理，受到的应激较大。因此，运到鸡场后要细心护理。

3. 育雏的适宜环境条件

（1）育雏温度　由于生理原因，刚出壳的雏鸡体温调节能力很不健全，必须人工提供适宜的环境温度以利其生长。开始育雏时保温伞边

缘离地面5厘米处（鸡背高度）的温度以32～35℃为宜。育雏温度每周降低2～3℃，直至保持在20～22℃为止。

为防止雏鸡远离食槽和饮水器，可使用围栏。围栏应有30厘米高，与保温伞外缘的距离为60～150厘米。每天向外逐渐扩展围栏，当鸡群达到7～10日龄时可移走围栏。

过冷的环境会引起雏鸡腹泻及导致卵黄吸收不良；过热的环境会使雏鸡脱水。育雏温度应保持相对平稳，并随雏龄增长适时降温，这一点非常重要。细心观察雏鸡的行为表现（图1-5、图1-6），可判断保温伞或鸡舍温度是否适宜。雏鸡应均匀地分布于适温区域。如果鸡扎堆或拥挤，说明育雏温度不适合或者有贼风存在。育雏人员每天必须认真检查和记录育雏温度，根据季节和雏鸡表现灵活调整育雏条件和温度。

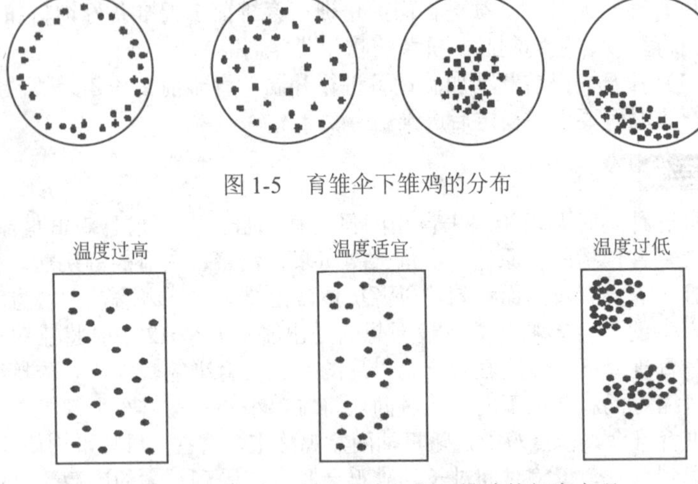

图1-5　育雏伞下雏鸡的分布

图1-6　暖房式（整个舍内加温）雏鸡的行为表现

（2）湿度　为尽量减少从孵化器转到鸡舍给雏鸡带来的应激，最理想的条件下，前7天雏鸡所感受的相对湿度应达到70%左右，如第一周内相对湿度低于50%，雏鸡就会开始脱水，其生理发育将受到负面影响。可以采取在舍内火炉上放置水壶、在舍内喷热水等方法提高湿度；8～20天，相对湿度降到65%左右；20日龄以

后，由于雏鸡采食量、饮水量、排泄量增加，育雏舍易潮湿，所以要加强通风，更换潮湿的垫料和清理粪便，以保证舍内相对湿度在50% ～ 60% 为宜。

（3）通风　通风换气不仅提供鸡生长所需的氧气、调节鸡舍内温、湿度，更重要的是排除舍内的有害气体、羽毛屑、微生物、灰尘，改善舍内环境。育雏期通风不足造成较差的空气质量会破坏雏鸡的肺表层细胞，使雏鸡较易感染呼吸道疾病。

鸡舍内的二氧化碳浓度不应超过 0.5 %，氨气浓度不应高于0.002%，否则鸡的抗病力降低，性成熟延迟。通风换气量除了考虑雏鸡的日龄、体重外，还应随季节、温度的变化而调整。育雏前期鸡的个体较小，鸡舍内灰尘和有害气体相对较少，所以通风显得不是十分重要，随着鸡只生长逐渐加大通风量。

（4）饲养密度　雏鸡入舍时，饲养密度大约为每平方米 20 只，以后，饲养面积应逐渐扩大，28 日龄（4 周龄）到 140 日龄，每平方米的饲养密度，母鸡 6 ～ 7 只，公鸡 3 ～ 4 只。同时保证充足的采食和饮水空间，见表 1-5、表 1-6。

表 1-5　肉种鸡的采食位置

年龄 / 日龄	种母鸡			种公鸡		
	雏鸡喂料盘 /（只 / 个）	槽式饲喂器 /（厘米 / 只）	盘式饲喂器 /（厘米 / 只）	雏鸡喂料盘 /（只 / 个）	槽式饲喂器 /（厘米 / 只）	盘式饲喂器 /（厘米 / 只）
0 ～ 10	80 ～ 100	5	5	80 ～ 100	5	5
10 ～ 49		5	5		5	5
49 ～ 70		10	10		10	10
>70（母） 70 ～ 140		15	10		15	10
>140（公）					18	18

表 1-6　饮水位置

饮水器类型	育雏育成期	产蛋期
自动循环和槽式饮水器 /（厘米 / 只）	1.5	2.5
乳头饮水器 /（只 / 个）	8 ～ 12	6 ～ 10
杯式饮水器 /（只 / 个）	20 ～ 30	15 ～ 20

（5）光照　在育雏前 24 ～ 48 小时，应根据雏鸡行为和状况为其提供连续照明。此后，光照时间和光照强度应加以控制。育雏初期，舍内唯一且必要的光照来源应为每 1000 只雏鸡提供直径范围为 4 ～ 5 米的灯光照明。该灯光强度要明亮，至少达到 80 ～ 100 勒克斯。鸡舍其他区域的光线可以较暗或昏暗。鸡舍给予光照的范围应根据鸡群扩栏的面积而相应改变。

4. 育雏期饲喂管理

雏鸡入舍饮水后即可开食，尽快让雏鸡学会饮水和采食。每天应为雏鸡提供尽可能多的饲料，雏鸡料应放在雏鸡料盘内或撒在垫纸上。为确保雏鸡能够达到目标体重，前 3 周应为雏鸡提供破碎颗粒育雏料，颗粒大小适宜、均匀、适口性好。料盘里的饲料不宜过多，原则上少添勤添，并及时清除剩余废料。母鸡前两周自由采食，采食量越多越好，这样保证能达到体重标准。难以达到体重标准的鸡群较易发生均匀度的问题。这样的鸡群未来也很难达到体重标准而且均匀度趋于更差。使鸡群达到体重标准不仅需要良好的饲养管理，而且需要高质量的饲料，每日的采食量都应记录在案，从而确保自由采食向限制饲喂平稳过渡。第三周开始限量饲喂，要求第四周末体重达 420 ～ 450 克。公鸡前四周自由采食，采食量越多越好。让骨骼充分发育。对种公鸡来说前四周的饲养相当关键，其好坏直接关系到公鸡成熟后的体形和繁殖性能。

鉴于实际生产经验，育雏期要监测雏鸡采食行为。雏鸡嗉囊充满度是雏鸡采食行为最好的指征。入舍后 24 小时 80% 以上雏鸡的嗉囊应充满饲料，入舍后 48 小时 95% 以上雏鸡的嗉囊应充满饲料。良好的嗉囊充满度可以保持鸡群的体重均匀度并达到或超过 7 日龄的体重标准。如果达不到上述嗉囊充满度的水平，说明某些因素妨碍了雏鸡采食，应采取必要的措施。

如事实证明雏鸡难以达到体重标准，该日龄阶段的光照时间应有所延长。达不到体重标准的鸡群每周应称重两次，观察鸡群生长的效果。为保证雏鸡分布均匀，要确保光照强度均匀一致。

在公母分开的情况下把整栋鸡舍分成若干个小圈，每圈饲养 500 ～ 1000 只。此模式的优点是能够控制好育雏期体重和生长发育均匀度，便于管理和提高成活率。

5. 育雏期饮水管理

雏鸡入舍前，要检查整个饮水系统以确保正常工作，并进行水的卫生检测，保证饮水干净。育雏期鸡舍温度较高，并且饮水中添加了葡萄糖、多维等营养物质，这些条件正适宜细菌、病毒的生长繁殖，所以饮水系统的消毒和饮水的及时更换直接关系到雏鸡的健康。一般要求育雏前三天每4小时清洗一次饮水器和更换饮水，以后每天擦洗两次。水箱每周清洗一次。每月要监测一次饮水卫生。使用乳头饮水器可提高饮水卫生，切断疾病传播，降低鸡舍垫草湿度，降低劳动强度。

雏鸡到育雏舍后先饮水2～3小时，然后再喂料。为缓解路途疲劳和减弱应激，可以在饮水中加葡萄糖和一些多维、电解质以及预防量的抗生素。

6. 育雏期垫料管理

肉种鸡地面育雏要注意垫草管理。要选择吸水性能好、稀释粪便性能好、松软的垫料。如麦秸、稻壳、木刨花，其中软木刨花为优质垫料。麦秸、稻壳1：3比例垫料效果也不错。垫料可根据当地资源灵活选用。育雏期因为鸡舍温度较高，所以垫料比较干燥，可以适当喷水提高鸡舍湿度，有利于预防呼吸道疾病。

7. 断喙

对种公鸡和种母鸡实施断喙的目的是为减少饲料浪费和啄伤的发生，全世界种鸡不实施断喙的趋势正在上升，许多未断喙的鸡群生产性能表现甚好，尤其是遮黑条件下或半遮黑条件下育雏育成的鸡群。

红外线断喙技术的出现使鸡只喙尖部在喙部组织不受任何剪切的条件下得到处理。由于没有任何外伤，则没有细菌感染的突破口并可大大减少对雏鸡的应激。

如不采用红外线断喙方法，则必须由训练有素的工作人员，使用正确的设备（专用断喙器）实施断喙。建议断喙在种鸡6～7日龄时进行，因为这个时间断喙可以做得最为精确。理想的断喙就是要一步到位将鸡只上下喙部一次烧灼，尽可能去除较少量的喙部，减轻雏鸡当时以及未来的应激。断喙时有必要实施垂直断喙，避免后期喙部生长不协调或产生畸形。

断喙的正确操作方法是拇指置于雏鸡头部后方，食指置于喉部下方，把持雏鸡头部使之稍稍向后倾斜，再将其喙部插入断喙孔内，然后轻压喉部使舌头后缩，切下喙部后应保持伤口在刀片上烧灼2秒以利止血。值得注意的是烧灼时间如过长将给鸡带来较强的应激，而烧灼时间过短则其喙部有再生的可能。为保证切喙彻底，必须经常地更换刀片，同时操作时必须保持高度注意力。切记断喙操作准确比快速更重要。如操作正确将去除上喙的一半（即从喙尖至鼻孔前缘距离的1/2），剩余的喙部将约为2毫米（从鼻孔前缘计）。断喙后数天内要在喂料器中多撒些饲料以减少应激。断喙前后于饮水中添加复合维生素和维生素K可起到减少应激和防止出血的功效。雏鸡断喙的标准见图1-7。

正确断喙

不正确断喙

图1-7　雏鸡断喙的标准

8. 日常管理

（1）注意观察雏鸡　观察环境温度、湿度、通风、光照等条件是否适宜；观察鸡群的精神状态、采食饮水情况、粪便和行为表现，掌握鸡群的健康状况和有否异常。

（2）严格执行饲养管理程序　严格按照饲养管理程序进行饲喂、饮水和其他管理。

（3）搞好卫生管理　每天清理清扫鸡舍，保持鸡舍清洁卫生；按照消毒程序严格消毒。

（4）做好生产记录。

（二）育成期的饲养管理

1. 育成期的生理特点

育成期一般指4～22周龄。此阶段是一个重要的发育阶饲，养的好坏直接影响种鸡的性成熟后的体质、产蛋状况和种用价值，育成期有其生理特点。

（1）生长迅速　骨骼和肌肉的生长速度较快，对钙的沉积能力提高，脂肪沉积量逐渐增加，容易出现体重过大和过肥现象，该阶段对肉种鸡影响最大的是营养水平。

（2）性器官发育快　育成的中后期，机体各器官发育基本健全，生殖系统开始迅速发育，饲养不善，光照管理不当很容易引起性器官发育过快、早熟，从而影响肉用种鸡以后的产蛋量和种蛋质量。所以要加强饲养管理，使鸡群适时开产。

2. 饲喂和饮水

安装饲喂器时要考虑种鸡的采食位置（表1-5），确保所有鸡只能够同时采食，这样可以使提供的饲料分布均匀，防止饲喂器周围过于拥挤。要求饲喂系统能尽快将饲料传送到整个鸡舍（可用高速料线和辅助料斗），这样所有鸡可以同时得到等量的饲料，从而保证鸡群生长均匀。炎热季节时，应将开始喂料的时间改为每日清晨最凉爽的时间进行。

为了提高育成鸡的胃肠消化机能及饲料利用率，育成期内有必要添喂砂砾，砂砾的规格以直径2～3毫米为宜。添喂砂砾的方法，可将砂砾拌入饲料饲喂，也可以单独放入砂槽内饲喂。砂砾要求清洁卫生，最好用清水冲洗干净，再用0.1%的高锰酸钾水溶液消毒后使用。

对限制饲喂的鸡群要保证有足够的饮水面积，同时需适当控制供水时间以防垫料潮湿。在喂料日，喂料前和整个采食过程中，保证充足饮水，而后每隔2～3小时供水20～30分钟。在高温炎热天气或鸡群处于应激情况下不可限水。种鸡饮水量见表1-7。

表1-7　种鸡的参考饮水量　　单位：毫升/(只·天)

周龄/周	1	2	3	4	5	6	7	8	9	10	11
饮水量	19	38	57	83	114	121	132	151	159	170	178
周龄/周	12	13	14	15	16	17	18	19	20	21至产蛋结束	
饮水量	185	201	212	223	231	242	250	257	265	272	

3. 限制饲养

为了控制体重，有意识地控制喂料量，并限制日粮中的能量和蛋白质水平，这种方法叫限制饲养。限制饲养有限时、限量和限质等多种方法。

限制饲养不仅能控制肉种鸡在最适宜的周龄有一个最适宜的体重而开产，而且可以使鸡体内腹部脂肪减少20%～30%，节约饲料10%～15%。

（1）限制饲养的方法　肉鸡的限饲方法有每日限饲、隔日限饲、“五·二”限饲“六·一”限饲等。种鸡最理想的饲喂方法是每日饲喂。但肉用型种鸡必须对其饲料量进行适宜的限制，不能任其自由采食。因此有时每日的料量太少，难以由整个饲喂系统供应。但饲料必须均匀分配，尽可能减少鸡只彼此之间的竞争，维持体重和鸡群均匀度，结果只有选择合理的限饲程序，累积足够的饲料在“饲喂日”为种鸡提供均匀的料量。

喂料量的控制应根据鸡群体重逐周调整，也可事先制订本场不同批次鸡体重模式图，按照图表及时调整每周限饲方案和限饲计划，顺季前紧后松，1～6周接近下限，7～13周超过下限，14～19周接近上限，20～25周80%鸡超过上限；逆季前松后紧，1～6周超过上限，7～13周接近下限，14～19周超过下限，20～25周超过上限。

限制由3周龄开始，喂料量由每周实际抽测的体重与表中标准体重相比较而确定。若鸡群超重不多，可暂时保持喂料量不变，使鸡群逐渐接近标准体重，相反鸡群稍轻，也不要过多增加喂料量，只要稍稍增一点，即可使鸡群逐渐达到标准体重。

喂料时要有充足的料（槽）位和快速的喂料设施，使鸡群尽快吃到饲料以保持良好的均匀度。喂料口的饲料量要全部一次性投给，不得分开，以保持饲料均匀分布，防止强夺弱食。喂料器的高度要随鸡背高度及时调节，避免浪费饲料。母鸡体重和限饲程序见表1-8。

表 1-8　母鸡体重和限饲程序（0 ～ 24 周龄）

周龄 / 周	停喂日体重 / 克		每周增重 / 克		建议料量 /［克 /（天•只）］
	封闭鸡舍	常规鸡舍	封闭鸡舍	常规鸡舍	
1	—	—	—	—	—
2	182 ～ 272	182 ～ 318	91	—	—
3	273 ～ 363	295 ～ 431	91	113	40
4	364 ～ 464	431 ～ 567	91	136	44
5	455 ～ 545	567 ～ 703	91	136	48
6	546 ～ 636	658 ～ 794	91	91	52
7	637 ～ 727	749 ～ 885	91	91	56
8	728 ～ 818	840 ～ 976	91	91	59
9	819 ～ 909	931 ～ 1067	91	91	62
10	910 ～ 1000	1022 ～ 1158	91	91	65
11	1001 ～ 1091	1113 ～ 1240	91	91	68
12	1092 ～ 1182	1204 ～ 1340	91	91	71
13	1183 ～ 1273	1295 ～ 1431	91	91	74
14	1274 ～ 1364	1408 ～ 1544	91	91	77
15	1365 ～ 1455	1521 ～ 1657	91	113	81
16	1456 ～ 1546	1634 ～ 1770	91	113	85
17	1547 ～ 1637	1748 ～ 1884	91	114	90
18	1638 ～ 1728	1862 ～ 1998	91	114	95
19	1774 ～ 1864	1976 ～ 2112	136	114	100
20	1910 ～ 2000	2135 ～ 2271	136	159	105
21	2046 ～ 2136	2294 ～ 2430	136	159	110
22	2182 ～ 2272	2408 ～ 2544	136	114	115 ～ 126
23	2316 ～ 2408	2522 ～ 2658	136	114	120 ～ 131
24	2477 ～ 2567	2636 ～ 2772	136	114	125 ～ 136

注：1 ～ 3 周龄饲喂雏鸡饲料（蛋白质 18%～ 19%），4 ～ 19 周龄饲喂生长饲料（蛋白质 15% ～ 16%），20 ～ 24 周龄饲喂产蛋前期料（蛋白质 15.5% ～ 16.5%，钙 2%）：1 ～ 3 周龄不限食，4 ～ 18 周龄采用隔日限饲或 5-2 计划或其他限饲方法，19 ～ 24 周龄采用 5-2 计划（周 2、3 不喂，其他时间饲喂）。

（2）体重和均匀度的控制　采用限制饲喂方法让鸡群每周稳定而平衡生长，在实践中要注意以下几点。

① 称重与体重控制　肉种鸡育成期每周的喂料量是参考品系标准体重和实际体重的差异来决定的，所以掌握鸡群每周的实际体重显得非常重要。

在育成期每周称重一次，最好每周同天、同时、空腹称重；在使用“隔日限饲”方式时，应在“禁食日”称重。

称重时，把围起来的鸡全部称完，不能称一部分放一部分。如果分圈饲养，则应每圈单独称重。根据鸡群规模，抽取3%～5%的鸡称重。鸡群规模较小时，需增大抽样比例，抽样数最小为50只。称重要逐只称重，计算出平均体重。用计算出的平均体重比较，误差最大允许范围为±5%，超过这个范围说明体重不符合标准要求，就应适当减少或增加饲料喂。另外，称重抓鸡切忌过分粗暴，准确的抓鸡方法是先从鸡的后部抓住一只腿的腹部，然后将两腿并拢。总之，一定要做到轻抓轻放。

② 体重均匀度　体重均匀度是以平均体重±15%范围内的鸡占全群鸡的比例表示的，是衡量鸡群限饲的效果，预测开产整齐性、蛋重均匀程度和产蛋量的指标。均匀度差时，则强壮的鸡抢食弱小鸡的日粮，结果强壮的鸡变得过肥，而弱小的鸡变得瘦弱，两者都不能发挥它们应有的产蛋性能。如果育成期鸡群体重均匀度差，则种鸡产蛋期产蛋率低，鸡的总蛋数少，种蛋大小不齐，雏鸡均匀度差。1～8周龄鸡群体重均匀度要求80%，最低75%。9～15周龄鸡群体重均匀度要求在80%～85%。16～24周龄鸡群体重均匀度求在85%以上。

肉用种鸡体重均匀度较难控制，管理上稍有差错就会造成鸡之间采食量不均匀，导致鸡群体重均匀度差。因此，在管理上要保证足够的采食和饮水位置，饲养密度要合适。另外，饲料混合要均匀（中小鸡场自己配料时特别注意），注意预防疾病，尽量减少应激因素。

③ 限制饲养时应注意的问题　限制饲养时应注意：一是限饲前应实行断喙，以防相互啄伤；二是限饲时要设置足够的饲槽，要摆布合理，保证每只鸡都有一定的采食位置，防止采食不均，发育不整齐；三是为了让每只鸡都能吃到饲料，一般每天投料一次，保证采食位置；四是对每群中弱小鸡，可挑出特殊饲喂，不能留种的做商品鸡饲养后上市；五是限饲应与控制光照相配合，这样效果更好。

4. 垫料管理

良好的垫料是获得高成活率和高质量肉用新母鸡不可缺少的条件。要选择吸水性能好、柔软有弹性的优质垫料，还要保持垫料干燥，及时更换潮湿和污浊的垫料；垫料的厚度十分重要。

5. 光照控制

光照是影响鸡体生长发育和生殖系统发育的最重要因素，12 周龄以后的光照时数对育成鸡性成熟的影响比较明显。10 周龄以前可保持较长光照时数，使鸡体采食较多饲料，获得充足的营养更好生长。12 周龄以后光照长度要恒定或渐减。

（1）密闭鸡舍　密闭鸡舍不受外界光照影响，育成期光照时数一般恒定在 8 ～ 10 小时。光照方案见表 1-9。

表 1-9　密闭鸡舍光照参考方案

周龄 / 周	光照时数 / 小时	光照强度 / 勒克斯	周龄 / 周	光照时数 / 小时	光照强度 / 勒克斯
1 ～ 2 天	23	20 ～ 30	21	11	35 ～ 40
3 ～ 7 天	20	20 ～ 30	22	12	35 ～ 40
2	16	10 ～ 15	23	13	35 ～ 40
3	12	15 ～ 20	24	15	35 ～ 40
4 ～ 20	8	10 ～ 15	25 ～ 68	16	45 ～ 60

（2）开放舍或有窗舍　开放舍或有窗舍由于受外界自然光照影响，需要根据外界自然光照变化制订光照方案。其具体方法见表 1-10。

表 1-10　育成期采用开放式鸡舍—产蛋期采用开放式鸡舍的光照程序

<table>
<tr><td></td><td colspan="6">顺季出雏时间 / 月</td><td colspan="6">逆季出雏时间 / 月</td></tr>
<tr><td>北半球</td><td>9</td><td>10</td><td>11</td><td>12</td><td>1</td><td>2</td><td>3</td><td>4</td><td>5</td><td>6</td><td>7</td><td>8</td></tr>
<tr><td>南半球</td><td>3</td><td>4</td><td>5</td><td>6</td><td>7</td><td>8</td><td>9</td><td>10</td><td>11</td><td>12</td><td>1</td><td>2</td></tr>
<tr><td>日龄</td><td colspan="12">育雏育成期的光照时数</td></tr>
<tr><td>1 ～ 2</td><td colspan="6">辅助自然光照补充到 23 小时</td><td colspan="6">辅助自然光照补充到 23 小时</td></tr>
<tr><td>3</td><td colspan="6">辅助自然光照补充到 19 小时</td><td colspan="6">辅助自然光照补充到 19 小时</td></tr>
<tr><td>4 ～ 9</td><td colspan="6">逐渐减少到自然光照</td><td colspan="6">逐渐减少到自然光照</td></tr>
<tr><td>10 ～ 147</td><td colspan="6">自然光照长度</td><td colspan="3">自然光照</td><td colspan="3" rowspan="2">自然光照至 83 日龄
83 日龄后恒定</td></tr>
<tr><td>148 ～ 154</td><td colspan="6">增加 2 ～ 3 小时</td><td colspan="3">自然光照</td></tr>
<tr><td>155 ～ 161</td><td colspan="6">增加 1 小时</td><td colspan="6">增加 1 小时</td></tr>
<tr><td>162 ～ 168</td><td colspan="6">增加 1 小时</td><td colspan="6">增加 1 小时</td></tr>
<tr><td>169 ～ 476</td><td colspan="6">保持 16 ～ 17 小时
（光照强度 45 ～ 60 勒克斯）</td><td colspan="6">保持 16 ～ 17 小时
（光照强度 45 ～ 60 勒克斯）</td></tr>
</table>

6. 通风管理

育成阶段，鸡群密度大，采食量和排泄量也大，必须加强通风，减少舍内有害气体和水汽。最好安装机械通风系统，在炎热的夏季可以安装湿帘降低进入舍内的空气温度。

7. 卫生管理

加强隔离、卫生和消毒工作，保持鸡舍和环境清洁；做好沙门菌和支原体的净化工作，维持鸡群洁净。

8. 做好记录

在育雏和育成阶段都要做好记录，这也是鸡群管理的必要组成部分。认真全面记录，然后对记录进行分析，有利于管理者随时了解鸡群现状和成本核算，并为将要采取的决策提供依据，记录的主要内容如下：雏鸡的品系、来源和进雏数量；每周、每日的饲料消耗情况；每周鸡群增重情况；每日或阶段鸡群死亡数和死亡率；每日、每周鸡群淘汰数。每日各时的温、湿度变化情况；疫苗接种、包括接种日期、疫苗制造厂家和批号、疫苗种类、接种方法、接种鸡日龄及接种人员姓名等；每日、每周用药统计，包括使用的药物、投药日期、鸡龄、投药方法、疾病诊断及治疗反应等；日常物品的消耗及废物处理方法等。

（三）产蛋期的饲养管理

1. 饲养方式

（1）地面平养　有更换垫料和厚垫料平养两种，多是全舍饲。这种饲养方式投资少，房屋简单，受精率高。但较易感染疾病，劳动强度大。

（2）网面 - 地面结合饲养　以舍内面积 1/3 左右为地面，2/3 左右为栅栏（或平网）。这种方法适合肉种鸡特点，受精率较高，劳动强度小。近年来采用这种饲养方式较为普遍。

（3）笼养　肉用种鸡笼养，多采用二层阶梯式笼，这样有利于人工授精。笼养种鸡的受精率、饲料利用率高，效果较好。

2. 环境条件

环境条件见表 1-11。

表 1-11　肉种鸡产蛋期环境条件

项目	温度 /℃	湿度 /%	光照强度 /（瓦 / 米 ²）	氨气 /%	硫化氢 /%	二氧化碳 /%	饲养密度 /（只 / 米 ²）	
							地面平养	地面 - 网面平养
指标	10 ～ 25	60 ～ 65	2 ～ 3	0.002	0.001	0.15	3.6	4.8

3. 开产前的饲养管理

从育成阶段进入产蛋阶段，机体处于生理的转折阶段，饲养管理好坏影响以后产蛋。

（1）鸡舍和设备的准备　按照饲养方式和要求准备好鸡舍，并准备好足够的食槽、水槽、产蛋箱等。对产蛋鸡舍和设备要进行严格的消毒。

（2）种母鸡的选择　在 18 ～ 19 周龄对种母鸡要进行严格的选择，淘汰不合格的母鸡。可经过称重，将母鸡体重在规定标准上 15%范围内予以选留，淘汰过肥的或发育不良、体重过轻、脸色苍白、羽毛松散的弱鸡；淘汰有病态表现的鸡；按规定进行鸡白痢、支原体病等检疫，淘汰呈阳性反应的公、母鸡。

（3）转群　如果育成和产蛋在一个鸡舍内，撤区搁拦，让鸡群在整个鸡舍内活动、休息、采食和生产，并配备产蛋用的饲喂、饮水设备；如果育成和产蛋在不同鸡舍内，应在 18 ～ 19 周龄转入产蛋鸡舍。在转群前 3 天，在饮水或饲料中加入 0.04%土霉素（四环素、金霉素均可），适当增加多种维生素的给量，以提高抗病力，减少应激影响。搬迁鸡群最好在晚上进行。在炎热夏季，选择晚间凉爽、无雨时进行；在冬季应选择无雪天，搬运的鸡笼里的鸡不能太挤，以免造成损失。搬运的笼、工具及车辆，事前应做好清洁消毒工作。

（4）驱虫免疫　产蛋前应做好驱虫工作，并按时接种鸡新城疫 I 系、传染性法氏囊病、减蛋综合征等疫苗。切不可在产蛋期进行驱虫和接种疫苗。

（5）产蛋箱设置　产蛋箱的规格大约为 30 厘米宽，35 厘米深，25 厘米高，要注意种母鸡和产蛋窝的比例，每个产蛋窝最多容纳 5.5 只母鸡。产蛋箱不能在放置太高、太亮、太暗、太冷的地方。

（6）开产前的饲养　在 22 周龄前，育成鸡转群移入产蛋舍，23 周龄更换成种鸡料。种鸡料一般含粗蛋白质 16%，代谢能 11.51 兆

焦 / 千克。为了满足母鸡的产蛋需要，饲料中含钙量应达 3%，磷、钙比例为 1 ∶ 6，并适当增添多种维生素与微量元素。饲喂方式由每日或隔日 1 次改为每日喂料，饲喂两次。

开产前后阶段饲养得当，则母鸡开产适时且整齐，如果 23 周龄见第一个蛋，25 周龄可达 5%，26 ～ 27 周龄达 20%，29 周龄达 50%，31 ～ 32 周龄可出现产蛋高峰，产蛋期可持续较久。

4. 产蛋期饲养

肉用种鸡在产蛋期也必须限量饲喂，如果在整个产蛋期采用自由采食，则造成母鸡增重过快，体内脂肪大量积聚，不但增加了饲养成本，还会影响产蛋率、成活率和种蛋的利用率。产蛋期也需要每周称重，并进行详细记录以完善饲喂程序。

（1）饲喂程序　母鸡体重和限饲程序见表 1-12。

表 1-12　母鸡体重和限饲程序（25 ～ 66 周龄）

周龄 / 周	日产蛋率 / %	停喂日体重 / 克		每周增重 / 克		建议喂料量 / [克 / (天•只)]
		封闭鸡舍	常规鸡舍	封闭鸡舍	常规鸡舍	
25	5	2558 ～ 2748	2727 ～ 2863	181	91	130 ～ 140
26	25	2839 ～ 2929	2818 ～ 2954	181	91	141 ～ 160
27	48	3020 ～ 3110	2909 ～ 3045	181	91	161 ～ 180
28	70	3088 ～ 3178	3000 ～ 3136	68	91	161 ～ 180
29	82	3115 ～ 3205	3091 ～ 3227	27	91	161 ～ 180
30	86	3142 ～ 3232	3182 ～ 3318	27	91	161 ～ 180
31	85	3169 ～ 3259	3250 ～ 3386	27	68	161 ～ 180
32	85	3196 ～ 3286	3277 ～ 3413	27	27	161 ～ 180
33	84	3214 ～ 3304	3304 ～ 3440	18	27	161 ～ 180
34	83	3232 ～ 3322	3331 ～ 3467	18	27	161 ～ 180
35	82	3250 ～ 3340	3358 ～ 3494	18	27	161 ～ 180
37	81	3268 ～ 3358	3376 ～ 3512	18	18	161 ～ 180
39	80	3286 ～ 3376	3394 ～ 3530	18	18	161 ～ 180
41	78	3304 ～ 3394	3412 ～ 3548	18	18	161 ～ 180
43	76	3322 ～ 3412	3430 ～ 3566	18	18	151 ～ 170
45	74	3340 ～ 3430	3448 ～ 3584	18	16	151 ～ 170
47	73	3358 ～ 3448	3466 ～ 3602	18	16	151 ～ 170

续表

周龄/周	日产蛋率/%	停喂日体重/克		每周增重/克		建议喂料量/[克/(天•只)]
		封闭鸡舍	常规鸡舍	封闭鸡舍	常规鸡舍	
49	71	3376～3466	3484～3620	18	16	151～170
51	69	3394～3484	3502～3538	18	16	151～170
53	67	3412～3502	3520～3656	18	18	151～170
55	65	3430～3520	3538～3674	18	18	151～170
57	64	3448～3538	3556～3592	18	18	141～160
59	62	3460～3556	3574～3710	18	18	141～160
61	60	3484～3574	3592～3728	18	18	141～160
63	59	3502～3592	3610～3746	16	18	141～160
65	57	3538～3628	3628～3764	16	18	136～150
66	55	3547～3637	3632～3768	9	4	136～150

注：25周龄饲喂产蛋前期料，采用5-2计划限制饲养；26周龄以后饲喂种鸡饲料（含蛋白质15.5%～16.5%，钙3%），采用每日限食。

（2）影响投料的因素　鸡群开产后，要考虑以下几个因素来决定饲料的投放。

① 产蛋率　种母鸡开产后喂料量的增长率应先于产蛋率的增长，这是因为鸡需要足够的营养来满足生殖系统快速生长、发育的需要，且卵黄物质的积累也需要大量的营养。鸡群的均匀度水平直接决定鸡群到达产蛋高峰的快慢。如果鸡群产蛋率上升快（每天上升3%～4%），产蛋率到30%时应给予高峰料。对于开产后产蛋率上升较慢（每天1%～2.5%）的鸡群，高峰料最好在产蛋率达35%～40%时再给。

② 采食时间　这是鸡群进入产蛋期后决定喂料量所必须考虑的另外一个因素。采食时间的长短直接反映喂料量是否过多或不足。每天应记录采食时间，一般种鸡应在2～4小时吃完其每天的饲料配额。采食时间快，说明需要饲喂更多的饲料，反之说喂料量过多。当然，要注意气温、隔鸡栅尺寸和饲料本身等均影响采食时间的长短。

③ 舍温　这是影响采食量的主要因素之一。舍温应保持在21～25℃。一般来说舍温低于20℃时，每低1℃每只鸡每天就需增

加0.021兆焦能量。夏季天热时一定要早晨凉爽时喂料。

④ 体重　鸡每天摄取的大部分营养主要用于维持需要。因此，体重越大的鸡需要的饲料量也就越多。如果鸡群超过其标准体重，那么在产蛋期就应增加其喂料量，在实际生产中鸡群每超过标准体重100克，每天每只鸡需增加0.033兆焦能量。

（3）增料和减料　产蛋高峰前，种鸡体重和产蛋量都增加，需要较多的营养，如果营养不足，会影响产蛋；产蛋高峰后，种鸡增重速度下降，同时产蛋量也减少，供给的营养应减少，否则母鸡过肥从而导致产蛋量、种蛋受精率和孵化率下降。准确调节喂料量，可采用探索性增料技术和减料技术。

① 探索性增料　如鸡群产蛋率达80%以上，观察鸡群有饥饿感，则可增加饲料量，产蛋率已有3～5天停止上升，试增加5克饲料量；如5天内产蛋率仍不见上升，重新减去增加的5克饲料量；若增加了产蛋率，则保持增加后的饲料量。

② 探索性减料　产蛋高峰后（38～40周龄）减料。例如，鸡群喂料量为170克/(只·天)，减料后第一周喂料量应为168～169克/(只·天)，第二周则为167～168克/(只·天)。任何时间进行减料后3～4天内必须认真关注鸡群产蛋率，如产蛋率下降幅度正常（一般每周1%左右），则第二周可以再一次减料。如果产蛋下降幅度大于正常值，同时又无其他方面的影响（气候、缺水等）时，则需恢复原来的料量，并且一周内不要再尝试减料。

5. 管理

（1）种蛋管理

① 减少破蛋率和脏蛋率　引导鸡到产蛋箱产蛋，在母鸡开产前1～2周，在产蛋箱内放入软木刨花或稻壳等优质垫料，使用麦秸和稻草时截成0.5厘米长为宜。垫料应清洁卫生，勤补充，并每月更换一次。并制作假蛋放入蛋箱内，让鸡熟悉产蛋环境，有产蛋现象的鸡可抱入产蛋箱内。假蛋的制作：将孵化后的死精蛋用注射器刺个洞，把空气注进蛋内，追出内容物，再抽干净，将完整蛋壳浸泡在消毒液中，消毒干燥后装入砂子，用胶布将洞口封好。到大部分鸡已开产后，把假蛋拣出；勤拣蛋，鸡开产后，要每天不少于5次，夏天不少于6次。对产在地面的蛋要及时拣起，不让其他鸡效仿而也产地面蛋；采集和搬运种蛋动作要轻，减少人为破损。

② 种蛋的消毒　种鸡场设立种蛋消毒室或种鸡舍设立种蛋消毒柜，收集后立即熏蒸消毒：每立方米空间14毫升福尔马林，7克高锰酸钾熏蒸15分钟。

（2）日常管理　建立日常管理制度，认真执行各项生产技术，是保证鸡群高产、稳产的关键。

① 按照饲养管理程序搞好光照、饲喂、饮水、清粪、卫生等工作。

② 注意观察鸡群状态，及时发现异常。

③ 保持垫料干燥、疏松、无污染垫料影响舍内环境、种鸡群健康和生产性能发挥。管理上要求通风良好，饮水器必须安置适当（自动饮水器底部宜高于鸡背2～3厘米，饮水器内水位以鸡能喝到为宜），要经常除鸡粪，并及时清除潮湿或结决的垫草，并维持适宜的垫料厚度（最低限度为7.5厘米）。

④ 做好生产记录　要做好连续的生产记录，并对记录进行分析，以便能及时发现问题。记录内容：每天记录鸡群变化，包括鸡群死亡数、淘汰数、出售数和实际存栏数；每天记录实际喂料数量，每周一小结，每月一大结，每批鸡一总结，核算生产成本；按规定定期抽样5%个体称重，以了解鸡群体态状况，以便于调整饲喂程序；做好鸡群产蛋记录，如产蛋日龄、产蛋数量以及产蛋质量等；记录环境条件及变化情况；记录鸡群发病日龄、数量及诊断、用药、康复情况；记录生产支出与收入，搞好盈亏核算。

（3）减少应激　实行操作程序化。饲养员实行定时饲喂、清粪、拣蛋、光照、给水等日常管理工作。饲养员操作要轻缓，保持颜色稳定，避免灯泡晃动，以防鸡群的骚动或惊群；分群、预防接种疫苗等，应在夜间进行，动作要轻，以防损伤鸡只。场内外严禁各种噪声及各种车辆的进出，防止各种应激因素。

（4）做好季节管理　主要做好夏季的防暑降温和冬季的防寒保暖工作，避免温度过高和过低。

（四）种公鸡的饲养管理

1. 种公鸡的培育要点

（1）公母分开饲养　为了使公雏发育良好均匀，育雏期间公雏与母雏分开，以350～400只公雏为一组置于一个温伞下饲养。

（2）及时开食　公雏的开食愈早愈好，为了使它们充分发育，应占有足够的饲养面积和食槽、水槽位置。公鸡需要铺设12厘米厚的清洁而湿性较强的垫料。

（3）断趾断喙　出壳时采用电烙铁断掉种用公雏的胫部内侧的两个趾。脚趾的剪短部分不能再行生长，故交配时不会伤害母鸡。种用公雏的断喙最好比母雏晚些，可安排在10～15日龄进行。公雏喙断去部分应比母雏短些，以便于种公鸡啄食和配种。

2. 种公鸡的饲养

（1）饲养　0～4周龄为自由采食，5～6周龄每日限量饲喂，要求6周龄末体重达到900～1000克，如果达不到，则继续饲喂雏鸡料，达标后饲喂育成饲料。育成阶段采用周四、周三限饲或周五、周二限饲，使其腿部肌腱发育良好，同时要使体重与标准体重吻合。18周龄开始由育成料换成预产料，预产料的粗蛋白和代谢能与母鸡产蛋料相同，钙为1%。产蛋期要饲喂专门的公鸡料，实行公母分开饲养。饲料中维生素和微量元素充足。公鸡体重和限饲程序见表1-13。

表1-13　公鸡体重与限饲程序

周龄/周	平均体重/克	每周增重/克	饲喂计划	建议料量/[克/(天·只)]
1	—	—	全饲	—
2	—	—	全饲	—
3	—	—	全饲	—
4	680	130	每日限饲	60
5	810	130	隔日限饲	69
6	940	130	隔日限饲	78
7	1070	130	隔日限饲	83
8	1200	110	隔日限饲	88
9	1310	110	隔日限饲	93
10	1420	110	隔日限饲	96
11	1530	110	隔日限饲	99
12	1640	110	隔日限饲	102
13	1750	110	周五、二限饲	105

续表

周龄 / 周	平均体重 / 克	每周增重 / 克	饲喂计划	建议料量 / [克 /(天·只)]
14	1860	110	周五、二限饲	108
15	1970	110	（周三、周日不限饲、其	112
16	2080	110	他日限饲）	115
17	2190	110	或继续采用	118
18	2300	110	隔日限饲	121
19	2410	360	每日限饲	124
20	2770	180	每日限饲	127
21	2950	180	每日限饲	130
22	3130	180	每日限饲	133
23	3310	180	每日限饲	136
24	3490	140	每日限饲	139
25	3630	90	每日限饲	酌情饲喂
26	3720	45	每日限饲	酌情饲喂
27	3765	45	每日限饲	酌情饲喂
28	3810	45	每日限饲	酌情饲喂
68	4265	455（从 29 ～ 68 周总增重）	每日限饲	酌情饲喂

注：雏公鸡 8 ～ 9 日龄断喙，5 周龄以后限水，5 ～ 6 周龄末把体重小、畸形、鉴别错误的鸡只淘汰；公鸡提前 4 ～ 5 天先移入产蛋舍，然后再放入母鸡。混群前后由于更换饲喂设备、混群、加光等应激，公鸡易出现周增重不理想，影响种公鸡的生产性能发挥。可在混群前后加料时有意识多加 3 ～ 5 克料；每周两次抽测体重，密切监测体重变化；加强公鸡料桶管理，防止公母互偷饲料；混群后，注意观察采食行为，确保公母分饲正确有效实施。

（2）饮水　在种公鸡群中，垫料潮湿和结块是一个普遍问题，这对公鸡的脚垫和腿部极其不利。限制公鸡饮水是防止垫料潮湿的有效办法，公鸡群可从 29 日龄开始限水。一般在禁食日，冬季每天给水两次，每次 1 小时，夏季每天给水两次，每次 2.5 小时；喂食时，吃光饲料后 3 小时断水，夏季可适当增加饮水次数。

3. 保持腿部健壮

公鸡的腿部健壮情况直接影响它的配种。由于公鸡生长过于迅速，腿部疾病容易发生，为保持公鸡的腿部健壮，在管理上一般需注意：一是不要把公鸡养在间隙木条的地面上；二是当搬动生长期的公鸡时，需特别小心，因为捕捉及放入笼中的时候，可能扭伤它们的腿部，也切勿把公鸡放置笼中过久，因为过度拥挤及蹲伏太久，会严重扭伤腿部的肌肉及筋腱；三是在生长期中，要给胆小的公鸡设躲避的地方如栖架等，并在那里放置饮料和饮水；四是注意公鸡的选择；五是采取适当的饲养措施，如增加维生素和微量元素的用量。

4. 种公鸡的选择

（1）第一次选择　6周龄进行第一次选择，选留数量为每百只母鸡配15只公鸡。要选留体重符合标准、体型结构好、灵活机敏的公鸡。

（2）第二次选择　在18～22周龄时，按每百只母鸡配11～12只公鸡的比例进行选择。要选留眼睛敏锐有神、冠色鲜红、羽毛鲜艳有光、胸骨笔直、体型结构良好、脚部结构好而无病、脚趾直而有力的公鸡。选留的体重应符合规定标准，剔除发育较差、体重过小的公鸡。对体重大但有脚病的公鸡坚决淘汰，在称重时注意腿部的健康和防止腿部损伤。

公鸡与母鸡采取同样的限饲计划，以减少鸡群应激，如果使用饲料桶，在“无饲料日”时，可将谷粒放在更高的饲槽里，让公鸡跳起来方能采食。这样减少公鸡在“饲喂日”的啄羽和打斗。在公、母鸡分开饲养时，应根据公鸡生长发育特点，采取适宜的饲养标准和限饲计划。

5. 种公鸡管理

（1）自然交配种公鸡管理要点

① 注意公母混群　如公鸡一贯与母鸡分群饲养，则需要先将公鸡群提前4～5天放在鸡舍内，使它们熟悉新的环境，然后再放入母鸡群；如公、母鸡一贯合群饲养，则某一区域的公、母鸡应于同日放入同一间种鸡舍中饲养。

② 保持垫料清洁、干燥　小心处理垫草，经常保持垫料清洁、干燥，以减少公鸡的葡萄球菌感染和胸部囊肿等疾患。

③ 戴上脚圈　做白痢及副伤寒凝集反应时，应戴上脚圈。

（2）人工授精种公鸡管理要点

① 使用专用笼　以特制的公鸡笼，单笼饲养。

② 光照　公鸡的光照时间每天恒定在 16 小时，光照强度为 3 瓦 / 米 ^{2}。

③ 温、湿度　舍内适宜温度为 15 ～ 20℃，高于 30℃或低于 10℃时对精液品种有不良影响。舍内适宜湿度为 55%～ 60%。

④ 卫生　注意通风换气，保持舍内空气新鲜；每 3 ～ 4 天清粪一次；及时清理舍内的污物和垃圾。

⑤ 喂料和饮水　要求少给勤添，每天饲喂 4 次，每隔 3.5 ～ 4 小时喂一次。要求饮水清洁卫生。

⑥ 观察鸡群　主要观察公鸡的采食量、粪便、鸡冠的颜色及精神状态，若发现异常应及时采取措施。

（五）肉种鸡的人工授精技术

肉种鸡人工授精可以减少种公鸡饲养量［自然交配时，公母比例为 1 ：(10 ～ 15)；人工授精时，公母比例为 1 ：(30 ～ 40)］，极大降低了种蛋成本。公母鸡分笼饲养，为育种工作提供了方便，也为单独给公鸡补充营养提供了条件，有利于提高种鸡精液品质。公鸡单笼饲养，还可减少鸡间的啄斗，降低死淘率；但在人工授精时，由于反复多次对公、母鸡的生殖器官外力挤压和输精器具的使用，难免对公、母鸡的生殖器官，特别母鸡的生殖器官造成损伤。因而在同一群体的种鸡，采用人工授精时，生产后期常会发生生殖器官的炎症等疾病，影响种蛋的数量和质量。人工授精时，采精、输精过程中动作要轻柔，所用器具严格消毒，可以减少这种不良影响。

1. 准备

（1）器具的准备　常用的鸡人工授精器具包括：保温杯、小试管、胶塞、采精杯、刻度试管、水温计、试管架、玻璃吸管、注射器、药棉、纱布、毛巾、胶用手套、生理盐水等，有条件的还可以购置一台显微镜，用来检查精液质量。

（2）种公鸡采精训练　一般在正式采精前一周应对公鸡肛门周围的体毛进行修剪和适应性按摩。

2. 采精

多采用按摩法采精，具体操作因场地、设备而异。生产实际中多采用双人立式背腹部按摩采精法，现以笼养种鸡的采精输精为例简述其具体操作。

① 保定　一人从种公鸡笼中用一只手抓住公鸡的双脚，另一只手轻压在公鸡的颈背部。

② 固定采精杯　采精者用右手食指与中指或无名指夹住采精杯，采精杯口朝向手背。

③ 按摩　夹持好采精杯后，采精者用其左手从公鸡的背腹部向尾羽方向按摩数次，刺激公鸡尾羽翘起。与此同时，持采精杯的右手大拇指和其余四指分开，从公鸡的腹部向肛门方向紧贴鸡体作同步按摩。当公鸡尾部向上翘起，肛门也向外翻时，左手迅速转向尾下方，用拇指和食指跨捏在耻骨间肛门两侧挤压，此时右手也同步向公鸡腹部柔软部位快捷的按压，使公鸡的肛门更明显的向外翻出。

④ 采精　当公鸡的肛门明显外翻，并有射精动作和乳白色精液排出时，右手离开鸡体，将夹持的采精杯口朝上贴住向外翻的肛门，接收外流的精液。公鸡排精时，左手一定要捏紧肛门两则，不得放松，否则精液排出不完全，影响采精量。

人工采精应注意在手法上一定要力度适中，按摩频度由慢到快，要给公鸡带来近乎自然的快感；在采精时间上要相对固定，以给公鸡建立良好的条件反射；采精的次数因鸡龄不同而异，一般青年公鸡开始采精的第一月，可隔日采精一次，随鸡龄增大，也可一周内连续采精 5 天，休息两天。

3. 精液品质评定

精液品质评定项目和标准见表 1-14。

表 1-14　精液品质评定项目和标准

项目	标准
精液颜色	正常的精液为乳白色浓稠如牛奶。不正常的颜色不一致，或呈透明或混有血、粪尿等
射精量	平均射精量为 0.3 ～ 0.45 毫升，变动范围 0.05 ～ 1.00 毫升

续表

项目	标准
精液的浓度	一次射精的平均浓度为30．4亿/毫升，其计算方法是用血细胞计数板一个视野中的精子数量而推算
精子活力	精子活力对蛋的受精率大小影响很大，精子的活力也是在显微镜下观察，用精液中直线摆动前进的精子的百分比来衡量
精液的pH值	正常的精液pH值通常为中性到弱碱性（6.2～7.4）。采精过程中，异物落入其中是精液pH值变化的主要原因。精液pH值的变化影响精子的活力

4. 输精

（1）输精时间　从理论上讲，一次输精后母鸡能在12～16天产受精蛋，但生产实际中为保证种蛋的高受精率，一般每间隔5天输精1次，肉鸡因其排卵间隔时间较蛋鸡长，和生殖器官周围组织脂肪较多而肥厚，输精的间隔时间应短一些，一般3天为周期。每次输精应在大部分鸡产完蛋后进行，一般在下午3～4点以后。为平衡使用人力，一个鸡群常采用分期分批输精，即按一定的周期每天给一部分母鸡输精。

（2）输精量　输精量多少主要取决于精液中精子的浓度和活力，一般要求输入8000万～1亿个精子，约相当于0.025毫升精液中的精子数量。

（3）输精部位与深度　在生产实际中多采用母鸡阴道子宫部的浅部输精，翻开母鸡肛门看到阴道口与排粪口时为度，然后将输精管插入阴道口1.5～2厘米就可输精了。

（4）输精的具体操作及注意事项　生产实际中常采用两人配合。一人左手从笼中抓着母鸡双腿，拖至笼门口，右手拇指与其余手指跨在泄殖腔柔软部分上，用巧力压向腹部，同时握两腿的左手，一面向后微拉，一面用拇指和食指在胸骨处向上稍加压力，泄殖腔立即翻出阴道口，将吸有精液的输精管插入，随即用握着输精管手的拇指与食指轻压输精管上的胶塞，将精液压入。注意母鸡的阴道口在泄殖腔左上方。目前绝大多数的生产场都采用新鲜采集不经稀释的精液输精。具体操作时宜将多只公鸡的精液混合后并在不超过半小时时间内使

用，以提高种蛋的受精率。人工采精输精的器具应严格消毒，防止疾病交叉感染。

三、提高种蛋的孵化率

人工孵化方法多种多样，如传统的炕孵法、缸孵法、温室孵化和煤油灯孵化以及现代化的电孵化器孵化。随着养禽业发展和科学的进步，电孵化器孵化应用普遍。电孵化器自动化程度高，孵化条件容易控制，孵化量大且出雏率和雏鸡质量都明显高于传统的孵化方法。目前为多数孵化厂采用。

（一）孵化厂建筑

孵化厂要尽量远离交通干线和养禽场。有时受条件所限，需和种禽场建在一起的，应遵循尽量隔离，并建在上风口的原则。孵化厂的建筑要求通风、保温，内装修要利于冲洗清洁。高度应据所购孵化器的型号而定，原则是孵化器的高度再加 2 ～ 2.5 米为其净空高度。具体的要求应根据实际情况而定。

（二）孵化前的准备工作

1. 孵化器的调试

电孵化器通常都包括控制部分、蛋架、加热、加湿、大风扇和电机等部分。安装好或使用前要进行调试，调试时重点注意以下几点。

（1）控制器是否工作正常　高温、低温、高湿、低湿的报警是否在说明书有关技术指标之内。门表温度与控制器电子显示器上显示的温度差值有多大。

（2）转动部分是否正常　包括加湿器转轮和翻蛋系统是否有卡住的现象。

（3）风扇转动的方向是否与说明书上要求的一致。

（4）辅助设备是否正常　孵化厂最重要的辅助设备就是备用发电机，电孵化器孵化用电必须保证。长时间的停电，将造成巨大损失。若用市电供电，应准备一台发电机；若用自备发电机供电，还得准备一台备用发电机，以确保供电正常。

2. 孵化厂和孵化器具的清洗消毒

在开孵前对孵化厂内外进行清洁，地面消毒常用烧碱兑水浇洒。

孵化厂内及孵化器可按每立方米甲醛 42 毫升、高锰酸钾 21 克，在温度 20 ～ 24℃，相对湿度 75% ～ 80% 的条件下密闭熏蒸 20 分钟。孵化厂内外环境和孵化器具的清洗消毒是一项经常性的工作，开孵后应按疫病的流行趋势、气候的变化等实际情况，进行定期和不定期的消毒。

3. 孵化计划

孵化是一项时间性很强的工作。开孵前应据其销售情况和本场的生产实际，制订出切合实际的孵化日程。简单地说，每批孵化间隔时间安排、工作人员的调配等，都需要我们做出周密的安排，以最大限度地提高设备利用率和提高劳动效率。

4. 孵化记录表格

孵化记录，就是要将每批次的孵化情况用一定的表格记录在案，主要内容有：开孵日期，孵化设定温、湿度，实际观测温、湿度(温、湿度观测一般要求每隔 2 小时一次)，上蛋数量，受精率，出雏情况，以及一些有关的情况，如：停电、机器维修等。有了这些记录，我们就可对孵化工作进行有效的检查、总结，发现问题，并提出解决的办法，以提高我们的孵化技术水平。所以孵化前要准备好孵化记录表格。

(三) 种蛋管理

1. 种蛋的选择

要想得到理想的孵化效果，选择优质合格的种蛋是非常重要的，一般来说用于孵化种蛋应达到以下要求。

（1）种蛋重量　因不同的品种和产蛋期要求不一，肉鸡种蛋的重量为 45 ～ 65 克，过大过小的都不宜作为种蛋。

（2）种蛋形状　种蛋形状常用蛋形指数来衡量，但在实际生产中我们更为简便地以正常蛋形来选择，即太圆的、太尖的、大小头不明显的蛋，都不能种用。

（3）蛋壳质量　主要指蛋壳的厚度和致密度，致密度不够的“沙壳蛋”，蛋壳太厚的“钢皮蛋”都不宜种用。蛋壳破损的也不宜作为种蛋。

（4）蛋壳色泽　一个品种的鸡蛋都有正常的色泽，如罗曼的褐色，来航的白色等。不正常的色泽，往往显示了种鸡群或饲料的不正常，因而色泽不符合品种正常色泽的蛋不宜种用。

2. 种蛋消毒

通常种鸡场均采用 3 ～ 4 次集蛋，将收集起来的种蛋在种鸡舍内或及时送入种蛋库消毒，最常用的消毒法是甲醛熏蒸，一般每立方米空间用甲醛 28 毫升、高锰酸钾 14 克，熏蒸 15 分钟。

3. 种蛋保存

鸡胚的发育临界温度是 24℃，种蛋保存温度应低于此温度，最好能在 16 ～ 17℃。当然温度也不能太低，有资料介绍当温度低于 4℃时，鸡胚容易冻伤。因此，种蛋库应安装空调设备；保存的相对湿度为 60% ～ 70%，在使用空调时应特别注意，实际生产中常采用放置水盆的办法；种蛋保存期为 7 ～ 12 天，夏秋季不宜超过 4 天。

（四）孵化操作程序

1. 上蛋（入孵）

将蛋码在孵化盘上，然后将孵化盘插入孵化架（车）上，将孵化车推入孵化器内。码盘时应大头朝上，小头朝下。上蛋最好在下午 4 ～ 5 点，这样，雏鸡出壳的时间可以在白天，有利于出雏管理。

2. 开机

开机前应试机运转，检查各个系统能否正常运行；根据本场出雏时间要求确定合适的开机时间。鸡的孵化时间为 21 天，但应加上开机后机内温度上升到孵化设定温度的时间，根据不同的环境温度，一般要提前 1 ～ 10 小时。

3. 孵化器内种蛋消毒

当孵化器内温度达到 34℃左右时，即可对之进行甲醛熏蒸消毒，方法同种蛋库消毒，熏蒸半小时后应大开箱门，迅速排出消毒气体。有时因诸多原因需要增加消毒次数时，应避开开机后 24 ～ 96 小时，因为此阶段胚龄的鸡胚，对甲醛气体高度敏感。

4. 孵化温度、湿度和通风量的掌握

（1）孵化温度　孵化温度是孵化的首要条件，必须有适宜的孵化温度。种蛋的大小、品种和环境温度以及机器性能不同，孵化温度会稍有变化，应根据胚胎发育情况进行适当调整。一般的孵化温度为：孵化器（1～18天）37.8℃；出雏器37.3℃，孵化室内温度24～27℃。

（2）孵化湿度　孵化湿度的重要性主要体现在出雏阶段，出雏时相对湿度不能低于60%，以保持在65%～70%为最佳。较高的湿度有利于雏鸡啄壳，湿度低了会引起粘毛等现象，影响出雏。孵化阶段的湿度应掌握前高后低的原则，一般为6天前60%～55%，6天以后到落盘保持在50%左右即可。因湿热的穿透力强，在同样温度条件下高湿可使胚胎吸收的热量增加，这在实际生产中应引起高度重视。

（3）通风量　由于数量众多的种蛋密集在相对窄小的空间，而胚胎的发育需要良好的空气环境，因此，电孵化器都设有大风扇和进、出气孔。在使用电孵化器孵化时，我们要有这样一个基本观点，只要孵化器的大风扇在正常转动，无论进出气口开启程度的大与小，只要不是密闭，由于负压的作用，孵化器都不会严重缺氧。许多有关书籍上都强调孵化器通风量应掌握早期小后期大的原则，当然，若能保证孵化的温度，这样做是有利胚胎发育的。但有时遇到一些特殊的情况，如冬季严寒，孵化室保温条件又差，通风量大，不仅浪费电力，有时甚至连设定的孵化温度都不能保证，反而出现孵化效果不理想的现象。所以孵化通风量确定时要兼顾保证孵化温度。

5. 照蛋

照蛋的目的是检出未受精卵和血环蛋、死胚蛋等，同时可以观察鸡胚的发育情况。和标准发育情况比较，以调节孵化温度。通常，第一次照蛋时间，褐壳蛋在孵化后7天，白壳蛋在5天。此次照蛋整批入孵蛋都要一一检查。第二次在14天，第三次在17天，进行抽查，其目的是检查其发育情况，以便及时调整孵化温度。照蛋的工具很多，最常用的是手持式照蛋器。这种照蛋器形似电吹风，内装12伏的直流灯泡，聚光后的光线较强，用其端口部贴近种蛋大头，可以清楚地看见蛋的气室、血管和胚胎等。不同胚龄发育和照蛋特征见表 1-15。

表 1-15　不同胚龄发育和照蛋特征

胚龄	发育特点	照蛋特征
1	胚盘明区形成原条，前方形成原结，头突	蛋黄表面有一颗颜色稍深、四周稍亮的圆点，俗称“鱼眼珠”
2	形成血管，羊膜覆盖头部	可以看到卵黄囊血管区，其形状很像樱桃形，俗称“樱桃珠”
3	眼的色素开始沉着，脑、四肢原基出现	卵黄囊血管的分布像蚊子，俗称“蚊虫珠”
4	肉眼可见尿囊、羊膜腔形成，舌开始形成	卵黄不随着蛋转动而转动，俗称“钉壳”，也称“蜘蛛状”
5	胚体呈“C”形，可看到黑色的眼点	能明显看到黑色的眼点，称“单珠”“起眼”
6	喙原基形成，可见头部和躯干两个圆团	胚胎头部与弯曲增大的躯干部形似“电话筒”（俗称双珠）
7	胚已显示鸟类特征。口腔、鼻孔形成	羊水增多，胚胎活动尚不强，似沉在羊水中，俗称“沉”
8	胚在羊水中浮游	正面：胚胎较易看到，像浮在水中，俗称“浮”
9	背出现绒毛	蛋转动时，两边卵黄容易晃动，俗称“晃得动”
10	喙形成，尿囊在蛋的锐端合拢	尿囊血管继续伸展，在蛋小头合拢，俗称“合拢”
11	冠出现锯齿	血管开始加粗，血管颜色开始加深
12	眼被眼睑遮盖，蛋白大部已被吸收	血管继续加粗，颜色逐渐加深
13	眼睑达瞳孔，头覆盖绒毛	
14	头朝向气室，全身覆盖绒毛	
15	眼睑合闭	小头发亮的部分随胚龄增加逐渐缩小
16	蛋白几乎全被吸收	小头发亮的部分逐渐缩小，蛋内黑影部分则相应增大
17	肺、血管形成	小头看不到发亮的部分，俗称“封门”

续表

胚龄	发育特点	照蛋特征
18	喙朝向气室	胚胎转身引起气室朝一方倾斜，俗称“斜口”
19	开始睁眼，蛋黄被吸收到腹腔内	气室内可以看到黑影在闪动，俗称“闪毛”
20	眼睁开，啄壳	开始啄壳，俗称“啄壳”“见瞟”
21	出雏	出壳

6. 翻蛋

翻蛋能减少鸡胚粘壳的可能，在孵化期内都应定时翻蛋，一般每两小时一次，翻蛋角度为90℃。用电孵化箱时这一过程机器会自动完成。

7. 落盘

当孵化到18天后将蛋从孵化器移到出雏器称为落盘，常见的孵化器都有配套的出雏器。一般孵化器中蛋架上每格是多少枚种蛋，其出雏盘的大小尺寸是与之相合的。落盘时操作应轻、快、稳。落盘后应对其进行消毒，方法是：关闭出雏器的进、出气孔和箱门，每立方米用甲醛14毫升、高锰酸钾7克，熏蒸10分钟后立即打开箱门，启动出雏器的大风箱，迅速将残留消毒气体排出。落盘的时间根据生产实际可适当提前，但不宜早于16天。

8. 出雏

正常情况下孵化到19天时开始有少量啄壳出现，20天时大量啄壳且有少量出雏，21天出雏结束。当出雏结束后，让雏鸡在出雏器内再待3～4小时，将其绒毛烘干。然后开始拣雏。一批入孵蛋中，出雏的时间不会完全一致，一般相差4～8小时。所以有许多厂家进行2～3次拣雏。但从工作安排和防疫注射多方面考虑，用电孵化器出雏，集中一次拣雏是较适宜的方式。其实多次拣雏，并不能增加雏鸡数，相反会增加劳动量和电力消耗。

9. 出雏器清洗消毒

出雏时，出雏器会留存大量绒毛。出雏器内高温、高湿是细菌繁

殖的有利场所，因而出雏后应及时进行清洗消毒，可选用消毒药品很多，本着针对性强 (近期可能流行的疫病) 腐蚀性弱的原则选用即可。

一般地讲，整个孵化操作程序大致如上所述。当然，根据不同的情况可能会增加或减少一些程序，例如夏季孵化，有的厂家无恒温设备，此时可考虑在孵化后期 (14 天以后)，每天定期定时凉蛋。冬季孵化，可能出雏器的湿度加不上去，这时可用灌注温水来增加湿度。

第二招 选择优质的肉用雏鸡

【提示】

肉用雏鸡的质量直接关系到生长速度和成活率，只有加强肉用雏鸡选择，搞好运输管理，保证肉用雏鸡优质， 才能获得较好效益。

一、雏鸡的选择

（一）质量标准

雏鸡质量从两大方面衡量。

1. 内在质量

雏鸡品种优良、纯正，具有高产的潜力；雏鸡要洁净，来源于严格净化的种鸡群。

2. 外在质量

具有头大、脖短、腿短、大小均匀等肉鸡品种特点，平均体重符合品种要求（一般 35 克以上）；雏鸡适时出壳（孵化 20.5 ～ 21 天）；雏鸡羽毛良好，清洁而有光泽，鸡爪光亮如蜡，不呈干燥脆弱状；雏鸡脐部愈合良好，无感染，无肿胀，无钉脐；雏鸡眼睛大而明亮，站立姿势正常，行动机敏，活泼好动，握在手中挣扎有力；无畸形。

（二）选择方法

选择方法是先了解，然后通过“看”“听”“摸”可以确定雏鸡的健壮程度（应该注重群体健壮情况）。了解雏鸡的出壳时间，出壳情况。正常应在 20.5 ～ 21 天全部出齐，而且有明显的出雏高峰（俗称“出得脆”）。“看”是看雏鸡的行为表现，健康的雏鸡精神活泼，反应灵敏。绒毛长短适中，有光泽。雏鸡站立稳健。“听”是听声音，用手轻敲雏鸡盒的边缘，发出响动，健雏会发出清脆悦耳的叫声。“摸”是用手触摸雏鸡，健雏挣扎有力，腹部柔软有弹性，脐部平整光滑无钉手感觉。另外，有的孵化场对出壳雏鸡进行福尔马林熏蒸消毒，能使雏鸡绒毛颜色好看，但熏蒸过度易引起雏鸡的眼部损伤，发生结膜炎、角膜炎，严重影响雏鸡的生长发育和育成质量。

二、雏鸡的运输

雏鸡的运输是一项技术性强的活动，运输要迅速及时，且要安全舒适地到达目的地。

（一）接雏时间

应在雏鸡羽毛干燥后开始，至出壳 36 小时结束，如果远距离运输，也不能超过 48 小时，以减少路途脱水和死亡。

（二）装运工具

运雏时最好选用专门的运雏箱（如塑料箱、木箱等），规格一般长 60 厘米、宽 45 厘米、高 20 厘米，内分 2 个或 4 个格，箱壁四周适当设通气孔，箱底要平而且柔软，箱体不得变形。在运雏前要注意运雏箱的冲洗和消毒，根据季节不同每箱可装 80 ～ 100 只雏鸡。运输工具可选用车、船、飞机等。

（三）装车运输

主要考虑防止缺氧、闷热造成窒息死亡或寒冷冻死，防止感冒、拉稀。装车时箱与箱之间要留有空隙，保证通风。夏季运雏要注意通风防暑，避开中午运输，防止烈日曝晒发生中暑死亡。冬季运输要注意防寒保温，防止感冒及冻死，同时也要注意通风换气，不能包裹过

严，防止出汗或窒息死亡。春、秋季运输气候比较适宜，春、夏、秋季运雏要备防雨用具。如果天气不适而又必须运雏时，就要加强防护措施，在途中还要勤检查，观察雏鸡的精神状态是否正常，以便及早发现问题及时采取措施。无论采用哪种运雏工具，要做到迅速、平稳，尽量避免剧烈震动，防止急刹车，尽量缩短运输时间。

（四）雏鸡的安置

雏鸡运到目的地后，将全部装雏盒移至育雏舍内，分放在每个育雏器附近，保持盒与盒之间的空气流通，把雏鸡取出放入指定的育雏器内，再把所有的雏盒移出舍外，对一次用的纸盒要烧掉；对重复使用的塑料盒、木箱等应清除箱底的垫料并将其烧毁，下次使用前对雏盒进行彻底清洗和消毒。

第三招 使肉用仔鸡长得更快

【提示】

掌握肉用仔鸡生长发育规律，加强饲养管理，维持肉鸡健康，使肉用仔鸡生长速度更快。

一、掌握肉用仔鸡生长发育规律及饲养阶段划分

（一）肉用仔鸡生长发育规律

了解肉用仔鸡的生长规律，有利于制订饲养管理措施。肉鸡的生长规律可以使用一些指标来衡量。

1. 相对增重率规律

$$\text{相对增重率}=\frac{\text{末重}-\text{始重}}{\text{始重}}\times 100\%$$

相这一指标反映出某个阶段生长速度快慢。按照周龄来进行计算可以表明这一周比上一周增加的百分数。快大型肉鸡的相对增重率规律见表3-1。

表 3-1　快大型肉鸡的相对增重率规律

周龄 / 周	1	2	3	4	5	6	7	8	9
相对增重率 / %	275	163	76	53	37	29	19	19	15

由表 3-1 可以看出，肉鸡的早期相对增重率较大，必须采取措施加强早期饲养管理，防止失误，避免影响早期生长，否则，早期如果营养不良、管理不当和发生疾病，后期难以得到补偿。

2. 绝对增重规律

$$绝对增重=末重-始重$$

这一指标直接反映了肉鸡的增重效果。快大型肉鸡的绝对增重规律见表 3-2。

表 3-2　快大型肉鸡的绝对增重规律

周龄 / 周	1	2	3	4	5	6	7	8	9
公 / 克	110	260	310	400	420	470	510	500	480
母 / 克	110	230	290	330	370	390	400	380	350
平均 / 克	110	245	300	365	395	430	455	440	415

由表 3-2 可以看出，绝对增重的高峰期母鸡在 6 ～ 7 周龄，公鸡在 7 ～ 8 周龄。高峰前逐渐增加，高峰后逐渐减少。所以肉鸡饲养有一个最佳上市期，如果饲养期过长，肉鸡的增重速度减慢，虽然体重较大，可能会影响养殖效益。

3. 饲料转化规律

$$肉料比=\frac{活重}{消耗的饲料}$$

这一指标反映了增重和饲料消耗的关系，直接影响到肉鸡养殖的效益。饲料转化规律见表 3-3。

表 3-3　饲料转化规律

周龄 / 周	1	2	3	4	5	6	7	8	9
周每周转化率	0.8	1.21	1.49	1.74	2.03	2.32	2.63	2.99	3.39
累计转化率	0.8	1.05	1.24	1.41	1.58	1.75	1.92	2.09	2.26

（二）饲养阶段划分

据肉仔鸡生长规律和营养需要特点，将饲养全程划分为几个阶段，各阶段采用不同营养水平的饲料和管理规程。

1. 快大型肉仔鸡

快大型肉仔鸡的饲养标准有两段制和三段制两种，我国 1986 年公布的肉仔鸡饲养标准，分为 0 ～ 4 周龄和 5 周龄以上两段，以此配制成前期料和后期料；美国 NRC 饲养标准分为 0 ～ 3 周龄、3 ～ 6 周龄和 6 ～ 8 周龄三段，以此配成的料分别称前期料、中期料和后期料。因分段细更有利于保证肉鸡合理的营养，三段制饲养效果优于两段制，已在国内广泛采用。

2. 优质型肉鸡

根据优质型肉鸡的生长发育规律及饲养管理特点，大致可划分为育雏期（0 ～ 5 周龄）、生长期（6 ～ 8 周龄）和肥育期（9 周龄后或出栏前 2 周）。但在实际饲养过程中，饲养阶段的划分又受到鸡品种和气候条件等因素的影响。例如，在寒冷的季节，育雏期往往延长至 7 周龄后，优质型肉鸡的羽毛生长比较丰满，抗寒能力较强时才脱温，而气候温暖季节，育雏期可提前到 4 周龄，甚至更短的时间。养殖户应根据实际情况灵活掌握。

二、制订肉用仔鸡的生产计划

肉用仔鸡场在经营伊始，首先应确定鸡群规模、年生产批次、采取何种管理方式等。即首先应因地制宜地确定经营和饲养管理方案，然后再规划鸡舍、安排设备等各方面的投资等。

（一）饲养规模

肉仔鸡单位饲养量的收益微薄，必须靠规模效益取胜。肉仔鸡饲养管理全过程基本实现了机械化、自动化，为大规模饲养提供了可能。在我国现时条件下，除进雏和仔鸡出场需有人协助外，直接饲养人员一人可养 1 万～ 2 万只或更多些，年可出栏肉仔鸡 5 万～ 10 万只以上。饲养场应结合持有的资金、场地、技术、饲料和市场条件确定饲养规模。

（二）鸡群周转

肉鸡饲养期可以分为两个阶段，育雏期和育肥期，育雏期结束转入育肥期。为了隔离卫生，现在鸡群周转多采用“全场全进全出”制，包括全场全进全出或整舍全进全出制。即在一个鸡场（或鸡舍）中同

一时间内只养同一日龄的肉仔鸡。全部肉鸡在同一时间内入场（舍），同一时间内出场（舍）。一批鸡出场后留一定空闲和休整时间，可充分清扫，消毒，杜绝疫病的循环或交叉感染。

（三）每年养鸡批数

饲养期和停养期的长短，可影响每年饲养肉鸡的批数。停养期通常为7～14天，此期间对鸡舍进行消毒。若饲养期为49天，停养期为14天，则每年可养用仔鸡365÷（49+14）=5.8批。由此可见，饲养期短和停养期短，都可增加每一栋鸡舍中每年生产的优质型肉鸡数。值得注意的是，达到上市体重的鸡，若不在一天内同时出售，则会减少年养鸡批数，因为延长出售时间等于延长饲养期。

三、选择适宜的饲养方式

肉仔鸡的饲养方式主要有平面饲养、立体笼养和放牧饲养三种。不同的饲养有不同的特点，鸡场根据实际情况选择。

（一）平面饲养

平面饲养又分为更换垫料饲养、厚垫料饲养和网上平养。

1. 更换垫料饲养

一般把鸡养在铺有垫料的地面上，垫料厚3～5厘米，经常更换。育雏前期可在垫料上铺上黄纸，有利于饲喂和雏鸡活动。换上料槽后可去掉黄纸，根据垫料的潮湿程度全部更换或部分更换，垫料可重复利用。如果发生传染病后，垫料要进行焚烧处理。更换垫料饲养的优点是简单易行，设备条件要求低，鸡在垫料上活动舒适，但缺点也较突出，鸡经常与粪便接触，容易感染疾病，饲养密度小，占地面积大，管理不够方便，劳动强度大。

2. 厚垫料饲养

厚垫料饲养指先在地面上铺上5～8厘米厚的垫料，肉鸡生活在垫料上，以后经常用新鲜的垫料覆盖于原有潮湿污浊的垫料上，当垫料厚度达到15～20厘米不再添加垫料，肉鸡上市后一次清理垫料和废弃物。

（1）厚垫料饲养的优点

① 适用范围广　厚垫料法适用于各类鸡的生长期，多用于雏鸡的育雏和肉用仔鸡的饲养。由于厚垫料本身能产生热量，鸡腹部受热良好，生活环境舒适，可以提高生长发育水平。饲养肉用仔鸡，可以减少胸囊肿和腿病的发生。

② 经济实惠　不需运动场或草地，因此建场投资小，所用的垫料来源广泛，价格便宜，比笼养、网上平养等方法投资少得多。

③ 劳动强度小　不需经常清除垫料和粪便，每天只需添加少量垫料，在较长时间后才清理一次，因此大大减少了清粪次数，也就减少了劳动量。

④ 提供某些维生素营养　厚垫料中微生物的活动可产生维生素B_{12}，这有利于增进鸡的食欲，促进新陈代谢，提高蛋白质的利用效率。

⑤ 不易发生传染病　有资料指出，厚垫料法能降低病原体的密度，这是因为，虽然垫料和粪便是一个适宜病原体增殖和活动的环境，但这种活动所产生的热量和氨气均对病原体有抑制作用，因而反过来控制了病原体本身，成为一种自然的控制方法。在良好的管理条件下，厚垫料中病原体分布稀少，其上的鸡只不易产生某些具有临诊症状水平的传染病，并且能在鸡体内产生自然免疫性。

（2）厚垫料饲养的缺点

① 易爆发球虫病和恶癖　因为湿度较高的垫料有利于球虫卵囊存活，在管理不善的情况下就较易爆发球虫病，尤其是南方地区高温多湿，更易发生该种疾病。此外，由于饲养密度较高，鸡只互相接触的机会多，易发生冲突和产生恶癖；一遇生人、噪声或老鼠骚扰时，便神动不定，易发生应激。

② 管理不便　不易观察鸡群，不易挑选鸡只。

③ 机械化程度低　目前世界上最广泛采用的厚垫草上平养商品肉鸡每平方米养 20 ～ 25 只，单位面积年产量为 412 千克 / 米^2。虽然这是一个很大的进展，但设备和饲养方式同传统平养方式非常相似。从目前情况来看，不改变这一饲养方式，大幅度地提高生产效率已是极其困难的了。

（3）垫料的种类及选择　可作为垫料的原料有多种，对垫料的基本要求是质地良好、干燥清洁、吸湿性好、无毒、无刺激、粗糙疏松；易干燥，柔软有弹性，廉价适于作肥料；凡发霉、腐烂、冰冻、潮湿的垫料都不能用。

常用的垫料原料有松木刨花、木屑、玉米芯、秸秆、谷壳、花生壳、甘蔗渣、干树叶、干杂草、秸秆碎段、碎玉米芯或粉粒等，这些原料可以单独使用，也可以按一定比例混合使用。有资料指出，木屑不宜作为垫料用，因为当鸡只吃啄垫料时，木屑容易阻塞鸡的鼻孔或刺激鼻道和咽喉，当搅动木屑时，除会危害呼吸道外，尚会刺激眼睛，引起呼吸道或眼睛不适。但在实际应用上，由于木屑吸湿性好，有利于保证育雏室的清洁干燥，防止鸡球虫病的蔓延，尤其是在高温多雨季节更为合适，因此木屑在生产上还是用得比较多的。

3. 网上平养

网上平养就是将鸡养在离地面 80 ～ 100 厘米高的网上。网面的构成材料种类较多，有钢制的（钢板网、钢编网）、木制的和竹制的，现在常用的是竹制的，将多个竹片串起来，制成竹片间距为 1.2 ～ 1.5 厘米竹排，将多个竹排组合形成网面，再在上面铺上塑料网，可以避免别断鸡的脚趾，鸡感到舒适。也可选用 2 厘米的圆竹平排钉在木条上，竹竿间距 2 厘米制成竹竿网，再用支架架起，离地 50 ～ 60 厘米。网上平养的优缺点如下。

（1）卫生　网上平养的粪便直接落入网下，鸡不与粪便接触，减少了病原感染的机会，尤其是减少了球虫病爆发的危险。

（2）饲养密度高　网上平养可以提高饲养密度，减少 25% ～ 30% 的鸡舍建筑面积，可减少投资。

（3）便于管理　网上平养便于饲养管理和观察鸡群。

（4）日粮营养要求高　网上平养由于鸡群不与地面、垫料接触，要求配制的日粮营养必须全面、平衡，否则容易发生营养缺乏症。

（二）立体饲养

立体饲养也是笼育，就是把鸡养在多层笼内。蛋鸡饲养普遍采用笼养工艺，从二十世纪五十年代末到六十年代中期，许多国家把蛋鸡笼试用于肉鸡生产，但都以失败告终。因为肉鸡休息时不同于蛋鸡的蹲伏姿势，以胸部直接躺在地面。由于生长速度快，体重比较大，皮肤、肌肉和骨骼组织均较柔嫩，很容易发生胸部囊肿和腿病，而且饲养期越长，体重越大，发生率就越高，直接影响肉鸡的商品率。随着科技发展，得益于育种、笼具和饲料等多方面采取了一系列改革，使肉鸡笼养越来越普遍。其优缺点如下。

1. 饲养密度大

可以大幅度提高单位建筑面积的饲养密度。饲养密度达 25 只 / 米^2 的情况下，鸡舍平面密度可达 120 只 / 米^2，在一个 12 米 ×100 米的传统规格肉鸡舍里，厚垫草饲养每栋养 20000 ～ 25000 只，笼养每批饲养量可达 70000 ～ 100000 只，年产量可从厚垫草饲养的 246 吨活重提高到 1571 吨，即在同样建筑面积内产量提高 5 倍以上。

2. 饲料消耗少

由于鸡限制在笼内，活动量、采食量、竞食者均较少，所以个体比较均匀。由于笼饲限制了肉鸡的活动，降低了能量消耗，相应降低了饲料消耗。达到同样体重的肉鸡生长周期缩短 12%，饲料消耗降低 13%，降低总成本 3% ～ 7%。

3. 提高劳动效率

笼养可以大量地采用机械代替人力，从入舍、日常饲养管理和转群上市等都可以机械操作，极大地减少劳动量，从而使劳动生产率大幅度上升。机械化程度较高的肉鸡场一个人可以管理几万只，甚至几十万只肉鸡。

4. 有利于采用新技术

可以采用群体免疫、免疫监测、正压过滤空气通风等新技术来预防疾病。

5. 不需使用垫料

大多数地区垫料费用高，有些地方短缺。舍内粉尘较少。

6. 笼养胸部囊肿、猝死症等发病率提高

四、了解影响肉仔鸡快速饲养的因素

肉仔鸡的生长速度的影响因素很多，如品种、饲料饲养条件、环境条件和鸡的健康等。

（一）雏鸡质量

雏鸡质量直接影响到肉鸡的生长速度。品种不优良、种蛋或雏鸡

被沙门菌污染严重等会影响肉鸡的生长；孵化的雏鸡弱雏多，或出壳后储存、运输等管理不善而致弱等也会严重影响肉鸡的生长。

（二）饲养管理

育雏舍准备不充分，育雏条件不适宜，如温度不适宜，光照过强、过弱或光线不均匀以及后期通风不良等都会影响肉鸡的生长；饲喂用具、饮水用具不适宜或不充足，开食不好，断水断料以及生产中的频繁应激等都会影响肉鸡生长。育肥期温度过高直接影响肉鸡的采食和生长。

（三）日粮营养水平

1. 氨基酸

蛋白质的营养实质上是氨基酸的营养，日粮中蛋白质的营养价值是不稳定的，Koide（1992）分别使用全蛋白、鱼粉和豆粕作为主要蛋白质来源时，蛋白质含量分别为15.5%、16.5%和21.9%可使肉鸡获得最大的增重，所以氨基酸平衡，可使日粮的蛋白质水平下降而不影响肉鸡的生长。

用总氨基酸和可消化氨基酸配制肉鸡日粮发现，在其他营养指标相同的情况下，总氨基酸水平相同的日粮由于原料组成不同，肉鸡的生产性能表现出较大的差异；只有可利用氨基酸水平相同，才能表现一致的生产性能，结果见表3-4。

表3-4　用总氨基酸和可利用氨基酸配制日粮对肉鸡生产性能的影响（8～12日龄）

项目	总氨基酸水平		可利用氨基酸水平	
	日粮1	日粮2	日粮1	日粮2
增重/克	271	252	271	272
料肉比	1.52	1.63	1.5	21.52

资料表明，我国肉鸡的第一限制性氨基酸为蛋氨酸和异亮氨酸，赖氨酸和色氨酸为第二限制性氨基酸，在配制饲粮时除补充蛋氨酸、赖氨酸外，适当采用血粉和羽毛粉等含异亮氨基酸、色氨酸较高的动物性蛋白质饲料更为有益。

2. 脂肪

日粮脂肪对体成分的影响程度决定于摄入量、饲喂期和成熟阶段，于会民等（1998）利用不同来源的脂肪饲喂1日龄艾维茵肉公

仔鸡 7 周，其基础日粮为玉米 - 豆粕型日粮，每种脂肪在 1 ～ 3 周以 1%和 2%，4 ～ 6 周以 1.5%和 3.0%，第 7 周以 2%和 4%添加到基础日粮替代相同比例的玉米，蛋白质水平维持不变。结果显示，在第 1 ～ 3 周，添加豆油、黄油和牛脂三种脂肪改善了肉仔鸡的生产性能，提高了日增重和饲料转化率，且高脂肪组较低脂肪组效果好，但差异不显著。添加脂肪后，肉仔鸡采食量出现下降的趋势；第 4 ～ 7 周，高水平的脂肪添加较对照组显著提高日增重和饲料转化效率，豆油、黄油和牛脂在同一添加水平日增重和饲料转化效率差异不明显。其机理通常认为是由于添加脂肪后延缓食物在胃肠道中的流通速度，增加营养物质的消化吸收时间，从而提高其吸收利用率。

3. 维生素

维生素 C 能提高饲料转化率。在饲料中 30×10^{-6} ～ 40×10^{-6} 的维生素 C，每周间断饲喂，可提高饲料转化率 10.65%；对于肉用种鸡，维生素 C 可提高鸡群产蛋量 1.2%～ 3.0%，维生素 C 对肉用种鸡的受精率有良好的作用，是较好的抗应激剂。

日粮维生素 E 水平较高时（200 ～ 300 毫克 / 千克）会使动物产生有益的反应，如肌肉品质改善、免疫性能加强等。

4. 其他

酶制剂在肉鸡业应用也取得了很高的经济效益和生态效益。李凯年（1996）用 4000 只艾维茵肉雏，加酶 0.1%，49 天试验期体重提高 89%，节料 8%，死亡率下降 0.35%；以玉米为主的干粉料饲喂 3 日龄肉仔鸡，0.75%纤维素酶的添加可使试期成活率提高 4%，肉料比提高 76%（刘桂珍 1994）；在小麦和次粉日粮中添加戊聚糖酶 0.1%，日粮表观消化能提高 6.6%（汪儆，1996）；在基础日粮不添加抗生素的情况下，添加溶菌酶 0 ～ 49 日龄存活率提高 14.3%～ 17.1%，日增重提高 2%～ 2.76%，饲料消耗下降 2.5%～ 5.2%；以大麦为基础口粮添加 β- 葡萄糖酶，21 日龄时肉仔鸡增重提高 23%～ 26%（王天民，1996）。植物性饲料中的磷大部分存在于植酸及植酸盐中，难被鸡利用而随粪便排出体外，污染环境，而且植酸盐中的磷通过螯合作用还降低鸡对锌、锰、铁、钙、钾等主要矿物质元素的利用率。添加植酸酶，能显著提高磷的利用率，可使鸡对磷的排泄量减少 50%，提高日增重和饲料利用率，对于肉仔鸡还能降低腿畸形率的发生。

（四）饲养方式

不同的饲养方式，肉鸡的生长速度也会出现差异。许多试验表明，笼养的增重速度和饲料转化率好于网上平养，而网上平养好于地面平养。

（五）疾病

肉用仔鸡的生长期虽然很短，但易发的疾病种类较多，疾病控制不好，一旦发生疾病，生长速度都会受到严重影响。

五、加强肉仔鸡的饲养管理

（一）做好雏鸡入舍的准备

1. 育雏舍的清洁卫生

肉用仔鸡饲养时间短，且是大群密集饲养，病菌侵入后传播极其迅速，往往会使全部鸡群发病，即使没有那样严重，也因感染病菌而使肉用仔鸡的生长发育率降低15%～30%，甚至造成部分死亡，从而遭到严重损失，再加上有些药物、疫苗在体内有残留量，除影响鸡肉品质外，人吃了鸡肉后也给人类带来不良影响。因此，至少在出售前4周内不能使用疫苗（鸡瘟疫苗等），一些药物在出售前1周也不能用（如抗球虫剂等）。所以，饲养肉用仔鸡的鸡舍及一切用具必须作严格的消毒处理，这是唯一能减少用药，提高效益的办法。在每批鸡出售后，立即清除鸡粪、垫料等污物，并堆在鸡场外下风处发酵。用水洗刷鸡舍墙壁、用具上的残存粪块，然后以动力喷雾器用水冲洗干净，如有残留物则大大降低消毒药物的效果，同时清理排水沟。然后用两种不同的消毒药物分期进行喷洒消毒。最后把所有用具及备用物品全都密闭在鸡舍内或饲料间内，用福尔马林、高锰酸钾作熏蒸消毒，按每立方米用42毫升福尔马林、21克高锰酸钾加热蒸发，熏蒸消毒。这样可基本杀灭细菌、病毒等，密封一天后打开门窗换气，消毒时，每次喷洒药物等干燥后再作下次消毒处理，否则，影响药物效力。

2. 准备好各种设备用具、药物和用品

育雏前，准备好各种设备用具，如加热器、饮水器、饲喂器、时

钟、电扇、灯泡及消毒、防疫等各种用具和一些记录表格。准备好消毒药物、防疫药物、疾病防治药物和一些添加剂，如维生素、营养剂等。保证垫料、育雏护围、饮水器、食槽及其他设施等各就各位。

3. 保证供温系统正常

确保保姆伞和其他供热设备运转正常，在雏鸡到来前先开动，进行试温，看是否达到顶期温度。雏鸡进入前一天，将育雏舍、保姆伞调至所推荐的温度。

4. 做好饮水开食准备

进雏前 2 ～ 3 小时，饮水器先装好 5%～ 8%的糖水，并在饮水器周围放上育雏纸，作雏鸡开食之用。

5. 其他准备

准备好玉米碎粒料、破碎料或其他相应的开食饲料。还要准备好各种药品、疫苗及添加剂，以便随时取用。

（二）饲养

饲养好坏直接影响到肉仔鸡的生长速度和成活率。

1. 肉鸡的营养需要

（1）肉鸡的营养特点　见表 3-5。

表 3-5　肉鸡的营养特点

种类	营养特点
能量	（1）相同条件下，能量水平数对肉鸡饲料转化率起决定作用。代谢能水平高达 13.39 兆焦 / 千克左右，9 周耗料增重比为 (1.7 ～ 1.9) ∶ 1；代谢能浓度在 12.13 兆焦 / 千克，耗料增重比将会超过 2.2 ∶ 1；高能日粮鸡采食能量稍多，机体脂肪含量较高。低能日粮鸡采食能量可能不足，达不到正常生长速度，并且体组织内脂肪沉积低于正常量。7 ～ 8 周龄一般给予高能低蛋白质日粮，有利于提高饲料转化率，并且使肉鸡上市体况较理想。（2）不论能量高低，自前期至后期的能量可逐渐抬高或保持不变，应尽量避免渐减趋势，以充分利用肉仔鸡前期形成的对低能量浓度配合饲料的适应性和补偿生长作用。（3）肉鸡日粮中添加油脂后，能量和蛋白质的利用率提高，肉鸡生长速度明显加快。（4）当饲喂高能饲料，尤其是颗粒饲料时，肉鸡发生腹水十分普遍，当喂给粉料时，几乎没有腹水发生

续表

种类	营养特点
蛋白质	（1）肉仔鸡对日粮蛋白质的消化能力随日龄增加而提高。4～7日龄仔鸡，氮的回肠表观消化率为78%～80%，21日龄达90%。日粮中蛋白质不足可降低甲状腺素分泌，导致生长强度降低。（2）日粮蛋白质水平与肉仔鸡蛋氨酸需要量呈线性相关，即蛋白质水平愈高，蛋氨酸需要量愈高。肉鸡日粮中添加蛋氨酸不仅可提高生产性能，而且能降低胴体脂肪含量。（3）肉鸡的补偿生长。限饲低蛋白质日粮会降低本周的饲料采食量和体增重，但不影响试验全期的生长、饲料效率及净膛率
矿物质元素	矿物质元素添加要注意离子平衡。例如钠离子和氯离子，若仅靠使用食盐来满足营养需要，势必导致氯离子过量而钠离子不足，过量的氯离子不利于鸡健康。如改为添加食盐0.2%～0.25%，另加小苏打0.05%～0.1%，满足鸡对钠离子的需要，可提高抗应激能力，降低死亡率
维生素	由于肉鸡生长快，对维生素及微量元素的需求量也大，肉鸡后期日粮中维生素A和维生素D应比原标准增加1/3，以提高抗逆能力并使骨骼健壮。前期每千克日粮中维生素B_{12}的量应比一般雏鸡多0.01毫克。也有报道，维生素A添加量对生产性能影响不显著。生产预混料时，注意各种维生素都需要超量添加，具体超量多少应根据经济效益具体情况确定
微量元素	（1）高铜作为肉仔鸡饲料添加剂的作用效果不明显。周桂莲等（1996）推荐铜需要量分别为：1～2周龄9毫克/千克，3～6周龄9毫克/千克，7～8周龄10毫克/千克。（2）高水平锌对肉鸡无增重效果。建议肉鸡后期日粮中加锌水平为40毫克/千克；王安等（1989）推荐肉仔鸡日粮中锌的适宜水平应在50～80毫克/千克。（3）锰与其他矿物质元素间的关系。在配制肉仔鸡日粮时，要注意锰与其他矿物质元素间的相互作用，肉仔鸡饲粮中钙、磷、锰、锌和维生素D任一养分的添加水平过高都会影响其他4种养分的吸收和利用。建议0～4周龄肉仔鸡口粮中锰以120毫克/千克为宜。（4）铁是家禽必需的微量元素，在动物体代谢酶的组成及激活等生理功能中起重要作用。各国规定肉仔鸡铁的需要量为75～80毫克/千克，铁缺乏或过量都会导致肉仔鸡生长受阻。（5）生长鸡能耐受较宽范围的日粮碘水平变异。推荐肉仔鸡的玉米-豆粕型日粮中碘添加量以0.70毫克/千克为宜。（6）由于很多饲料中硒含量及其利用率较低，故一般需要在肉仔鸡饲粮中补加硒。应当指出，动物对硒的需要量随摄入的食物形态、性质及食物中维生素E含量而变化，B族维生素可减少硒需要量。各种动物对硒的最低需要推荐量很接近，即日粮中含硒量0.1毫克/千克左右。肉仔鸡日粮中硒含量以0.3毫克/千克为宜。（7）各种动物对钴的耐受力都高达10毫克/千克。但钴过量时肉仔鸡生长减慢。它仅被视为维生素B_{12}的组成成分。钴的营养作用实质上是维生素B_{12}的作用。钴的吸收率不高，高锌不利于钴吸收；同时钴与磷、硫、锰、铜、碘有协同作用。（8）一般认为铬是葡萄糖耐受因子（GTF）的活性成分，协助或增殖胰岛素在体内的作用，它与糖代谢、脂代谢、氨基酸及核酸代谢密切相关。铬促进肉仔鸡生长，改善胴体品质，抗应激，加强免疫力。铬作为一种营养元素，其生理活性的发挥依赖于GTF的转运，因此只有在动物机体缺乏铬时补铬，其促进作用才会明显，如在正常条件下补铬需要一段时间才能发挥其功效

（2）肉鸡的营养标准　见附表1、附表2。

（3）肉鸡参考配方　见附表3、附表4。

2. 肉仔鸡的饮水

由于初生雏从较高温度的孵化器出来，又在出雏室内停留，加之长途运输，其体内丧失水分较多，故适时饮水可补充雏鸡生理上所需水分，有助于促进雏鸡的食欲，帮助饲料消化与吸收，促进粪便排出。初生雏体内含有75％～76％的水分，水在鸡的消化和代谢中起着重要作用，如体温的调节、呼吸、散热等都离不开水。鸡体产生的废物如尿酸等的排出也需要水的携带，生长发育的雏鸡，如果得不到充足的饮用水，则增重缓慢，生长发育受阻。据研究，小鸡出壳后24小时消耗体内水分的8%，48小时消耗15%。所以必须及早供应雏鸡充足的饮水。

（1）开食前饮水　一般应在出壳24～48小时让肉仔鸡带饮到水。肉仔入舍后先饮水，可以缓解运输途中给雏鸡造成的脱水和路途疲劳。出壳过久饮不到水会引起雏鸡脱水和虚弱，而脱水和虚弱又直接影响到雏鸡尽快学会饮水和采食。

为保证肉仔鸡入舍就能饮到水，在肉仔鸡入舍前1～3小时将灌有水的饮水器放入舍内。为减轻路途疲劳和脱水，可让肉仔鸡饮营养水。即水中加入5%～8%的糖（白糖、红糖或葡萄糖等），或2%～3%的奶粉，或多维电解质营养液；为缓解应激，可在水中加入维生素C或其他抗应激剂。

如果肉仔鸡不知道或不愿意饮水，应采用人工诱导或驱赶的方法把肉仔鸡的喙浸入水中几次，肉仔鸡知道水源后会饮水，其他肉仔鸡也会学着饮水，使肉仔鸡尽早学会饮水，对个别不饮水的肉仔鸡可以用滴管滴服。

（2）饮水器的位置和数量　饮水器有壶式饮水器和自动饮水器，壶式饮水器又分小号、中号和大号，育雏期可用中号饮水器，育肥期使用大号饮水器。如果使用自动饮水器，1周内可将中号壶式饮水器放在吊塔或自动饮水器附近让雏鸡饮水，1周后雏鸡学会饮水并知道在自动饮水器内饮水时可撤掉壶式饮水器。保姆伞育雏，饮水器放在保姆伞的边缘外的垫料上；暖房式育雏（整个育雏舍内温度达到育雏温度），饮水器放在网面上、地面上或育雏笼的底网上。饮水器的高度要适当，以饮水器的底盘上缘与鸡背等高为宜，使绝大部分仔鸡站

立时可以饮到水，这样可以有效地防止鸡脚及鸡口腔中的黏液分泌物、垫料和杂物等弄脏饮水，也可避免饮水洒漏弄湿垫料和地面。饮水器的数量要充足，见表3-6。

表3-6　肉仔鸡的饮水和采食位置

项目	母鸡	公鸡
饮水面积		
水槽/（厘米/只，最少）	1.5	1.5
乳头饮水器/（只/个）	9～12	9～12
壶式饮水器/（只/个）	80～100	80
采食面积		
链式饲喂器/（厘米/只）	5.0	5.0
圆形料桶/（只/个）	20～30	20～30
盘式喂料器/（只/个，最多）	30	30

（3）肉仔鸡的饮水量及饮用的水　0～3日龄雏鸡饮用温开水，水温为16～20℃，以后可饮洁净的自来水或深井水，水质要符合饮用水标准。肉仔鸡的饮水量见表3-7。

表3-7　雏鸡的正常饮水量　　单位：毫升/（日•只）

周龄/周	1	2	3	4	5	6	7
饮水量	30～40	80～90	130～170	200～220	230～250	270～310	320～360

（4）注意事项

① 饮水器位置适宜并不断水　将饮水器均匀放在育雏舍光亮温暖、靠近料盘的地方。保证饮水器中经常有水，发现饮水器中无水，立即加水，不要待所有饮水器无水时再加水（雏鸡有定位饮水习惯），避免鸡群缺水后的暴饮。

② 保证饮水系统正常　经常检查饮水设备，尤其是自动饮水系统，要防止堵塞、断水、漏水和跑水。及时发现及时修复，以免引起鸡群应激和舍内过度潮湿。

③ 饮水器高度适宜　饮水器的高度应随雏鸡日龄的增大及时调整，使饮水器的高度与鸡背相一致，要每天经常检查饮水器流量是否既能充分饮水，又能不溢出。饮水器中的水位要求不低于1.9厘米。但是在鸡均匀度很差、鸡体质太弱、患病期间（特别是患肾型传染性支气管炎和传染性法氏囊炎时）、天气太热时、饲料中食盐浓度较高（大于0.3%）时一定要稍稍降低饮水器的高度，以让部分鸡饮水，减

少死、淘率，降低损失。

④ 防止脱水　脱水的鸡不能唧唧鸣叫，体重与大小和年龄不符；小腿皮肤因失水而变皱、喙变蓝；胸肌组织干黑，肾色深，输尿管内因尿液浓缩蓄积，血色暗黑。脱水一般是饮水时间过晚，鸡找不到饮水或难以靠近供水处，有的是由于水中有妨碍饮水的因子（水质太咸）等。同时注意观察雏鸡是否都能饮到水，发现饮不到水的要查找原因，立即解决。若饮水器少，要增加饮水器数量，若光线暗或不均匀，要增加光线强度，若温度不适宜，要调整温度。

⑤ 保持饮水系统卫生　经常刷洗、消毒饮水系统，保持饮水清洁卫生。但在饮水免疫的前后 2 天，饮用水和饮水器不能含有消毒剂，否则会降低疫苗效果，甚至使疫苗失效。饮药水要现用现配以免失效，掌握准确药量，防止过高或过低，过高易引起中毒，过低无疗效。同时要注意堵塞饮水系统，如果是自动饮水系统，选用的药物要易溶于水。

⑥ 饮水温度适宜　冬季供应与舍温接近的水，夏季应尽可能让鸡饮用清凉的水（深井水或自来水），并经常更换，保持饮水清凉。

3. 肉仔鸡的饲喂

（1）饲料　肉仔鸡生长迅速，代谢旺盛，刚出壳体重为 42 克，2 周龄的体重约为初生重的 4 倍，4 周龄为 10 倍，8 周龄为 90 倍，所以要保证肉仔鸡正常的生长发育，必须保证仔鸡的营养物质摄取量，特别是早期营养摄取量。雏鸡消化道容积小，消化系统发育差，其肠道长度只有成年鸡的 2/3，进食量有限，消化道中的消化酶种类少、含量低，消化能力差。另外幼雏对饲料中各种营养物质的缺乏或有毒药物的过量都会很快反映出病理状态。因此，给雏鸡配制饲粮时要选择玉米、豆粕、鱼粉等优质原料，不用或少用棉粕、菜粕、羽毛粉、制革粉、药渣等不易消化吸收利用的非常规饲料原料。同时要注意避免饲料污染，科学合理地在饲料或饮水中添加和使用药物。

开食后的前一周采用细小全价饲料或粉料，以后逐渐过渡到小雏料、中雏料、育肥料和屠宰前料。饲养肉用仔鸡，最好采用颗粒料，颗粒料具有适口性好、营养成分稳定、饲料转化率高等优点。

（2）喂料

① 雏鸡的开食　雏鸡首次喂料叫开食。雏鸡开食要适时，原则上有 1/3 的雏鸡有觅食行为时即可开食。一般是幼雏进入育雏舍，休

息、饮水后就可开食。最重要的是保证雏鸡出壳后尽快学会饮水和采食，学会采食时间越早，采食的饲料越多，越有利于早期生长和体重达标。

肉仔鸡的饲喂用具有开食盘（塑料盘或镀锌铁皮料盘或牛皮纸、厚而粗糙的黄纸）、料桶、饲槽、链条式喂料机械、管式喂料机械等。开食最合适的饲喂用具是大而扁平的开食盘，因其面积大，雏鸡容易接触到饲料和采食饲料，易学会采食。每个规格为40厘米×60厘米的开食盘可容纳100只雏鸡采食。有的鸡场在地面或网面上铺上厚实、粗糙并有高度吸湿性的黄纸。将料盘均匀放置在育雏器边缘或铺有纸的垫料上，在料盘上撒上少量破碎料，让雏鸡采食。如果用粉状料，可以将料拌湿，其程度为手握成团松开即散，然后将料均匀地撒在开食盘上或黄纸上。开食时，一定要仔细观察，对不采食的雏鸡群要人工诱导其采食，即用食指轻敲纸面或食盘，发出小鸡啄食的声响，诱导雏鸡跟着手指啄食，有一部分小鸡啄食，很快会使全群采食；将不会采食的雏鸡挑出来单独饲喂，也可根据其模仿习性，将会采食的雏鸡放到不会采的雏鸡群中，不会采食的雏鸡便很快学会采食。

开食后，第一天喂料要少撒勤添，每1～2小时添料一次，添料的过程也是诱导雏鸡采食的一种措施。2天后将料桶或料槽放在料盘附近以引导雏鸡在槽内吃料，5～7日龄后，饲喂用具可采用饲槽、料桶、链条式喂料机械、管式喂料机械等，槽位要充足。

开食后要注意观察雏鸡的采食情况，保证每只雏鸡都吃到饲料，尽早学会采食。开食几小时后，雏鸡的嗉囊应是饱的，若不饱应检查其原因（如光线太弱或不均匀、食盘太少或撒料不匀、温度不适宜、体质弱或其他情况）并加以解决和纠正。开食好的鸡采食积极、速度快，采食量逐日增加。

② 饲喂　肉鸡推荐日喂次数：1～3日龄，喂8～10次；4～7日龄，喂6～8次；8～14日龄，喂4～6次；15日龄后，喂3～4次。饲喂间隔均等，要加强夜间饲喂工作。饲养肉用仔鸡，宜实行自由采食，不加以任何限量，保证肉鸡在任何时候都能吃到饲料。添料量要逐日增加，原则上是饲料吃光后0.5小时再添下一次料，以刺激肉用仔鸡采食。喂料时间和人员都要固定，饲养人员的服装颜色不宜改变，以免引起鸡群的应激反应（惊群）。

料桶喂料是目前较普遍的供料方法，料桶最好悬挂起来，并经常

调节料桶的高度，使料桶底盘上缘与鸡背等高，这样便于雏鸡采食，并能防止鸡将料桶的饲料翻到外边，造成浪费。一个料桶添满料，能装料 2 ～ 5 千克。所以不必经常添加饲料，但有必要经常检查料桶中饲料的消耗情况，同时将伏卧于地的肉鸡驱赶起来（最好每 3 小时将鸡群驱赶起来，以促进其采食），防止长期伏卧于地，造成胸部囊肿，另外也激起肉鸡的采食活动，有利于肉鸡多采食。料桶的桶壁与底盘之间的高度是可调节的，如果出料过快或过慢，可通过调节桶壁与底盘的距离来控制。

如是料槽喂料多用自动化机械传动喂料，也有手工喂料的。手工料槽喂料的缺点是喂料次数多，劳动强度大。但经常喂料有利于提高肉鸡的采食频率，提高肉鸡的采食量。料槽饲喂粉料时，肉鸡总是选择粒状成分采食，这样料槽底部的粉末会越来越多，这样会影响到肉鸡摄取的营养的平衡性，因此，用料槽喂料时，每天应让肉鸡将料槽中的粉末吃净一次，再添料，而其他时间则不必让肉鸡将料槽中饲料彻底吃净再添料。一般在每次料槽见底后开始添料，每次添料量不超过料槽深度的 1/3，以防肉鸡将饲料翻出料槽外。料槽的高度同样需要调节，调节的方法也是使料槽的上沿与鸡背等高。

在饲喂过程中，要保证饲料的质量和稳定性，各阶段更换饲料时应逐步更换，尽量不要中途更换饲料来源，因为同一种饲料，不同厂家的饲料配方和饲料原料差异很大，更换后易引起应激，或出现消化道疾病。

③ 饲料消耗肉用仔鸡每周耗料量，因饲粮含能量不同而有一定差异，见表 3-8。

表 3-8　不同周龄肉用仔鸡的饲料消耗量

周龄 / 周	不同能量水平每 1000 只肉仔鸡每周的饲料消耗量 / 克		
	12．1 兆焦 / 千克	12．6 兆焦 / 千克	13.0 兆焦 / 千克
1	135	129	122
2	299	286	273
3	474	454	435
4	661	637	614
5	787	760	736
6	940	917	888
7	1096	1068	1040

4. 肉鸡饲养的关键技术

（1）加强早期饲喂　对新生雏鸡及早喂料具有激活其生长动力的重要作用。这不仅能加快新生雏鸡对体内残留卵黄的利用速度，而且可加快增重并促进胃肠道的发育。从出壳到采食的这段时间是激活新生雏鸡正常生长动力的关键时期。多篇报告声称，新生雏鸡利用体内的残余卵黄来维持其生命，而利用外源性能量供其机体生长之用。通过提供早期营养就可促进新生雏鸡的生长。对新生雏鸡喂食，可使其在采食后24小时就开始生长。推迟采食会导致胃肠道和免疫系统的发育放慢，从而使其早期增重及以后的胸肌产量下降。实际生产中，使出壳的雏鸡尽早入舍，早饮水，早开食，保持适宜的温度、充足的饲喂用具和明亮均匀的光线，并正确的饮水开食。

（2）保证采食量　采食量影响到肉鸡营养摄取量。采食量不足也会影响肉鸡的增重。

① 影响采食量的因素　主要有舍内温度过高（5周以后超过25℃，每升高1℃，每只鸡总采食量减少50克）、饲料的物理形状、饲料的适口性（如饲料霉变酸败，饲料原料劣质）、饲料的突然更换、疾病等。

② 保证采食量的措施　主要措施有：采食位置充足，每只鸡保证8～10厘米的采食位置；采食时间充足，前期光照20小时以上，后期在15小时以上；高温季节注意降温，在凉爽的时间，如夜间用凉水拌料饲喂；饲料品质优良，适口性好。避免饲料霉变、酸败；饲料的更换要有过渡期；使用颗粒饲料；饲料中加入香味剂。

5. 使用添加剂

饲料或饮水中使用添加剂可以极大地促进肉鸡生长，提高饲料转化率。除了按照饲养标准要求添加的氨基酸、维生素和微量元素等营养性添加剂外，还可充分利用各种非营养性添加剂。

（1）酶制剂　广泛应用于家禽生产的饲用酶有纤维素酶、半纤维素酶、木聚糖酶、果酸酶、植酸酶以及复合酶等。国外的商品酶制剂“八宝威”“爱维生”和台湾的“保力胺”的使用效果较好。添加不同外源酶对肉鸡生产性能的影响见表3-9。

表 3-9　不同外源酶对肉鸡生产性能的影响

酶类	0～3周龄			4～6周龄		
	3周龄末体重/（千克/只）	增重/（千克/只）	耗料/增重	6周龄末/（千克/只）	增重/（千克/只）	耗料/增重
对照	0. 71±0. 02	0. 67±0. 02	1. 49±0. 05	2. 13±0. 05	1. 42±0. 06	1. 97±0. 01
0. 04%淀粉酶	0. 74±0. 01	0. 70±0. 02	1. 41±0. 02	2. 20±0. 06	1. 46±0. 05	1. 95±0. 02
0. 015%蛋白酶	0. 58±0. 07	0. 54±0. 06	1. 51±0. 04	2. 08±0. 10	1. 50±0. 06	1. 85±0. 18

（2）活菌制剂　江西农大黄国清等，用活菌制剂对肉鸡生产性能进行了试验。采用的活菌制剂由芽孢杆菌、嗜酸乳酸杆菌、保加利亚杆菌、双歧杆菌和嗜热链球菌组成，含活菌数 15×10^8 个/克。抗生素为15%金霉素钙。取1日龄雏鸡360只，随机分成3组，每组设3个重复，每个重复40只鸡。对照组0～21日龄：基础日粮+35毫克/千克金霉素。22～49日龄：基础日粮+35毫克/千克金霉素。试验Ⅰ组,0～21日龄，基础日粮+0.2%活菌制剂;22～49日龄，基础日粮+0.2%活菌制剂。试验Ⅱ组,0～21日龄,基础日粮+35毫克/千克金霉素;22～49日龄,基础日粮+0.2%活菌制剂。基础日粮成分及饲养管理均相同。结果表明：平均增重，0～21日龄各组无显著差异;22～49日龄,试验Ⅰ组和Ⅱ组比对照组分别提高6. 8%和11.3%；全期Ⅰ组和Ⅱ组比对照组分别提高5.8%和8.4%；饲料报酬，0～21日龄Ⅰ组比对照组提高4.8%，22～49日龄Ⅱ组比对照组提高7.3%。全期Ⅱ组比对照组提高5.3%；全期肉鸡死亡率，Ⅰ、Ⅱ组比对照组分别下降0.9%和2.5%。利润也分别增加5.29%和7.21%。添加活菌制剂后增重、饲料报酬、死亡率和利润都有较大改善。

（3）酸制剂　丁邦勇(2001)将复合酸化制剂（荷兰生产，主要成分为十二种有机酸)添加入肉鸡饲料和饮水中，进行饲喂试验。试验组肉鸡出栏体重比对照组每只平均增加0.25千克，增加10.2%；饲料转化率比对照组提高8.5%；死亡率比对照组低2.5%。复合有机酸制剂可通过降低胃肠道pH值，提高消化酶的活性,改变有害微生物的适宜生存环境，同时促进乳酸菌的发酵活动。这种双重作用既减少了微生物的有害作用和对养分的浪费，又大大减少了消化道疾病，从而提高了肉鸡生产性能。

（4）添加天然植物饲料添加剂　在肉鸡饲料中添加天然植物饲料添加剂，可以健胃增食，促进增重，增强免疫和抗力，减少饲料消耗

和粪尿污染。

①肉鸡增重的天然植物添加剂经验参考方

方1：紫穗槐叶，粉碎过80目筛，按5%添料，可以减少维生素用量，提高增重。

方2：艾叶，粉碎过60目筛，在肉鸡饲料中添加2%～2.5%的艾叶粉，可提高增重，节省饲料；艾叶中含有蛋白质、脂肪、多种必需氨基酸、矿物质及丰富的叶绿素和未知生长素，能促进生长，提高饲料利用率，增强家禽的防病和抵抗能力。蛋鸡日粮中添加1.5%～2.0%的艾叶粉，可提高产蛋率4%～5%，并能加深蛋黄颜色，提高鸡的防病抗病能力。

方3：大蒜去皮捣烂（现捣现用），按0.2%添料。或大蒜粉，按0.05%添料；大蒜中富含蛋白质、糖类、磷质及维生素A等营养成分，其含有的大蒜素具有健胃、杀虫、止痢、止咳、驱虫等多种功能，可提高雏鸡成活率，促进增重；可治疗球虫病和蛲虫病。患雏鸡白痢的病鸡，用生蒜泥灌服，连服5天，病鸡可痊愈。

方4：钩吻，粉碎过80目筛，按0.2%添料。

方5：黄芪50克，艾叶100克，肉桂100克，五加皮100克，小茴香50克，钩吻100克，共粉碎过60目筛，按每只每日1～1.5克添加，10日龄始喂，连用20天。

方6：陈皮、神曲、茴香、干姜各1份，共粉碎过60目筛，按0.3%添料。

方7：桂皮1%，小茴香1%，羌活0.5%，胡椒0.3%，甘草0.2%，共粉碎过60目筛，按0.2%添料。

方8：松针粉有丰富的营养成分，含有17种氨基酸、多种维生素、微量元素、促生长激素、植物杀菌素等。鸡日粮中添加5%松针粉可节省一半禽用维生素；蛋鸡可提高产蛋率13.8%，且能加深蛋黄颜色；肉鸡可提高成活率7%，缩短生长期，减少耗料量，降低饲料成本。

方9：麦芽含有淀粉酶、维生素B_1、卵磷脂等成分，味甘性温，能提高饲料适口性，促进家禽唾液、胃液和肠液分泌，可作为消食健胃添加剂。一般日粮中可添加2%～5%麦芽粉。

方10：苍术。苍术味辛、苦，性温，含丰富的维生素A、B族维生素，其维生素A含量比鱼肝油多10倍，还含具有镇静作用的挥发油。苍术有燥湿健脾、发汗祛风、利尿明目等作用。鸡饲料中加入

2％～5％苍术干粉，并加入适量钙粉，有开胃健脾，预防夜盲症、骨软症、鸡传染性支气管炎、喉气管炎等功效，还能加深蛋黄颜色。

② TF 系列产品　TF 系列产品是由北京天福莱生物科技有限公司和国家饲料工程技术研究中心共同研制的天然植物饲料添加剂产品。从数百种天然药用植物筛选出黄芪、党参、金银花、桑叶、玄参、杜仲、迷迭香等数十种目标药用植物，根据这些药用植物中生物活性物质的分子结构特性，利用水提、醇提、酯提等方法定向提取出促生长因子、抗病因子和降胆固醇因子三大类生物活性物质。其有效成分主要为多糖、寡多糖、绿原酸、类黄酮。这些有效成分进入动物机体后，吸收快，利用率高，解决了传统中草药产品吸收慢的问题。安全毒性试验表明，TF 系列产品无毒副作用，安全性高。试验结果表明，饲料中添加 0.10％和 0.75％的 TF98，肉仔鸡的日增重分别提高 7.8％和 2.6％，每千克增重的饲料消耗分别减少了 7.25％和 3.11％。日粮添加 0.05％ TF98 的肉仔鸡的日增重降低了 1％，但每千克增重的饲料消耗减少了 4.15％。本试验结果表明，植物提取物 TF98 完全可以替代常规的抗生素。

（5）抗生素类添加剂　抗生素类添加剂可以刺激生长，提高饲料率转化率，保障动物健康。但使用时应遵守《药物添加剂使用准则》，避免滥用药物。

（6）其他

① 香蕉皮　试验证实，香蕉皮可用作肉鸡饲料的添加剂。其试验方法是：将香蕉皮切碎，在阳光下晒干，再碾成粉末，分别以 5%、10%、15%、20% 的比例添加到肉鸡饲料中，进行饲喂试验。结果表明，香蕉皮用作饲料添加剂，能提高饲料转化率，加快肉鸡的生长，降低养鸡成本，提高经济效益，其中以在饲料中加入 10% 的香蕉皮粉效果最好。

② 沙子　在配合饲料中加入沙子，能使肉鸡增重。其原因就是增加肌胃沙料储量，提高饲料利用率。试验在肉鸡配合饲料中加入 8％的沙子，每只鸡可多增重 325 克，按每千克活鸡 8 元计算，每只鸡可多收入 2.6 元。但在肉鸡配合饲料中加入 7％的沙子，增重不明显，若加入 9％的沙子使增重下降。

③ 改善鸡肉味添加剂

a. 添加大蒜　肉鸡饲料中大多含有鱼粉成分，鸡肉吃起来有鱼腥味。可在鸡日粮中添加 1％～ 2% 的鲜大蒜或 0.2％的大蒜粉，这样，

鸡肉中的鱼腥味便会自然消失，鸡肉吃起来更加有香味。

b. 拌食调味香料　其配方为干酵母 7 份，大蒜、大葱各 10 份，姜粉、五香粉、辣椒粉各 3 份，味精、食盐各 0.5 份，添加量按鸡日粮的 0.2% ～ 0.5％添加，于鸡屠宰前 20 天饲喂，每日早晚各一次。而某些香料，如丁香、胡椒、甜辣椒和生姜等具有防腐和药物的效果，所以能改善肉质，延长保鲜期。

c. 喂食腐叶土　腐叶土就是菜园或果园地表土壤的腐叶，可以给鸡喂食。其配方组成为：鸡饲料 70％～ 80%，青绿饲料 10％～ 20％，腐叶土 10％，混匀后喂鸡，其肉质和口感跟农家鸡一样，且所产蛋也呈鲜黄色或橘黄色。

d. 添加微生物　日本一公司利用从天然植物中提取的一种微生物，掺入饲料和饮水中喂鸡，完全不使用抗生素和抗菌剂，结果能改善肉鸡品质。鸡肉的蛋白质含量高于普通鸡，热量低，胆固醇也降低 10％左右，而且鸡舍的臭味大大减少。

（三）环境管理

只有根据肉鸡生长发育特点，为其提供适宜的环境，才能获得良好的生长速度和饲养效果。环境主要是指空气环境，其构成因素主要有温度、湿度、光照、通风、噪声以及密度和卫生。

1. 饲养密度

饲养密度是指每平方米面积容纳的鸡数。饲养密度直接影响肉鸡的生长发育。影响肉用仔鸡饲养密度的因素主要有品种、周龄与体重、饲养方式、房舍结构及地理位置等。一般来说，房舍的结构合理，通风良好，饲养密度可适当大些，笼养密度大于网上平养，而网上平养又大于地面厚垫料平养。体重大的饲养密度小，体重小，饲养密度可大些。

如果饲养密度过大，舍内的氨气、二氧化碳、硫化氢等有害气体增加，相对湿度增大，厚垫料平养的垫料易潮湿，肉用仔鸡的活动受到限制，生长发育受阻，鸡群生长不齐，残次品增多，增重受到影响，易发生胸囊肿、足垫炎、瘫痪等疾病，发病率和死亡率偏高。若饲养密度过小，虽然肉用仔鸡的增重效果较好，但房舍利用率降低，饲养成本增加。肉用仔鸡适宜的饲养密度见表 3-10。

表 3-10　不同饲养方式的饲养密度

周龄	地面平养 /（只 / 米²）			网上平养 /（只 / 米²）			立体笼养 /（只 / 米²）		
	夏季	冬季	春季	夏季	冬季	春季	夏季	冬季	春季
1～2周	30	30	30	40	40	40	55	55	55
3～4周	20	20	20	25	25	25	30	30	30
5～6周	14	16	15	15	17	16	20	22	21
7～8周	8	12	10	11	13	12	13	15	14

2. 卫生

雏鸡体小质弱，对环境的适应力和抗病力都很差，容易发病，特别是传染病。所以要加强入舍前的消毒，加强环境和出入人员、用具设备消毒，经常带鸡消毒，并封闭育雏，做好隔离。

（四）日常管理

肉鸡的日常管理是一项细致的工作，除了供给营养全面平衡的日粮和保持适宜的温度、湿度、光照、通风、密度和卫生外，还要做好如下工作。

1. 垫料的管理

垫料平养时，垫料的管理直接影响饲养效果，必须注意垫料管理。垫料的厚度要合适，对于雏鸡，开始垫料的厚度为 5～10 厘米，如果此时垫料过厚，雏鸡就易被垫料覆盖起来而发生意外，同时也妨碍雏鸡的活动。垫料被践踏后，厚度降低，垫料潮湿污浊，要注意及时添加，最后使垫料的厚度达到 20～25 厘米，过薄的垫料效果不好，因为这时垫料与粪便的比例不适当，垫料少粪便多，垫料层偏潮湿，鸡舍氨气增多，影响鸡的生活和生长，潮湿而浅薄的垫料还易使肉用仔鸡产生脚肿。新加垫料应铺在原有垫料上面，铺盖垫料时要均衡平坦，避免高低不平现象。

最好每天都用耙子翻松垫料，如不能做到，则至少应每 3 天翻动一次，以保证粪便与垫料充分混合及垫料层的疏松。底层的垫料已成粉状，可不必翻动。

厚垫料层在一定时间后便要进行更换，一般可结合鸡的出栏来进行。对于肉用仔鸡，可以从出壳饲养至出栏（6～7 周），这样可减去中间一次清理工作。但切不可用同一层垫料供两批雏鸡育雏或两批生

长期仔鸡的饲养，否则某些疾病有可能通过垫料传递下来。可由垫料传递的疾病有鸡球虫病、鸡白痢杆菌病、鸡伤寒、传染性支气管炎、鸡新城疫、马立克病和传染性喉气管炎等。

在垫料管理上，注意垫料潮湿问题。垫料潮湿原因很多，主要是管理方面的原因，如水龙头漏水、饮水器阀门失调、水槽装水过满、地下水上渗、垫料长久不换不加等。饲养方面原因如饲料食盐过多、鸡只摄食到高水平的亚硫酸盐等。要防止垫料过湿，首先要保证场址选在高燥通风的地方，凡多雨或地势低洼的地方都不宜使用，地面要用水泥铺盖，舍外及舍内水沟排水良好，饮水器要放在无垫料区的水泥地上或铁丝网平台上，溢水直接由水沟排到舍外，水龙头、饮水器要尽量做到不漏水；其次是要经常添加新垫料，定期清除旧垫料。日粮中含盐量应控制在 0.3% 以下等。

2. 卫生管理

（1）清粪　必须定期清除鸡舍内的粪便（厚垫料平养除外）。笼养和网上平养每周清粪 3 ～ 4 次，清理不及时，舍内会产生大量的有害气体如氨气、硫化氢等，同时会使舍内滋生蚊蝇，从而影响肉仔鸡的增重，甚至诱发一些疾病。

（2）卫生　每天要清理清扫鸡舍、操作间、值班室和鸡舍周围的环境，保持环境清洁卫生；垃圾和污染物及时放到指定地点；饲养管理人员搞好个人卫生。

（3）消毒　日常用具定期消毒、定期带鸡消毒（带鸡消毒是指给鸡舍消毒时，连同鸡只同时消毒的过程）。鸡舍前应设消毒池，并定期更换消毒药液，出入人员脚踏消毒液进行消毒。消毒剂应选择两种或两种以上交替使用，不定期更换最新类消毒药，防止因长期使用一种消毒药而使细菌产生耐药性。

3. 减少应激

肉仔鸡胆小易惊，对环境变化非常敏感，容易发生应激反应而影响生长和健康。保持稳定安静的环境至关重要。

（1）工作程序稳定　饲养管理过程中的一些工作（如光照、喂饲、饮水等）程序一旦确定，要严格执行，不能有太大的随意性，以保持程序稳定；饲养人员也要固定，每次进入鸡舍工作都要穿上统一的工作服；饲养人员在鸡舍操作，动作要轻，脚步要稳，尽量减少出入鸡舍的次数，开窗关门要轻，尽量减少对鸡只的应激。

（2）避免噪声　避免在肉鸡舍周围鸣笛、按喇叭、放鞭炮等，避免在舍内大声喧哗；选择各种设备时，在同等功率和价格的前提下，尽量选用噪声小的。

（3）环境适宜　定时检查温度、湿度、空气、垫料等情况，保持适宜的环境条件。

（4）使用维生素　在天气变化、免疫前后、转群、断水等应激因素出现时，可在饲料中补加多种维生素或速补 -14 等，从而最大限度地减少应激。平时每周可在饮水添加维生素 C（5 克 /100 千克水）饮水 2 ～ 3 天。

4. 观察鸡群

观察鸡群的时间是早晨、晚上和喂饲的时候，这时鸡群健康与病态均表现明显。观察时，主要从鸡的精神状态、饮水、食欲、行为表现、粪便形态等方面进行观察，特别是在育雏第一周这种观察更为重要。如鸡舍温度是否适宜，食欲如何，有无行为特别的鸡。发现呆立、耷拉翅膀、闭目昏睡或呼吸有异常的鸡，要隔离观察查找原因，对症治疗。

要注意观察鸡冠大小、形状、色泽，若鸡冠呈紫色表明机体缺氧，多数是患急性传染病，如新城疫等；若鸡冠苍白、萎缩，提示鸡只患慢性传染病且病程较长，如贫血、球虫、伤寒等。同时还要观察喙、腿、趾和翅膀等部位，看其是否正常。

要经常检查粪便形态是否正常，有无拉稀、绿便或便中带血等异常现象。正常的粪便应该是软硬适中的堆状或条状物，上面覆有少量的白色尿酸盐沉淀物。一般来说，稀便大多是饮水过量所致，常见于炎热季节；下痢是由细菌、霉菌感染或肠炎所致；血便多见于球虫病；绿色稀便多见于急性传染病，如鸡霍乱、鸡新城疫等。

要在夜间仔细听鸡的呼吸音，健康鸡呼吸平稳无杂音，若鸡只有啰音、咳嗽、打喷嚏等症状，提示鸡只已患病，应及早诊治。

5. 加强对弱小鸡的管理

由于多种原因，肉鸡群中会出现一些弱小鸡，加强对弱小鸡的管理，可以提高成活率和肉鸡的均匀度。在饲养管理过程中，要及时挑

出弱小鸡，隔离饲养，给以较高的温度和营养，必要时在饲料或饮水中使用一些添加剂，如抗生素、酶制剂、酸制剂或营养剂等，以促进健康和生长。

6. 病死鸡处理

在饲养管理和巡视鸡群过程中，发现病死鸡要及时拾出来，对病鸡进行隔离饲养和淘汰，对死鸡进行焚烧或深埋，不能把死鸡放在舍内、饲料间和鸡舍周围。处理死鸡后，工作人员要用消毒液洗手。

7. 鸡群周转

肉鸡生长快，在育雏舍饲养 2 ～ 3 周后，就需要转移到面积较大的育肥舍内饲养，这样育雏舍经过消毒后，可以再引进下一批雏鸡。当育肥舍肉鸡出栏时，再将育雏舍的肉鸡转入育肥舍。这种循环生产过程叫鸡群周转。鸡群周转时会对鸡产生应激，所以肉鸡饲养应尽可能减少周转的次数。

目前，许多肉鸡场采用全进全出制，即在一栋鸡舍内育雏育肥后出栏，然后再进下一批。整个饲养期内不进行周转，育雏期将肉鸡固定在一个较小的范围内，给以适宜的育雏温度，随着肉鸡的生长逐步扩大饲养范围，直到占满整个鸡舍。这样能最大限度地减少肉鸡饲养过程中的应激，有利于肉鸡的生长发育。这种饲养模式所用的面积较大，但因为实现全进全出，在管理上也比较方便。

如果是育雏育肥分舍饲养，应注意周转问题。鸡群周转不同于肉鸡出栏，因为肉鸡还要转圈继续饲养，所以尽量减少对鸡群的影响。周转时不可将鸡逐只抓到另一鸡舍内，最好用木箱或专用周转笼转群。将鸡轻轻驱赶到箱内，关上笼门后，由两人抬到另一鸡舍后，再将鸡赶到笼外。

鸡群周转时应在夜间进行，只开一个功率较小的白炽灯，使鸡舍光线暗些，可避免肉鸡因奔跑、扎堆造成伤亡。为减弱应激，转群前应在舍内的料槽和饮水器中放上饲料和水，使鸡入舍后可以采食饮水，并在水或饲料中加入抗应激剂。

8. 生产记录

为了提高管理水平、生产成绩以及不断稳定地发展生产，把饲养情况详细记录下来是非常重要的。长期认真地做好记录，就可以根据

肉仔鸡生长情况的变化来采取适当的有效措施，最后无论成功与失败，都可以从中分析原因，总结出经验与教训。

为了充分发挥记录数据的作用，要尽可能多地把原始数字记录下来，数据要精确，其分析才能建立在科学的基础上，作出正确的判断，得出结论后提出处理方案。各种日常管理的记录表格，必须按要求来设计和填写。

（1）肉鸡饲养记录表　肉鸡饲养中填写好饲养记录非常重要，每天要如实的、全面的填写。肉鸡饲养记录表见表3-11。

表3-11　肉鸡饲养记录表

进雏时间＿＿　　购雏种鸡场＿＿　　数量＿＿　　栋号＿＿

日期	日龄	实存数/只	死亡数/只	淘汰数/只	料号总耗料/千克	日平均耗料/克	温度、湿度	备注

（2）肉鸡周报表　根据日报内容每周末要做好周报表的填写。肉鸡周报表见表3-12。

表3-12　肉鸡周报表

周期	存栏数/只	死亡数/只	淘汰数/只	死亡淘汰率/%	累计死亡淘汰数/只	累计死亡淘汰率/%	耗料/千克	累计耗料/千克	只日耗料/克	体重/克	周料肉比	备注
1												
2												
3												
4												
5												
6												
7												
8												

（3）免疫记录　表免疫接种工作是预防肉鸡疫病的一项重要工作，免疫的疫苗种类和次数较多，要做好免疫记录。每次免疫后要将免疫

情况填入表 3-13。

表 3-13　肉鸡群免疫记录表

日龄	日期	疫苗名称	生产厂家	批号、有效期限	免疫方法	剂量	备注

（4）用药记录表　肉鸡场为了预防和治疗疾病，会经常有计划的使用药物，每次用药情况要填入表 3-14。

表 3-14　肉鸡群用药记录表

日龄	日期	药名及规格	生产厂家	剂量	用途	用法	备注

（5）肉鸡出栏后体重报表　见表 3-15。

表 3-15　肉鸡出栏后体重报表

车序号	筐数 / 筐	数量 / 只	总重 / 千克	平均体重 / 千克	预收入 / 元	实收入 / 元	肉联厂只数 / 只
1							
2							
3							
4							
5							
6							
7							
8							
9							
10							
合计							

（6）肉鸡场入库和出库的药品、疫苗、药械记录表　肉鸡场技术人员和采购人员将每批入库及出库的药品、疫苗和药械逐一登记填入表 3-16 和表 3-17。

表 3-16　肉鸡场入库的药品、疫苗、药械记录表

日期	品名	规格	数量	单价	金额	生产厂家	生产日期	生产批号	经手人	备注

表 3-17　肉鸡场出库的药品、疫苗、药械记录表

日期	车间	品名	规格	数量	单价	金额	经手人	备注

（7）肉鸡场购买饲料或饲料原料记录表　饲料采购和加工人员要将每批购买的饲料或饲料原料填入表 3-18 购买饲料及出库记录表和表 3-19 购买饲料原料记录表中。

表 3-18　购买饲料及出库记录表

日期	育雏期			育肥期		
	入库量 / 千克	出库量 / 千克	库存量 / 千克	入库量 / 千克	出库量 / 千克库	存量 / 千克

表 3-19　购买饲料原料记录表

日期	饲料品种	货主	级别	单价	数量	金额 / 元	化验结果	化验员	经手人	备注

（8）收支记录表格　见表 3-20。

表 3-20　收支记录表格

收入		支出		备注
项目	金额 / 元	项目	金额 / 元	
合计				

（五）季节管理

我国肉鸡舍多是开放舍，受外界季节变化影响大，特别是在炎热和寒冷的极端气候条件下，管理不善会严重影响肉鸡的生长，所以搞好夏季和冬季管理尤为重要。

1. 夏季管理

夏季炎热，我国大部分地区夏季的炎热期持续 3 ～ 4 个月，给鸡群造成强烈的热应激。鸡羽毛稠密，无汗腺，体内热量散发困难，因而高温环境影响肉用仔鸡的生长。一般 6 ～ 9 月份的中午气温达 30℃左右，育肥舍温度多达 28℃以上，使鸡群感到不适，表现热喘息，饮欲增强，而食欲下降，常导致生长减慢、死亡率高等。另外，夏季鸡大肠杆菌病、球虫病的发病率也会增高。因此，消除夏季高温对肉用仔鸡的不良影响，需要从鸡舍隔热、饲料饲养和管理等多方面采取措施。

（1）做好鸡舍的隔热防暑　如鸡舍隔热设计良好、坐北朝南、搞好环境绿化、将房顶和南侧墙涂白、在房顶洒水等。

（2）加强鸡舍通风　通风加快气流流动，驱除舍内热量，鸡体感到舒适。

（3）改善饲养方法　在育肥期，如果温度超过 27℃肉用仔鸡的采食量明显下降，饲养方面可采取如下措施。

① 调整饲粮　提高日粮蛋白质含量 1% ～ 2%，多种维生素的使用量加倍；日粮现用现配，保证新鲜，禁喂霉变、酸败饲料。饲喂颗粒料，提高肉用仔鸡的适口性，增加采食量。

② 添加脂肪　在饲料中添加 2%～ 4%的脂肪。在饲料中添加油脂也有利于提高肉鸡在热应激环境下的生长速度。因为油脂可提高饲料的能量浓度，可使肉鸡在有限的采食量下获得较多的能量，同时肉鸡采食含较多油脂的饲料产生的体增热较含油脂少的饲料的体增热要

低，有利于减轻热应激。

③ 适当禁食　在一天气温最高的一段时间内禁食（将料桶升高），能提高肉鸡的抗热应激能力。采食会产生体增热，对肉鸡的耐热性不利。实践证明，30 日龄以后或更早些时候开始，每天在气温最高时间 11 时至下午 3 时，禁食 4 个小时，但持续供应清洁的饮水，比连续饲喂肉鸡的抗热应激能力和生长速度要高。

④ 调整喂料时间　白天温度高，鸡采食量少，可以在夜间凉爽的时候加强饲喂，喂湿拌料效果更好，但每次喂料后不能剩料，否则容易酸败。

⑤ 持续供清洁凉爽的饮水　如果有条件，用自流饮水，持续供应深井水。也可在高温时间内，在饮水器中加入新抽出来的深井水，每半个小时更换一次。

（4）使用抗热应激药物

① 在饲粮中添加杆菌肽粉，每千克日粮中添加 0.1 ～ 0.3 克，连续使用。

② 在饲料（或饮水）中补充维生素 C　热应激时，机体对维生素 C 的需要量增加，维生素 C 有降低体温的作用。当舍温高于 27℃，可在饲料中添加 0.015% ～ 0.03% 的维生素 C 或在饮水中加 0.01% 维生素 C，白天饮用。

③ 在饲粮（或饮水）中加入小苏打　高温季节，可在饲粮中加入 0.4%～ 0.6%的小苏打，也可在饮水中加入 0.2%～ 0.4%的小苏打于白天饮用。注意使用小苏打时减少饲粮中食盐（氯化钠）的含量。在饲粮中补加 0.5%的氯化铵有助于调节鸡体内酸碱平衡。

④ 在日粮（或饮水）中补加氯化钾　热应激相对易出现低血钾，因而在饲粮中可补加0.2%～0.3%的氯化钾，也可在饮水中补加0.1%～0.2%的氯化钾。补加氢化钾有利于降低肉用仔鸡的体温，促进生长。在热应激环境下，在饲料中添加 0.5%的生石膏或 0.3%的碳酸氢钠（即小苏打），也可单独或同时在饲料中添加 300 ～ 500 毫克 / 千克的维生素 C。

（5）细致管理

① 进行空气冷却　通常用旋转盘把水滴甩出成雾状使空气冷却，一般结合载体消毒进行，每 2 ～ 3 小时一次，可降低舍温 3 ～ 6℃，适用于网上平养。让鸡休息，减少鸡体代谢产生的体增热，降低热应激，提高成活率。另外，炎热季节必须提供充足的凉水，让鸡饮用。

② 鸡体上喷水降温　夏季遇到高温热浪袭击，常导致肉鸡大批中暑死亡。采用在鸡体上喷水降温的方法可以减少急性热应激死亡。用

喷雾器将深井水或加冰水喷到鸡体上。注意动作应轻缓，避免因惊群造成更大的伤亡。

③ 适宜饲养密度　夏季饲养密度不宜太大，地面平养到肉鸡出栏时（体重2.5千克），每平方米不超过10只，最好为8只。网上平养每平方米不超过13只，最好为10只。

④ 搞好卫生　在炎热季节，搞好环境卫生工作非常重要。要及时杀灭蚊、蝇和老鼠，减少疫病传播媒介。水槽要天天刷洗，加强对垫料的管理，定期消毒，确保鸡群健康。

2. 冬季管理

冬季的气候特点是寒冷，为了保持舍内温度，需要封闭鸡舍，但封闭严密，容易导致舍内环境恶化，空气质量差，诱发多种疾病，如大肠杆菌病、呼吸道病、腹水症等。因此，冬季的管理就是要处理好保温和通风的矛盾，主要做好防寒保温、合理通风，促进肉鸡生长。

（1）减少鸡舍的热量散发　对保温性能差的屋顶要加盖一层稻草，窗户要用塑料膜封严，调节好通风换气口。

（2）供给适宜的温度　主要靠暖气、保温伞、火炉等供温，舍内温度不能忽高忽低，要保持稳定。

（3）减少鸡体的热量散失　一是防止贼风吹袭鸡体；二是加强饮水的管理，防止鸡羽毛被水淋湿；三是最好改地面平养为网上平养，或对地面平养增加垫料厚度，保持垫料干燥。

（4）调整日粮结构，提高口粮的能量水平　控制好饲料中的含盐量(不高于0．3%)，尽可能保持较好的通风，坚决不使用霉变饲料，在每吨饲料中添加400克的维生素C和50克50%的维生素E粉，降低鸡舍湿度，不使用痢特灵，均有助于预防和治疗肉鸡腹水症。

（5）采用厚垫料平养育雏时，注意把空间用塑料膜围护起来，以节省燃料。

（6）正确通风，降低舍内有害气体含量　冬季必须保持舍内温度适宜，同时要做好通风换气工作，只看到节约燃料，不注意通风换气，会严重影响肉用仔鸡的生长发育。通风时间应尽量安排在晴朗天气一天气温最高时，一般为每天的11时至下午3时。这样通风不易使温度下降太大，又有利于节约燃料。但任何时候，有刺鼻、刺眼气体或呼吸感到困难时就必须通风。通风时间可长些，但应避免通风量过大，导致鸡舍温度局部或整个鸡舍降温太快；应避免冷风直接吹向

鸡体。必要时进入鸡舍的空气应先通过一个温暖的空间预温后，再通入鸡舍内。或者将加热的空气通过风管或长布袋通向鸡舍。

（六）肉鸡的日程管理规程

标准化肉鸡场的日操作规程见表 3-21。

表 3-21　标准化肉鸡场的日操作规程

日龄	平均体重 / 克	日耗料 / 克	每日主要工作	注意事项
－1	0	0	①做好前十个小时育雏栏准备工作；提前 2 ～ 3 天调试舍内育雏温度，以确保舍内有个均恒温度；开始备开水：按 10 毫升 / 只去配水。②提高舍内湿度。③绑育雏栏以前 1/3 为中心，往前绑一栏，向后绑两栏。按 35 ～ 40 只 / 米 ^{2}。方便以后扩栏	舍内放置消毒槽，人员进出需消毒。地面和墙壁洒水增加湿度
0	0	0	①接鸡前准备工作：车辆消毒备好。②做好开水药物加入准备工作。③接鸡前一个小时加好水洒上湿拌的饲料。④接鸡前到接鸡后 1 小时恒定舍内温度在 27 ～ 29℃，湿度在 75% 左右。育雏区内安 60 瓦的灯泡或 20 瓦的节能灯	
1	38 ～ 46	13	①做好记录并称初生重。② 5% 的白糖（前十个小时用）＋抗生素＋电解质多维，饮水 3 天。③温度要慢慢提上去，绝对不能忽高忽低，温度控制应从接鸡时 28℃，经过 3 ～ 4 小时提高温度至 31 ～ 33℃。④肉用雏鸡开食料开食。⑤开照明灯，瓦数为 60 瓦。⑥前十个小时喂料中拌入 12% 微生态制剂。⑦前十个小时饲养密度在 70 ～ 80 只 / 米 ^{2}；入舍十小时后水线也要过渡使用，调教雏鸡使用自动饮水器	晚上 9 ～ 10 时观察小鸡表现、温度是否适宜，离群鸡及时放回热源，做好日报表记录。精确统计前 23 个小时吃料量
2		18	① 1 ～ 5 日龄饮水中加抗菌药预防细菌性疾病。②每日加料 8 ～ 10 次使鸡只尽早开食，采食均匀。③观察保温温度是否适宜，调节适宜温度，温度在 31 ～ 33℃。④ 23 小时光照。⑤使用开食盘，并往料线中加料，确保料位充足。湿拌料是刺激雏鸡食欲的一种良好方法。料线中开始加料。⑥全价鸡花 500 料开食。使用七天共计用料 200 克 / 只	早、中、晚随时观察雏鸡的状况，特别注意温度是否适宜，配合人工向料线中加料，确保料位

续表

日龄	平均体重/克	日耗料/克	每日主要工作	注意事项
3		22	①每日更换饮水3次。②加垫料、防饮水器漏水。③饲喂多种维生素,3～10日液体维生素A和维生素D_3复合制剂和维生素E饮水，减少应激。④挑出弱小鸡只。⑤温度在30～32℃。⑥料位充足是关键。⑦开始使用通风窗自然通风：注意进风口风的走向,3～5天通风窗渐渐开大	充足料位表现：应确保鸡只二十四小时没有抢料现象
4		25	①每日早上、下午、晚上更换饮水各一次，并洗净饮水器。②过渡自动饮水器。③每日早、中、晚、夜加料各两次。④关好门窗，防止贼风；观察雏鸡活动以确保保温正常。⑤每天22小时连续光照，2小时黑暗。⑥灯泡瓦数为40W。⑦温度在29～31℃	注意保温，观察温度是否适宜。开食后是否均匀采食,饲料质量有无问题。准备扩栏
5		29	①增加饮水器与料槽。②观察鸡群状态与粪便是否正常。③观察温度,温度在28～31℃,注意雏鸡状态，及时调节室内温度。④撤去一半真空饮水器，使用水线供水，要教会雏鸡用水线。⑤做好扩栏的工作,使密度在25只/米^{2}左右。这次扩栏是必需的。⑥料位充足。料位是雏鸡均匀度的关键，也是确保雏鸡健康的关键	正常的鸡群表现应是：吃料的雏鸡、休息的雏鸡和活动饮水的鸡只各占1/3的数量
6		35	①更换潮湿结块垫料。②早上检查是否缺料与缺水，及时增加料桶与饮水器。③撤去部分小真空饮水器，全用水线供水。④温度在28～30℃；采用自然通风配合开启育雏栏以外横向风机定时通风（一定要开育雏栏后面的横向风机，这点很重要）	温度适宜,通风适量：以定时通风为宜
7	200（以后均为标准重量）	38.0	①抽样称重一次，称重要有代表性。鸡的生长发育情况与标准体重对照，找出生长慢的原因。②全部更换全自动饮水器和大料桶。③温度在28～29℃。④保证足够的料位与水位；更换510#育雏料	正确地操作疫苗接种，同时注意疫苗的品种、质量、有效期、用量

续表

日龄	平均体重/克	日耗料/克	每日主要工作	注意事项
8		42	①总结增重快慢的原因，总结经验。②调整室内温度，温度在27～29℃。③8～32日龄晚上关灯4～6个小时。④开始下午净料桶2个小时左右。⑤促使雏鸡活动起来。鸡群的活动量会增加肉鸡肺活量，有利于控制后期腹水症和心包积液的发生。⑥确保料量准确	8日龄备扩大围栏。17～20只/米²。下午开始控制喂料，净料桶时间两小时
9		46	①免疫后，观察鸡群健康状况。②温度27～29℃。③使用黄芪多糖提高自身免疫力（注意：白天横向风机要常用开，调节均风窗大小）	注意预防疫苗反应。9日龄准时扩栏
10		50	①了解室内温度，温度在27～29℃。②及时开风机通风，以舍内无异味为宜，也要确保供氧充足；增加垫料或及时清理粪便	保温基础上注意加强通风
11		58	①计算料桶及饮水器数量，不够则及时补充；注意舍内外清洁卫生，减少肠道疾病发生。②温度在26～28℃。③注意粪便变化，及时防治球虫病。④每天早、中、晚和后夜四次调节均风窗大小	通风管理是重点
12		64	①观察粪便变化，预防球虫病的发生，12～13日龄使用抗球虫药预防球虫病的发生（地面）。②逐步降低室温，保持室内通风与干燥，温度在26～28℃。③百毒杀带鸡消毒。④使用最后横向风机。定时开启一个纵向风机通风或者一个侧风机常开	饲料与饮水充足，采食稳定。可以考虑使用颗粒料。不用颗粒破碎料
13		70	①日常管理同上。②做好降温与称鸡准备工作；观察鸡群状态；每日换水2～3次，加料4～6次。③确保通风良好，保证空气新鲜，舍内无异味。④扩栏到后面的3/4处	使用酸性水质净化剂百卫酸冲洗水线，为防疫做准备
14	500	76	①室温25～27℃，以后温度不再下调。②抽样称重一次。③注意粪便变化。④秋季扩栏后使用大风机或侧大风机。⑤IBD饮水免疫。断水3个小时，分3次加入疫苗，第一次加水和疫苗总量的各2/3，然后再分两次各加入水和疫苗的1/6	注意天气变化，保证舍内温度。免疫炎症性肠病(IBD)。免疫后要防止雏鸡受凉

续表

日龄	平均体重 / 克	日耗料 / 克	每日主要工作	注意事项
15		82	①观察鸡群状态。②灯泡逐步换为 15 瓦。③定期检查饲料有无霉变，饲料储存在通风、干燥的环境中，时间不超一周。④温度在 25 ～ 27℃。⑤控料只是净料桶的时间，不是限料	饮水免疫后千万注意疫苗反应。促进鸡多采食仍是管理重点
16		90	①用电解质多维一次，减少免疫后应激。②更换垫料或增加垫料。③温度在 24 ～ 26℃。④饲料转化，比例为："510" 75%，"511" 25%。⑤第二次使用西药以预防杂病发生。16 ～ 19 日用药预防慢性呼吸道病，配合用预防肠炎的药品四天。⑥ 8 ～ 18 日龄累计用育雏料：800 克 / 只	防球虫病的发生。免疫 IBD 后的疫苗反应，注意温差，疫苗应激这时最大要注意
17		100	①鸡群采食增加，每日加料 3 次，保证饮水充足，多吃料是管理关键。②密度大则继续疏群。③温度在 24 ～ 26℃。④饲料转化比例为 "510" 50%，"511" 50%。⑤预防用药。⑥常开育雏栏后端横向风机和大风机。秋季常开	注意消毒，防止 ND 的发生，重点预防上呼吸道疾病的发生
18		110	①对张口呼吸小鸡，要区别上呼吸道疾病与非典型 ND，细心观察鸡群状态与粪便变化。②温度在 24 ～ 26℃。③进行饲料转化，比例为："510" 75%，"511" 25%。④预防用药。⑤每天早、中、晚和后夜四次调节均风窗大小，这点在管理上很重要	应尽量减少应激
19		120	①通风，逐步降温，温度在 23 ～ 25℃。②做好脱温转群的准备工作；做好转群新场的消毒工作，就地扩群则增加垫料。厚垫料饲养者 19 ～ 20 日龄使用抗球虫药预防球虫病，以解剖肠道情况看是否用药去预防球虫病。③更换 511# 育成料。40 日龄左右出栏的鸡群全用 511# 料	防潮防湿
20		128	①发现鸡群中生长过快而引起死亡的鸡时，适当增加净料桶时间，增大鸡群活动量。②温度在 23 ～ 25℃。③使用酸制剂冲泡水线，为免疫做好准备。④每天早、中、晚和后夜四次调节均风窗大小，这点在管理上很重要	控制因增重过快而引起的死亡。使用酸性水质净化剂百卫酸冲洗水线。为防疫做准备续表

续表

日龄	平均体重/克	日耗料/克	每日主要工作	注意事项
21	1000	134	①保温在23～25℃，室温24℃。②抽样称重一次。③做好免疫前的准备。免疫注意：免疫断水三小时，然后把疫苗分成三次稀释加入，第一次加四个小时饮水量的疫苗，第2、3次各加入一个小时饮水量的疫苗，6个小时饮水量中要均匀加入同比例的疫苗才行，以确保鸡只能均匀食到同等的疫苗量	降温使雏鸡逐步适应外界条件。饮水免疫ND。疫苗用过后要注意舍内温度，防止鸡群受冷应激的问题
22		140	①不再控制喂料时间，但净料桶还是需要的。②注意保温防寒，做好日常管理工作。温度在23～25℃。③22～26日龄：扩栏到后面全栋。④每天早、中、晚和后夜四次调节均风窗大小。	注意观察鸡健康状况。使用双黄连口服液预防疫苗应激
23		146	①多维矿饮水+VC饮水，减少应激。②观察疫苗免疫后的反应。③温度在22～24℃。④每天早、中、晚和后夜四次调节均风窗大小	注意非典型新城疫的发病。注意疫苗反应
24		150	①保持环境安静，减少应激。②全日供给饲料与饮水，定时搞好卫生工作。③温度在22～24℃	每日巡栏2～3次，减少胸部疾病的发生
25		154	①观察粪便变化。②防止缺水缺料。③防止垫料潮湿。④百毒杀带鸡消毒。⑤温度在22～24℃。⑥第三次预防用药：抗生素预防肠道疾病，连用4天，以预防肠炎为主	注意气温变化，防止受寒
26		157	①解剖病鸡，了解病情，寻找病因。注意心、肝、脾、肺和肾的功能是否健全。②预防用药	防潮防湿，更换垫料
27		160	①观察鸡群状态。②做好称重前的准备工作。③预防用药。④27日龄后不管任何时期要确保舍内一个以上的大风机常开，以确保供氧充足	注意大肠杆菌等肠道病的发生，观察用药效果
28	1680	164	①保温在22～24℃。②抽样称重一次。③更换垫料或补充垫料。④每天早、中、晚和后夜四次调节均风窗大小	冬季注意降温后的保温和通风的关系
29		168	①更换大料桶与饮水器。②注意卫生管理，做好免疫前准备，考虑是否免疫。③温度为22～24℃	注意用药后鸡的状况

续表

日龄	平均体重/克	日耗料/克	每日主要工作	注意事项
30		172	①观察饮水器与料桶是否够用。②控制光照、保温的同时加强通风；温度为22～24℃，以后温度不再变化；③晚上关灯一个小时即可。④注意做好肝、肾的保护，使用保肝护肾的药品为好，控制后期的死淘率。⑤勤在鸡舍走动刺激鸡群食欲增加采食量，这点在管理上很重要	注意舍内空气中的有害气体。加强通风。30日龄的弱小鸡分群饲养，提高合格率
31		178	①及时调整饮水器高度和料桶的高度，防止溢水和浪费饲料。②定期喷洒消毒，搞好舍内外卫生。③不再使用西药治疗用药。④舍内死鸡增多，及时控制，找出病因。⑤降低舍内温度至21～23℃。⑥每天早、中、晚和后夜四次调节均风窗大小	细读鸡只的药物残留禁忌细则，防药物残留。尽量不用抗生素类药品
32		182	①定期巡查鸡群8～10次，减少胸部囊肿的发生，以增进食欲。②百毒杀带鸡消毒。③以后的工作重点：减少各种应激因素，预防因应激因素发生而增加死淘率。④舍内温度21～23℃	定期每日巡栏和每周带鸡消毒一次，可减少疾病发生
33		184	①观察鸡群采食、饮水是否正常。②观察内脏病理变化以查用药效果。③采食量增加，须全日刺激供料，促进采食	每日解剖死鸡，及时发现病因
34		186	①控制用药，如必须使用，则选用没有药残的药品，最好使用中药制剂。②认真搞好饲养管理，防止疾病的发生。③做好称鸡前的准备工作。④使用健脾胃促进消化的药品，使肉鸡增加食欲，加大采食量。⑤舍内温度21～23℃	加强卫生管理，防止疾病的发生。使用养胃健脾类中药制剂
35	2180	188	①舍内温度21～23℃。②抽样称重一次。③饲养管理同上。④标准化肉鸡舍35日龄以后大风机常开两台以上，以确保供氧量充足。⑤每天早、中、晚和后夜四次调节均风窗大小	使用养胃健脾类中药制剂
36		190	①防止垫料过潮结块。②饲料全日供应，饮水要充足。③驱赶鸡群增进食欲；每天启动六次以上料线，以增进食欲，促进肉鸡的采食量。④舍内温度20～23℃	使用养胃健脾类中药制剂续表日龄平均体

续表

日龄	平均体重/克	日耗料/克	每日主要工作	注意事项
37		192	①每日巡栏8～10次，以减少胸部囊肿，增进食欲；与标准体重比较，观察饲养效果。②舍内温度20～23℃。③每天早、中、晚和后夜四次调节均风窗大小	定期抽样检查，注意饲养效果。饮水酸制剂帮助消化
38		194	①增加垫料，防潮湿，减少胸病与软脚。②弱小鸡分为一群饲养；弱鸡补充维生素。③舍内温度20～23℃	饮水酸制剂帮助消化
39		196	①调整饮水器及料桶高度，减少浪费；更换饮水器下的湿垫料。②观察鸡只有无生长过快而死。③不养大鸡的注意出栏前准备工作；体重已达2450～2550克，可以考虑上市销售；40日龄至销售的鸡应继续按常规饲养。④舍内温度20～22℃。⑤每天早、中、晚和后夜四次调节均风窗大小；总结饲养效果	如光照过强，易造成啄癖，要及时查找原因。饮水酸制剂帮助消化
40		198	①舍内环境条件差的死鸡增多，及时控制，找出病因；早、中、晚细致观察鸡群状态与粪便变化。②舍内温度20～22℃	后期死亡较多，主要是生长过快，大肠杆菌与上呼吸道疾病
41		200	①加强弱病鸡的饲养管理；饲养管理按常规；做好称重鸡的准备。②舍内温度20～22℃	猝死综合征的分析
42	2760	202	①抽样称重一次。②分析其饲养中存在的问题。③舍内温度20～22℃	地面干燥，室内能通风，料水供应充足
淘汰		206	①最后称重出售，总结成活率、重量、饲料消耗与转化率、其他开支、成本与利润。②全进全出。③售后清栏消毒，空栏2～3周后才能进鸡。④出售前正常供水	小心捉鸡和装运，减少残次。移出舍内可移动设备

（七）出栏管理

1. 出栏时间

出栏时间应根据肉用仔鸡的生长规律和市场价格确定。如根据肉用仔鸡的生长规律，出栏时间一般为：公母分饲，母鸡50～52日龄出售，公鸡56～63日龄出售；公母混养，可在50～56日龄出售。

临近卖鸡的前一周，要掌握市场行情，抓住有利时机，集中一天将同一房舍内肉用仔鸡出售结束，切不可零卖。目前，国外的出栏时间提前，一般在35日龄，体重达2.0千克左右即可出售，可以降低疾病风险，因为35日龄后是疾病的高发期。

2. 出栏管理

出栏管理不善，如出售时不注意引起肉鸡的创伤、死亡等，降低了肉鸡的商品率和价值。

（1）做好准备　上市前8小时开始断料，将料桶中的剩料全部清除，同时清除舍内障碍物，平整好道路，以备抓鸡；提前准备，用隔板将鸡隔成几个小群，把舍内灯光调暗，同时加强通风；组织好人员及笼具，检修笼具，笼具不能有尖锐棱角，笼口要平整。

（2）正确操作　抓鸡时，应用双手抱鸡，轻拿轻放，严禁踢鸡、扔鸡。装筐时应避免将鸡只仰卧、挤压，以防压死或者损伤鸡。在运输前，一定要检修好车辆，要办理好检疫证、运输证等证件。一旦装好车，应以最快的速度抵达屠宰场，因为运输途中鸡只在无水无食状态下，体重损失较大，在炎热季节，如果运输车受阻，将会威胁到肉鸡的生命安全，造成很大损失。在车辆到达屠宰场后，如果因特殊情况未能及时屠宰，一定要尽快将鸡筐卸下，放到通风好又阴凉的地方，有条件的可用风机向鸡筐吹风，并尽快联系确定屠宰时间。

3. 成本核算

每批鸡出售后必须进行核算，其一是计算饲料报酬，计算式是：总耗料（千克）/ 肉鸡净增重（千克）；其二是收支核算，即计算成本。每次核算要尽可能精确，才能算出饲养中的问题，得出经验，提高今后养鸡效益，立于不败之地。

（八）肉鸡管理新方法

1. 公母分群饲养

肉用仔鸡公、母鸡分群饲养，是随着肉鸡育种水平和初生雏鸡性别鉴定技术的提高而发展起来的一种饲养制度，国外已普遍采用，国内也逐渐受到重视。

（1）公、母鸡分群饲养的原理　公、母鸡的生理特点不同，对生

活环境、营养条件的要求和反应也不相同。主要表现如下。

① 公、母鸡生长速度不同　公鸡生长快，母鸡生长慢。如公鸡4周龄时比母鸡大13%左右，6周龄时大20%，8同龄时大27%。

② 公、母鸡营养需要不同　母鸡沉积脂肪能力强，对日粮能量水平要求高一些；公鸡沉积脂肪能力差，对日粮蛋白质含量要求较高，对钙、磷、维生素A、维生素E、维生素B_{12}及氨基酸的需要量也多于母鸡。日粮中添加赖氨酸后，公鸡比母鸡反应明显。

③ 公、母鸡羽毛生长速度不同　公鸡长羽慢，母鸡长羽快，因而反映出虽同期生长但对环境的要求却不同。另外，公母鸡的胸部囊肿的严重程度不同。

（2）公、母鸡分群饲养的特点

① 减少饲料浪费　按性别分别配制饲料，避免了母雏因过量摄入营养造成的浪费。同时，后期日粮可提前供给母雏，使公雏能较长时间有效利用营养水平较高的日粮。试验证明，实行公、母鸡分群饲养，公、母鸡出栏体重均比混养方式提高了8%～15%，饲养期缩短3～5天，料肉比减少0.15左右。

② 群体均匀度提高　公、母鸡分群饲养，个体间体重差异较小，均匀度提高，有利于机械屠宰加工，可提高产品的规范化水平。同时还可以利用公、母鸡在生长速度、饲料转化率方面的差异，确定不同的上市日龄，以适应不同的市场需要。

③ 产品质量改善　公、母鸡分群饲养，能改善产品质量。由于采用了与性别相应的最佳化饲养，因而鸡群死亡率低，胸囊肿等残次鸡减少，胴体肌肉含量增加，内脏脂肪减少。如8周龄时母鸡腹脂可达10.8%，而公鸡仅3%左右，分群饲养可提前将母鸡上市出售，从而减少了在加工过程中需要除去的脂肪。

④ 公、母鸡分群饲养的缺点　雌雄鉴别比较困难和带来的副作用。不能自别的品种，翻肛鉴别鉴别率低，技术难度大，容易引起雏鸡损伤，影响成活率和生长；自别雌雄的品种虽然可提高鉴别速度，能有效地克服上述缺点，但羽速自别雌雄产生的公雏，羽毛生长较慢，容易诱发鸡群啄解；羽色自别雄雌的杂交鸡，一般增重速度较慢，饲料转化率较低。

（3）公、母鸡分群饲养的管理措施

① 按性别调整日粮营养水平　在饲养前期，公雏口粮的蛋白质含量可提高到24%～25%；母雏可降到21%。在优质饲料不

足的情况下或为降低饲养成本时，应尽量使用质量较好的饲料来饲喂公鸡。

② 按性别提供适宜的环境　公雏羽毛生长速度较慢，保温能力差，育雏温度宜高些。由于公鸡体重大，为防止胸部囊肿的发生，应提供比较松软的垫料，增加垫料厚度，加强垫料管理。

③ 按经济效益分期出栏　一般肉用仔鸡在7周龄以后，母鸡增重速度相对下降，饲料消耗急剧增加。这时如已达到上市体重即可提前出栏。公鸡9周龄以后生长速度才下降，饲料消耗增加，因而可养到9周龄时上市。

2. 全进全出饲养

建立全进全出的饲养制度，全进全出指的是同一栋鸡舍同一时间只饲养同一日龄的雏鸡，鸡的日龄相同，出栏日期一致。这是目前肉仔鸡生产中普遍采用的行之有效的饲养制度。这种制度不但便于管理，有利于机械化作业，提高劳动效率，而且便于集中清扫和消毒，有利于控制疾病。“全进全出”制与连续生产饲养效果比较见表3-22。

表3-22　“全进全出”制与连续生产饲养效果比较

组别	相对生长率/%	料肉比	死亡率/%	
			1周内	其他期间
连续生产	100	2.6	2	16
全进全出	115	2.27	1	2

根据肉鸡饲养范围不同，全进全出的饲养制度又可分为三个级别，即一栋鸡舍内的全进全出，一个饲养户或肉鸡场的一个区域范围内的全进全出和整个肉鸡场的全进全出。对广大养殖户来说保证整个养殖场同时进雏同时出栏，便显得极为重要，切忌在同一鸡舍内饲养不同日龄的肉仔鸡。

采用全进全出的饲养制度时，为确保鸡只生长整齐，同时出栏，日常的饲养过程中，要定期将生长缓慢、弱小的鸡只排出，单独饲养，加强管理，以求在出栏时与其他鸡只体重接近。

3. 塑料大棚养鸡

目前，许多地方建设塑料大棚饲养肉鸡。塑料大棚投资少，目前建设一个饲养1000～1500只肉食鸡的大棚只需投资2000～3000元，其造价仅是砖瓦结构鸡舍的1/5～1/4。冬天利用塑料薄膜的"温宣效应"，能提高棚温，节省能源，提高饲料转化效率。夏天在大棚顶部盖上草苫和秸秆具有较好的隔热效能，通风时将两侧敞开，扯上挡网，能起到很好的防暑效果。

（1）棚舍的建筑

① 棚址的选择　棚址最好选择地势开阔、通风良好、靠近水源、土质无污染、远离大道无噪声的地方。凡符合上述要求的，如田间地头、村间空地、果园菜地、河滩荒坡等都可利用。这样可以给肉鸡提供一个适宜的生活环境。建棚要选择地势平坦干燥、水电充足、交通便利、远离村庄、无环境污染的地方。

② 建筑规格和材料　以东西走向为好，利于通风换气和冬季采光保温。一般长20～30米，高2～2.5米，宽8～10米，呈拱形或半拱形。建造长20米、宽10米、面积200米^{2}的大棚一般需要直径4厘米竹竿和2厘米竹竿各400根，塑料薄膜25千克，直径8厘米以上、长1.5米和2.5米水泥预制条各20根，还需铁丝和麦秸、油毡等。永久性大棚两端和背风面需用砖垒砌，组建前将场地平整并高出周围地面15～20厘米。组建时首先将水泥预制条沿场地中轴线左右两侧各1.5米处，每隔2米埋立一根，左右对称，高矮一致。其次，粗细竹竿间隔30厘米为宜。然后上覆塑料薄膜，薄膜上面覆盖15～20厘米厚麦秸，摊平轻轻压实后，上层用油毡覆盖。向阳面用塑料薄膜，便于采光通风，冬季用草苫遮盖以便保温。棚顶上面每隔3米设一个直径约50厘米的通气孔。拱形棚四周塑料薄膜要适当延长，便于折压密封大棚。棚的四周挖上排水沟，以利雨季排水。为育雏方便，可将大棚隔出1/4～1/3做育雏室，用塑料薄膜与空闲区隔开。

（2）饲养前的准备　彻底清理鸡舍内的器具和尘埃，对泥土地面可除去表层旧土换上新土。检查和维修鸡舍内的取暖、光照等设备，消除火灾隐患。备好燃料、电灯泡、灯口等。饮水喂料器具需先用2%的火碱液浸泡消毒12小时以上，再用清水冲洗干净，晾干备用。

鸡棚地面干燥后用2.5%的火碱液对棚内地面喷洒消毒。在干燥地面铺上厚度不小于5厘米的干净、干燥的垫料，如铡短的稻草、麦秸(6～10厘米)、稻糠、花生壳等，后期可用干沙做垫料。均匀排布好所有饮水、喂料器具。

将鸡棚封严后用福尔马林、高锰酸钾熏蒸消毒48小时，消毒后开启棚膜、门、通气孔通风换气。新鸡舍每立方米用福尔马林28毫升、高锰酸钾14克，旧鸡舍用福尔马林42毫升、高锰酸钾21克。熏蒸方法：先将高锰酸钾溶入盛水的瓷盆中，再将福尔马林倒入。瓷盆周围要将垫料清理干净。应注意不能用塑料盆，否则易引起火灾。入雏前最少要有24小时以上的预热过程，使育雏棚舍内温度保持在32～35℃。

（3）棚内环境的控制　大棚内环境的控制主要是调节温度、湿度和通风换气。

①春夏秋棚内环境控制　这3个季节环境平均温度在10～32℃，除梅雨季节外相对湿度在60%～70%，是肉仔鸡生长发育良好的外部条件。肉仔鸡脱温后（30日龄后）到送宰，大棚的温度保持在19～23℃范围内，相对湿度保持在60%左右。肉仔鸡生长发育的最佳环境：除育雏期间棚内适当加温外，其他时间棚内不需人工加温，要想使棚内达到最佳环境，可通过调节薄膜敞闭程度、方位和时间达到目的。如春秋，每天10～15时，外界温度达到20℃以上，四周薄膜可全部打开，通风良好，利于棚内降温和垫料水分的蒸发，每天夜里2～4时，外界温度较低，常在5～15℃，可部分关闭薄膜；夏季，若遇到闷热天气，可在棚顶喷水降温，也可使用风机送风，加大气流流动。

夏季最炎热的时间，5周龄以下鸡体积小，棚内空间相对比较宽敞，密度低，不会引起不良反应。重点是加强5周龄以上的肉仔鸡的温度控制，外界温度高，大棚四周薄膜全敞开，拉上护网，不管风向如何，靠穿堂风、扫地风，棚内通风凉爽，“凉亭效应”明显。经测定中午最热天气棚外34℃，棚内只有29℃，不会引起中暑。

②寒冷时节棚内环境控制寒冷的早春、晚秋、严冬外界温度较低，平均温度常在0～10℃范围内，最低可达－10℃以下。为了使大棚内保持18℃以上，大棚背坡加盖20厘米以上的麦秸或杂草，前坡露膜部分盖90厘米挡草帘，利于大棚保温。待有阳光时，打开草帘，利于棚内提温。单从温度角度看，大棚经上述改造靠太阳能、鸡本身生物能和大棚“保温效应”完全不需要另外人工加温，即可保证肉仔鸡对温度的要求。经测定，在最冷季节，空棚从上午9时到下午4时1/3采光（晴天时）棚内可保持15℃以上，最高可达25℃。夜间露膜部分挡草帘，棚全封闭，可保持5～10℃。所以寒冷的冬季内温

度不是主要矛盾。但是不采取措施棚内相对湿度太高，可达95%以上，H_2S、NH_3 浓度高，影响肉仔鸡生长发育。为了保温将薄膜关闭，水蒸气和有害气体难以扩散到外界，因棚膜内外温差大，棚内水蒸气遇膜外冷气在膜上凝结为水滴降于棚下，棚内湿度更大，有害气体含量更高。为了解决这一问题，可以采取如下措施：棚顶设可关闭的天窗，白天有阳光时，打开前坡草帘，待温度升高时，打开天窗和通气孔排湿和有害气体，晚上22时到早上4时人工加温；常铺干沙。

肉鸡育雏期需要较高的温度，肉鸡适宜温度的范围如下：1～2日龄34～35℃，3～7日龄32～34℃，8～14日龄30～32℃，15～21日龄27～30℃，22～28日龄24～27℃，29～35日龄21～24℃，35日龄至出栏维持在21℃左右。早春、晚秋、严冬时节，外界环境温度低，育雏需要人工加温。如果全棚提温浪费燃料，也不需要那样大的面积，可将雏鸡集中大棚的一头（约占全棚四分之一），中间用塑料薄膜挡上，内生两个2号铁炉温度可达35℃左右，棚内生炉温度高，又有缓冲地带，所以棚内相对湿度和有害气体浓度并不高，随着日龄增长，温度要求逐步下降，面积增加，按要求降温和扩大面积，到撤掉挡膜。

4. 肉鸡养殖巧用油

肉鸡日粮中添加油脂后，可使饲料的能量和蛋白质的利用率显著提高，使肉鸡生长速度明显加快。只要蛋白质和氨基酸对能量的比例合适，肉鸡口粮中的脂肪添加量高达1/3，能量浓度高达20.92兆焦/千克，肉鸡仍然可以很好地生长。

（1）种类与添加量　油脂的种类包括动物油和植物油。动物油如猪油、牛油、鱼油等。植物油如菜籽油、棉籽油、玉米油等。一般来讲，肉鸡日粮中油脂的最佳用量前期为0.5%，后期为5%～6%，此添加量可保持肉鸡较快的生长速率和最佳的经济效益。

（2）使用方法　采用人工添加时，要先加热将油脂融溶，再逐步用粉料扩大稀释，均匀拌和，最后与剩余日粮的其他部分混匀，切忌油脂直接与饲料添加剂混合。最好用喷雾器把油脂均匀地喷洒到颗粒饲料表面上。有条件生产颗粒饲料的，也可把添加量的30%油脂加入到颗粒饲料中，另70%喷到颗粒料表面上，从而提高肉鸡的适口性。

（3）注意事项

① 防黏结成球　因油脂黏性大，添加时要先加热熔化，再由少到

多加入粉料，均匀拌和，逐渐扩大稀释，最后与剩余口粮的其他部分混匀，切忌油脂直接与添加剂混合，以防黏结成球，无法拌匀，也可用喷雾器把油脂均匀地喷洒到颗粒饲料表面上。若无颗粒喷涂油脂设备，则配合饲料中油脂添加量不宜超过 2.5%～3%，否则制粒困难。

② 注意日粮营养平衡　油脂添加以后，由于提高了口粮能量水平，饲料中其他营养成分也要作相应调整，特别是要保持蛋白能量比不变。饲料储存时间不宜过长。储存时间过长或在高温条件下存放易发生酸败。一般来讲，含油脂饲料夏天储存不要超过 7 天，冬天不超过 21 天。应注意不可使用变质油脂。

③ 饲料中应加入抗氧化剂，以防酸败。

5. 日粮添加完整谷粒法

即在颗粒或粉碎饲料中添加完整谷粒。一般是添加 1% 的完整谷粒 (如小麦粒)。此法有利于改善饲料中的营养成分，弥补配料中的某些不足，从而满足鸡的生长需要。同时整个小麦粒鸡喜采食，并有利于鸡肌胃的生理功能和胃肠道消化功能的改善。同时通过在饲料中加入的微生物酶的作用，降低了麦粒中戊聚糖的抗营养活动。采用这种加入谷粒喂养法后，不但能保持鸡的体脂和料肉比，还能明显降低肉鸡死亡率。

六、其他不同类型肉鸡的管理要点

（一）优质黄羽肉鸡的饲养管理要点

1. 生长发育特点

优质商品肉鸡生产类似于快大型白羽肉鸡，因为其目的都是提供达到市场要求的体重且整齐一致的肉鸡，但与快大型肉鸡在生长发育方面又有所不同。优质商品肉鸡的生长发育的特点如下。

（1）生长速度相对缓慢　中速型和快速型优质肉鸡的生长速度介于地方品种和优质肉鸡之间，如快速型优质肉鸡的生长速度 90 日龄青年母鸡体重约 1.75 千克，只是肉用仔鸡生长速度的 50%，其他类型的优质肉鸡的生长速度就更慢了。

（2）对饲料的营养要求有较强的适应能力　在低蛋白（粗蛋白质

19%）、低能量（11.30兆焦/千克）的营养水平下，0～5周龄仍能正常生长。

（3）生长后期对脂肪的利用能力强　由于人们对优质肉鸡的肉质营养要求富含脂肪，通过长期的选择，形成了优质肉鸡后期饲料能量利用能力强的特点。例如，清远麻鸡青年母鸡经15天肥育可增重150克，三黄胡须鸡可增重350～400克，故生长后期采用高能量含动物脂肪的饲料。

（4）羽毛生长丰满　羽毛生长与体重增加相互影响，一般情况，优质肉鸡所采食的营养先满足羽毛生长的需要。优质肉鸡群中羽毛生长迟缓者，则体重增长快；如营养缺乏，鸡的羽毛生长虽正常，但体重增长很慢，另外，优质肉鸡生长到80～100日龄时会出现一次换羽现象，换羽后体重会有较大的增长。

（5）性成熟早　南方地方品种鸡在30日龄时已出现啼鸣，母鸡在100多日龄就初产，其他育成的优质肉鸡品种公鸡在50～70日龄时冠已红润，会啼叫，这与南方亚热带的自然条件和育种者为满足消费者对优质肉鸡冠红的要求而进行的遗传选择分不开。

2. 优质黄羽肉鸡的饲养管理要点

（1）黄羽肉鸡的饲养环境要求　需要的温度、湿度、光照、密度等环境条件见表3-23。

表3-23　黄羽肉鸡的环境要求

日龄	育雏温度/℃		湿度/%	密度/（只/米^{2}）		光照	
	电热器、烟道、火炉供温	育雏伞边缘下鸡背高处		地面或网面平养	多层笼养	时数/小时	强度/（瓦/米^{2}）
1～2	35～36	33	70～75			24	2.7
3～4	33～34	33	65～70			23	2.7
5～7	31～33	31～33	65～70			23	2.7
8～14	28～29	30	55～60			23	2.7
15～21	26～27	28	50			23	1.3
22～28	24～25	26	50	30	45～60	23	1.3
29～35	22～23	24	50			23	1.3
36～42	21～22	22	50			16～18	1.3
43～60	16～20	16～20	50	15	25～30	16～18	1.3
61～上市	16～20	16～20	50	8	12～15	16～18	1.3

注：黄羽肉鸡要求的其他饲养管理条件与白羽肉鸡基本相同。

（2）饲喂方案与饲喂方式

① 饲料形状　优质肉鸡的饲料按形状分粉料、颗粒料和碎粒料，但生产中使用最多的是粉料和颗粒料。优质肉鸡 3 周龄之前均应使用粉料。3 周龄之后的优质肉鸡使用颗粒料，但应注意开始应给予颗粒较小的饲料，使用肥育饲料时颗粒可适当增大。颗粒饲料的优点是提高了优质肉鸡的进食速度，提高了进食量，减少了进食动作的能量消耗，提高了优质肉鸡的增重速度，提高了饲料转化率。一般每 100 千克颗粒料可比粉料多生产 2 千克肉，并可使优质肉鸡的饲料期缩短 2 天。但颗粒料价格会比粉料高。

② 饲喂方案　优质肉鸡新陈代谢旺盛，生长速度较快，必须供给高蛋白、高能量的全面配合饲料，才能满足机体维持生命和进行生长的需要。优质肉鸡的整个生长过程均应采取自由，采食，采食越多，才能长得越快，而长得越快，饲料利用率才能越高，经济效益才会更好。

生产中优质肉鸡的喂养方案通常有两种：一种是两段制，即将优质肉鸡的生长期分为幼雏阶段（0 ～ 5 周龄）和中雏、肥育阶段（36 日龄至上市），分别饲喂育雏料和育肥料；另一种是三段制，即将优质肉鸡的生长分幼雏（0 ～ 35 日龄）、中雏（36 ～ 56 日龄）和育肥（57 日龄至上市）3 个阶段，分别采用幼雏日粮、中雏日粮、肥育日粮进行饲养。

这两种喂养方案生产中根据管理及饲料等情况可采用任何一种，但当优质肉鸡上市前存在停药期的话，则使用“3 个阶段制饲养”较为方便，育肥日粮可作为停药期日粮。由于兽药在优质肉鸡体内的残留，影响产品质量，危害消费者健康，养殖户应了解所用药物的停药期并按时停药。一般情况下，育肥日粮停止使用药物，使饲养时间与停药期正好相等。

③ 饲喂方式　饲喂方式可分为两种。一种是定时定量，根据鸡日龄大小和生长发育要求，把饲料按规定时间分为若干次投给，一般在 4 周龄以前每日喂 4 ～ 6 次，从早上 6 时至晚上 11 时分隔数次投料，投喂的饲料量是在下次投料前半小时能食完为准。这种方式有利于提高饲料的利用率。另一种是自由采食的方式，就是把饲料放在饲料槽内任鸡随时分食。一般每天加料 1 ～ 2 次，终日保持饲料器内有饲料。这种方式较多采用，不仅鸡的生产速度较快，还可以避免饲喂时鸡群抢食、挤压和弱鸡争不到饲料的现象，使鸡群都

能比较均匀地采食饲料，生长发育也比较均匀，减少因饥饿感引起的啄癖。

（3）饲养管理

① 接雏　应选择健康的雏鸡，其标准是：精神活泼，两眼有神，毛色纯黄或黄中带麻，绒毛整洁，脐部收缩良好，外观无畸形或缺陷，肛门周围干净，两脚站立着地结实，行走正常，握在手中饱满挣扎有力，体重达到30克以上。

② 雏鸡的饲养管理　肉鸡的饲养就是想方设法让鸡多吃，单位时间内吃得越多，则长得越快，饲料转化率越高，为此可采用少量多次饲喂的方法。育雏阶段每天加料5～6次，每次加的量少一些，让鸡全部吃干净，料桶空置一段时间后再加下一次饲料。这样可以引起鸡群抢食，刺激食欲。6～10日龄进行断喙，可用烙铁或专用断喙器将上喙切去1/2，下喙切去1/3，可预防啄癖，减少饲料浪费。最好断喙前后3天内（断喙当天和前后各一天）在饮水中加水溶性多维及抗生素类药物，以减少应激反应。20日龄后每百只鸡每周供给500克干净沙砾，以增强鸡的消化功能、刺激食欲。做好育雏期间的隔离、卫生、消毒和免疫接种工作。小鸡饲养至30～40日龄转至中鸡舍饲养。

③ 中鸡的饲养管理　当鸡群转到中鸡舍后，要更换中鸡料，要有3～5天的过渡期。转鸡前后亦可应用水溶性多维及抗生素类药物饮水3～4天，以减少转鸡及换料的应激反应，并可控制并发感染。中鸡要强弱分群、公母分群饲养。对公鸡要增加垫料厚度，提高日粮蛋白质及赖氨酸水平，因公鸡生长速度较快，对饲料营养要求更高。中鸡饲养到55～60日龄转到大鸡舍饲养。

④ 大鸡的饲养管理　进鸡前鸡舍及所有用具均应经过彻底清洗消毒。换料应逐渐进行，一般用3天时间将中鸡料逐步过渡到大鸡料。鸡群饲养到70日龄以后可在饲料中添加1%～2%的动物油或植物油，以提高日粮代谢能，促进鸡体内脂肪沉积，增加羽毛光泽度。饲养后期注意选用富含叶黄素的饲料原料（如优质黄玉米、玉米蛋白粉、苜蓿粉、松针粉、草粉等）配合口粮，亦可在饲料中添加人工色素（如加丽红、加丽黄、露康定红、露康定黄等），以增强鸡体的色素沉积，从而使三黄特征更加明显。60日龄左右进行鸡新城疫Ⅰ系苗的第二次注射接种。如果饲养到100日龄左右才出栏，应在80～90日龄进行一次新城疫Ⅳ系苗的饮水免疫或lasota苗的

喷雾免疫。

⑤ 防止啄癖　优质肉鸡活泼好动，喜追逐打斗，特别容易引起啄癖。啄癖的出现不仅会引起鸡的死亡，而且影响鸡长大后的商品外观，给生产者带来很大的经济损失，必须引起注意。引起啄癖的原因很多，出现啄癖时往往一时难于找到主要诱发因素，这时需先想法制止，再排除诱因。一旦发现啄癖，将被啄的鸡只捉出栏外，隔离饲养，啄伤的部位涂以紫药水或鱼石脂等带颜色的消毒药；检查饲养管理工作是否符合要求，如管理不善应及时纠正；饮水中添加 0.1% 的氯化钠；饲料中增加矿物质添加剂和多种复合维生素。

为防止啄癖，可对鸡群进行断喙。断喙多在 6 ～ 9 日龄进行。切除时应注意止血，通过与刀片的接触灼焦切面而止血。最好在断喙前后 3 ～ 5 天在饲料中加入超剂量的维生素 K（每千克饲料加 2 毫克）。为防止感染，断喙后在饲料或饮水中加入抗生素，连服 2 天。

（4）减少优质肉鸡残次品的管理措施　残次品增加会降低肉鸡的商品性。在抓鸡、运输、加工过程中防止和减少优质肉鸡胸部囊肿、挫伤、骨折、软腿等，减少残次品，增加经济效益。生产中要注意如下问题。

① 保持垫料干燥和舍内卫生　保持垫料干燥卫生，增加通风，减少舍内氨气、硫化氢等有害气体，提供足够的饲养面积。

② 减少抓鸡损伤　在抓鸡前一天勿惊扰鸡群。鸡若受惊，就会与食槽、饮水器相撞而引起碰伤。装运仔鸡的车辆最好在天黑后才驶进鸡舍，因白天车辆的响声会惊动鸡群；临抓鸡前，移去地面上的全部设备；训练抓鸡工人，在捉鸡时务必要小心，抓鸡工人不要一手同时握住太多的鸡，一手握住的愈多则鸡外伤发生的可能性愈大；抓鸡、运输、加工过程中装取操作要轻巧；在抓鸡时，鸡舍使用暗淡灯光。

③ 避免疾病发生　引起腿病的原因除了以上原因外，还有遗传和疾病的因素。如传染性关节炎、马立克病，饲料中缺乏钙、磷或钙、磷比例不当，缺乏某些维生素等。生产管理上可逐项分析原因，采取改进措施。

（二）肉杂鸡的饲养管理要点

1. 杂交鸡的生产性能

817 肉杂鸡生产性能见表 3-24。

表 3-24　817 肉杂鸡生产性能

周龄 / 周	体重 / 克		饲料消耗 / 克		料肉比	
	周末体重	周净增重	周耗料	累计耗料	周料肉比	累计料肉比
1	110	72	97.9	97.9	1.35	0.89
2	260	150	193.3	291.2	1.28	1.12
3	440	180	285.2	576.4	1.58	1.31
4	670	230	408.5	984.9	1.77	1.47
5	920	250	523.9	1508.8	2.09	1.64
6	1180	260	615.2	2124	2.36	1.8
7	1440	260	756	2880	2.9	2
8	1700	270	860	3740	3.18	2.2

2. 肉杂鸡的环境要求

肉杂鸡的环境要求见表 3-25。

表 3-25　肉杂鸡的环境要求

<table>
<tr><td>周龄 / 周</td><td>1 ～ 3 天</td><td>4 ～ 7 天</td><td>2</td><td>3</td><td>4</td><td>5</td><td>6</td><td>7</td><td>8</td></tr>
<tr><td>温度 /℃</td><td>35</td><td>32</td><td>30</td><td>27</td><td>24</td><td>21</td><td>18</td><td>18 以下</td><td>18 以下</td></tr>
<tr><td>湿度 /%</td><td>60 ～ 65</td><td>60 ～ 65</td><td>60 ～ 65</td><td colspan="4">50 ～ 60</td><td>50 以上</td><td>50 以上</td></tr>
<tr><td>光照 / 小时</td><td>24(照度 20 勒克斯)</td><td>23 ～ 22(照度 20 勒克斯)</td><td colspan="7">白天自然光照，夜间照 2h 停 2h（照度 15 勒克斯）</td></tr>
<tr><td>密度 /（只 / 米 ^{2}）</td><td>30</td><td>30</td><td>25</td><td>20</td><td>15</td><td colspan="3">12 ～ 15</td><td>12 ～ 13</td></tr>
</table>

3. 肉杂鸡的饲养管理要点

（1）饲养前准备

① 房舍　可利用农户多余的住房或新建的鸡舍饲养。进鸡前房舍要进行彻底的维修和清扫，要求墙壁、顶棚平整无裂缝，地面平实，

门、窗严密。饲养前灭鼠，堵塞鼠洞。

② 用具　饲喂用具有食盘、饲槽和饮水器等。食盘为 40 厘米 ×50 厘米 ×4 厘米的塑料盘，供 5 日龄前雏鸡采食，每 50 只雏鸡设食盘一个。5 日龄后采用饲槽饲喂。每鸡应占有饲槽 8 ～ 12 厘米。随雏鸡日龄增长逐渐调整食槽高度，以槽高与鸡背同高为宜。每 50 只雏鸡设塔形饮水器一个。

③ 消毒　鸡舍内墙壁距地面 1 米以内，用 10% 石灰乳粉刷，地面用 3% 的火碱水喷洒。进鸡前三天鸡舍用甲醛熏蒸消毒，按每立方米 30 毫升甲醛，15 克高锰酸钾计算用药量。密闭 12 小时后充分通风换气，以进鸡时舍内没有甲醛气味为宜。用具用 3% 的火碱水洗涤，再用清水冲洗干净，晾干备用。

（2）饲养

① 饮水与开食　雏鸡运抵育雏室休息一小时后供给饮水。1 ～ 3 日龄雏鸡最好饮温开水，其中加 5% 的蔗糖和电解多维可提高成活率。注意一定不要让初生雏饮冷水，如无条件饮开水，也可将冷水放在育雏室内预温至舍温后再供雏鸡饮用。饮水后即可开食。

② 饲喂　0 ～ 4 周龄用配合饲料，5 周龄后用后期饲料，5 日龄前每昼夜喂 8 次，隔 3 小时一次；6 日龄后改为自由采食，每日添加 4 ～ 5 次，饲槽内料量不应超过饲槽的 2/3。

③ 供水　保证供应足量的清洁饮水，水温与室温相同，严防断水。

（3）管理

① 全进全出制　同一鸡舍只养同一批次的鸡，同时进满，一次出完。在生产周期结束后，进行彻底清扫、消毒，空舍 1 ～ 2 周后再养下一批鸡。

② 维持适宜的环境条件　控制好温度、湿度、光照和饲养密度，做好鸡舍通风，避免啄癖和呼吸道疾病的发生。

③ 定期称重　一般情况下每 15 天抽测一次体重，称重宜在早上进行。每次按鸡群大小抽测 8% ～ 15%，以此来掌握鸡群的增重情况。

④ 做好记录　在饲养生产过程中一定要做好生产记录，便于及时检查、总结、分析饲养管理中的成功之道和疏漏之处。

（4）防疫制度

① 免疫　雏鸡 7 ～ 10 日龄用新城疫Ⅱ系苗滴鼻，14 和 28 日龄用法氏囊疫苗各饮水 1 次，35 日龄进行第二次Ⅱ系苗滴鼻或Ⅰ系苗

刺种。

② 消毒　食盘、饲槽应每日彻底清理一次，倒出剩料，清除粪便。饮水器每日刷洗一次，保持饮水清洁，全部用具每周用3%火碱水消毒一次。

③ 饲养人员　饲养人员要固定，入舍前要更衣、换鞋，用2%来苏儿药水洗手。严禁外人入舍参观。

④ 病死鸡处理　发现病鸡及时隔离治疗，痊愈后一周放回鸡舍饲养，死鸡要查清原因，一般疾病死鸡在远离鸡舍处深埋，传染病者应焚烧处理。

第四招 使鸡群更健康

【提示】

使鸡群更健康，必须注重预防，遵循“防重于治”“养防并重”的原则。加强饲养管理（采用“全进全出”制饲养方式、提供适宜的环境条件、保证舍内空气清新洁净、提供营养全面平衡的优质日粮）增强肉鸡的抗病力，注重生物安全（隔离卫生、消毒、免疫），避免病原侵入鸡体，以减少疾病的发生。

【注意事项】

（1）抵抗力和致病力

●致病力

◇病原的种类（病毒、细菌、支原体和寄生虫等）和毒力。

◇病原的数量（污染严重、净化不好、卫生差）。

◇病原的入侵途径，如呼吸道、消化道、生殖道黏膜损伤和皮肤破损等。

◇诱发因子，如应激、环境不适、营养缺乏（可逆的、不可逆的）等。

●抵抗力

◇特异性免疫力，针对某种疫病（或抗原）的特异性抵抗力。

◇非特异性免疫力，皮肤、黏膜、血管屏障的防御作用，正常菌群，炎症反应和吞噬作用等。

◇营养状况。

◇环境应激。

◇治疗药物。

（2）鸡场疫病的控制策略。

●注重饲养管理

◇采用“全进全出”制饲养方式。

◇提供适宜的环境条件，如适宜的温度、湿度、光照、密度和气流。

◇保证舍内空气清新洁净。

◇提供营养全面、平衡的优质日粮。

◇科学饲养管理。

●生物安全的措施。

◇隔离卫生。

◇消毒。

◇免疫。

一、科学的饲养管理

饲养管理工作不仅影响鸡的生长性能发挥，更影响到鸡的健康和抗病能力。只有科学的饲养管理，才能维持机体健壮，增强机体的抵抗力，提高机体的抗病力。

（一）采用科学的饲养制度

采取“全进全出”的饲养制度。“全进全出”的饲养制度是有效防止疾病传播的措施之一。“全进全出”使得鸡场能够做到净场和充分的消毒，切断了疾病传播途径，从而避免患病鸡只或病原携带者将病原传染给日龄较小的鸡群。

（二）保证营养需要

饲料为鸡提供营养，鸡依赖从饲料中摄取的营养物质而生长

发育、生产和提高抵抗力，从而维持健康和较高的生产性能。肉鸡业的规模化、集约化发展，饲料营养与疾病的关系越来越密切，对疾病发生的影响也越来越明显，成为控制疾病发生的最基础的一个重要环节。加强对饲料的控制，对于减少鸡场疾病的发生，具有重要意义。

肉鸡在生长和生产过程中，需要各种各样的营养物质，主要包括能量、粗蛋白、维生素、矿物质和水。每一种营养物质都有其特定的生理功能，各种营养物质相互联系、相互作用，对鸡的生长、生产、繁殖和健康产生影响。

能量对鸡具有重要的营养作用，肉鸡的生存、生长和生产等一切生命活动都离不开能量，能量主要来源于饲料中的碳水化合物、脂肪和蛋白质等营养物质。能量的不足和过多的摄入，不仅会严重影响到肉鸡的生长，而且也影响肉鸡抵抗力，诱发许多疾病的发生，危害健康。

蛋白质是构成鸡体的基本物质，是鸡体最重要的营养物质。日粮中如果缺少蛋白质，会影响肉鸡的生长、生产和健康，甚至引起死亡。相反，日粮中蛋白质过多也是不利的，不仅造成浪费，而且会引起鸡体代谢紊乱，出现中毒等，所以日粮中蛋白质含量必须适宜。

矿物质是构成骨骼、蛋壳、羽毛、血液等组织不可缺少的成分，对鸡的生长发育、生理功能及繁殖系统具有重要作用。鸡需要的矿物质元素有钙、磷、钠、钾、氯、镁、硫、铁、铜、钴、碘、锰、锌、硒等，其中前 7 种是常量元素（占体重的 0.01% 以上），后 7 种是微量元素。饲料中矿物质元素含量过多或缺乏都可能产生不良后果。

维生素是一组化学结构不同，营养作用、生理功能各异的低分子有机化合物，鸡对其需要量虽然很小，但生物作用很大，主要以辅酶和催化剂的形式广泛参与体内代谢的多种化学作用，从而保证机体组织器官的细胞结构功能正常，调控物质代谢，以维持鸡体健康和各种生产活动。缺乏时，可影响正常的代谢，出现代谢紊乱，危害鸡体健康和正常生产。维生素的种类繁多，但归纳起来分为两大类；一类是脂溶性维生素，包括维生素 A、维生素 D、维生素 E 及维生素 K 等；另一类维生素是水溶性维生素，主要包括 B 族维生素和维生素 C。生产中必须注意添加各种维生素来满足生存、生长、

生产和抗病需要。

水是鸡体的主要组成部分（鸡体内含水量在50%～60%，主要分布于体液、淋巴液、肌肉等组织中），对鸡体内正常的物质代谢有着特殊作用，是鸡体生命活动过程不可缺少的。它是各种营养物质的溶剂，在鸡体内各种营养物质的消化、吸收、代谢废物的排出、血液循环、体温调节等都离不开水。鸡和其他动物一样失去所有的脂肪和一半蛋白质仍能活着，但失去体内水分1/10则多数会死亡（雏鸡含水85%、成鸡含水55%）。鸡所需要的水分6%来自饲料，19%来自代谢水，其余的75%则靠饮水获得，所以水是鸡体必需的营养物质。如果饮水不足，饲料消化率和鸡的生产力就会下降，严重时会影响鸡体健康，甚至引起死亡。高温环境下缺水，后果更为严重。

1. 饲料营养直接影响健康

肉鸡获得的营养物质不足、过量或不平衡，能直接引起营养性疾病。营养性疾病大致可分为营养缺乏症和中毒症。一般认为禽对某营养素的需要量是有一定范围的，以便根据不同生理阶段和环境条件而维持其正常生理和生长繁殖的需要。供给量低于这个范围则可表现为缺乏症，高于这个范围则没有必要，如超出最大安全量则会导致中毒，表现为生理功能严重紊乱，甚至死亡。鸡的营养性疾病种类较多，大家都熟知的缺钙、缺磷或钙磷不平衡所造成的佝偻病、疲劳症等；摄取的能量过多可引起种鸡脂肪肝综合征及肉鸡腹水症；维生素和微量元素不足引起的腿病以及某些微量元素和维生素过量引起的中毒症，如硒、氟中毒等（表4-1）。

表4-1　常见的营养素对鸡的影响

营养素	需要量	中毒量	缺乏病与症状	中毒症状、损伤与不良效应
代谢能	10.5～13.5兆焦/千克	4000千卡/千克	饲料利用率与生长速度下降，皮下脂肪多	耗料量下降，其他营养素的需要量增加，脂肪肝
蛋白质	15%～23%	30%	生长速度、产蛋量与饲料报酬下降、羽毛生长不良	痛风症，肾脏损害

续表

营养素	需要量	中毒量	缺乏病与症状	中毒症状、损伤与不良效应
亚麻酸	1%	5%	饲料报酬降低，蛋小，黄少，孵化率低，雏鸡体小	酸败，破坏脂溶性维生素
赖氨酸	0.5%～1.2%	15%	生长速度、血红蛋白与血细胞比容下降，羽毛生长不良，饲料利用率低	干扰精氨酸的利用率，肝脏与肾脏损伤
蛋氨酸	0.25%～1.2%	2%	生长速度、产蛋与蛋重下降，羽毛生长不良，饲料利用率差	肾炎与肝炎，增加其他氨基酸的需要
维生素A	8000～10000国际单位/千克	25000国际单位/千克	生长速度与产蛋量下降，孵化48小时的胚胎死亡率升高，免疫抑制，失明。公鸡性功能减退等	肝炎，皮肤褪色，干扰维生素E的利用。器官变性，生长缓慢，易骨折，皮肤易致损伤等；急性中毒可致死亡
维生素D_3	1200～1600国际单位/千克	5000国际单位/千克	后期胚胎死亡，骨骼畸形，佝偻病，肋骨串珠、橡胶样；成年鸡则表现为鸡爪弯曲变形、关节肿大，腿骨和胸骨变形，母鸡产薄壳蛋或软壳蛋等	肾小管和输尿管上皮发生营养不良和钙化、喙软、软组织钙化，干扰维生素A、维生素E与维生素K的利用，脚腿脆弱。动脉发生钙化
维生素E	10～20毫克/千克	100毫克/千克	早期胚胎死亡，种公鸡则生殖功能减退。渗出性素质病，白肌，脑软化症，心肌病，胃肌病，免疫抑制	干扰维生素A的利用
维生素K	1毫克/千克	25毫克/千克	晚期胚胎死亡，肠道出血，主动脉破裂	营养失衡，增加脂溶性维生素需要量
硫胺素（VB_1）	2～6毫克/千克	—	出壳时胚胎死亡，多发性神经炎（颈部麻痹与痉挛），高度兴奋	营养失衡，增加了其他营养素的需要，干扰抗球虫药安普罗铵的活性

续表

营养素	需要量	中毒量	缺乏病与症状	中毒症状、损伤与不良效应
核黄素（VB_2）	5～8毫克/千克	—	孵化第3天、第4天与第20天的胚胎死亡，胚胎矮小，结节状绒毛，卷爪，下痢	营养失衡，增加了其他营养素的需要量
烟酸（VB_3）	20～40毫克/千克	—	脱腱症，跗关节肿大，皮肤发炎，黑舌病(口腔炎)，腿内弧，下痢	
泛酸（VB_5）	10～20毫克/千克	—	孵化第14天的胚胎死亡，皮肤损伤发炎，结痂	
吡哆醇	3～5毫克/千克	—	早期胚胎死亡，过度兴奋，超应激，贫血。种用鸡所产种蛋孵化率降低	
生物素（VH）	0.15～0.2毫克/千克	—	后期胚胎死亡，上喙外突，脚趾蹼化，皮炎，脂肪肝与肾综合征，下痢	
叶酸	2～4毫克/千克	—	后期胚胎死亡，羽毛褪色，痉挛性瘫痪，贫血，脱腱症	
钴氨酸(VB_{12})	10～20毫克/千克	—	后期胚胎死亡，贫血，脱腱症，生长速度与饲料利用率下降	
抗坏血酸（VC）	0.1毫克/千克		免疫抑制，耐热性降低，对非营养物质的抗毒性减弱	—
钙	1%～3%	5%	佝偻病，骨骼软而易弯曲，软壳蛋，笼养蛋鸡瘫痪	痛风症，软组织钙化，干扰磷、镁与锰的利用
磷	0.3%～0.5%	1.5%	佝偻病，骨骼软易弯曲，软壳蛋，笼养蛋鸡瘫痪	植酸中毒，降低了钙、镁、锰与锌的利用率

续表

营养素	需要量	中毒量	缺乏病与症状	中毒症状、损伤与不良效应
锰	50～100毫克/千克	4800毫克/千克	出壳期间胚胎死亡，脱腱症，畸形	生长抑制，食欲减退，贫血
锌	30～60毫克/千克	1500毫克/千克	出壳期间胚胎死亡，脱腱症，畸形，皮肤损伤（皮炎），跗关节肿大	生长抑制，食欲减退，贫血，渗出性素质病，骨骼中矿物质含量减少，肌肉营养不良
铜	5～10毫克/千克	300毫克/千克	早期胚胎死亡，羽毛褪色，贫血，心脏肥大	黑粪，渗出性素质病，肌肉营养不良，鸡胃糜烂
铁	50～80毫克/千克	4500毫克/千克	血红蛋白与血细胞比容降低，羽毛褪色，贫血	佝偻病，脱腱症，骨骼畸形
碘	1毫克/千克	300毫克/千克	孵化期延长，甲状腺肿大，孵化率与生长率降低	产蛋量、蛋重与孵化率下降
硒	0.05～0.1毫克/千克	5毫克/千克	后期胚胎死亡，节约维生素E，渗出性素质病，肌肉营养不良(白肌病)	受精率、孵化率与生长速度下降，贫血，死亡
氯化钠	0.3%～0.5%	0.7%	过度兴奋，超应激，痉挛，血细胞凝集，啄癖，生长速度与产蛋下降，肾上腺肿大	腹水症，痛风症，心包积液，死亡，生长速度与产蛋下降
钾	0.15%～0.3%	1%	生长受阻，产蛋量下降	钠利用率降低，血细胞凝集
镁	500～600毫克/千克	6000毫克/千克	超应激，骨骼钙化差，蛋壳薄；下痢，生长受阻，增加了钙与磷的需要量	食欲减退，舌肌发育差
胆碱	1000～1500毫克/千克	—	脱腱症，脂肪肝，生长速度与饲料利用率下降	—
氟	—	500毫克/千克	—	生长受阻，骨骼畸形，骨斑

续表

营养素	需要量	中毒量	缺乏病与症状	中毒症状、损伤与不良效应
钼	—	100毫克/千克	—	贫血，生长抑制，孵化率与产蛋量下降，跛行，下痢
铅		60毫克/千克	—	脑病，神经紊乱，贫血
汞	—	5毫克/千克	—	神经紊乱，下痢，超应激
砷		10毫克/千克	—	痢疾，神经紊乱，皮肤褪色

2. 饲料营养影响免疫

营养物质不但是维持动物免疫器官生长发育所必需的，而且是维持免疫系统功能、使免疫活性得到充分发挥的决定性因素。多种营养素如能量、脂类、蛋白质、氨基酸、矿物质、微量元素、维生素及有益微生物等几乎都直接或间接地参与了免疫过程。营养素的缺乏、不足或过量均会影响免疫力，增加机体对疾病的易感性。生产实践中研究动物免疫失败和发病率上升的原因时，只考虑疫苗接种、病原感染等直观因素，往往忽视生产过程中饲料营养所可能引起的动物机体免疫力下降、免疫失败的因素。

（1）蛋白质与免疫功能的关系　目前的观点还不一致。一般认为，动物蛋白质缺乏时，抗体合成受阻，因而免疫功能下降。有报道：给鸡饲喂缺乏蛋白质的日粮，鸡对绵羊红细胞的反应减弱，T细胞免疫功能受抑制。饲喂缺乏蛋白质日粮的鸡，接种巴氏杆菌后其抗体生成量减少。

（2）氨基酸与免疫功能的关系　关于氨基酸尤其是必需氨基酸对机体免疫功能的影响，近年来有不少学者进行了研究。蛋氨酸缺乏将抑制动物免疫功能，引起胸腺退化，并降低脾脏淋巴细胞对细胞分裂素的反应。在进食相同蛋白质进食量的情况下，随日粮蛋氨酸水平的提高，鸡对绵羊红细胞的免疫反应增强；苏氨酸是IgG第一限制性氨基酸，当其缺乏时会抑制免疫球蛋白的合成及T淋巴细胞、B淋巴细胞的产生，从而影响免疫功能。给雏鸡饲喂缺乏苏氨酸的日粮时，其体内新城疫病毒的抗体量减少；精氨酸能活化巨噬细胞、抑制肿瘤细

胞的形成、生长和转移；雏鸡缺乏缬氨酸时，机体对新城疫病毒的免疫反应降低；苯丙氨酸过量，抑制抗体合成，进而影响机体正常免疫功能。

（3）脂肪与免疫功能的关系　日粮中的脂肪对机体具有免疫调节作用。动物缺乏必需脂肪酸可降低对T淋巴细胞的依赖性和非依赖性抗原的初次和二次抗体应答；过多则引起广泛的免疫缺陷，造成淋巴组织萎缩，T淋巴细胞对抗原刺激的免疫应答降低，所以必需脂肪酸过多或不足，都会降低免疫接种的作用和对感染的抵抗力。

（4）维生素与免疫功能的关系　维生素A是维持机体正常免疫功能的重要营养物质，严重缺乏和亚临床缺乏均会导致一系列的免疫功能紊乱。维生素A参与免疫器官的生长发育，缺乏时，将造成免疫器官的损害。如鸡维生素A缺乏时，淋巴器官的淋巴细胞衰竭，胸腺和法氏囊的重量减轻，新城疫的发病率升高。维生素A参与细胞免疫过程，它能增强T细胞的抗原特异性反应，改变细胞膜和免疫细胞菌膜的稳定性，提高免疫力。维生素A还参与体液免疫。缺乏维生素A，可导致呼吸道黏膜纤毛功能降低和黏液分泌减少，从而导致细菌定居、增殖和侵入增强。

维生素E具有抗氧化作用，机体缺乏时，免疫器官正常结构遭到破坏，免疫功能降低，抗病力减弱。文杰等研究表明，日粮中高水平的维生素E(80毫克/千克)可提高28日龄肉仔鸡血液淋巴细胞转化率和血清中新城疫抗体效价。肌内注射维生素E能使来航鸡的凝集抗体效价显著提高，增强了机体的免疫抗病力。维生素E作为免疫佐剂，在疫苗含29%和30%时能提高鸡对减蛋综合征病毒和传染性法氏囊病毒的体液免疫。

维生素C具有抗应激和抗感染的作用，与机体的免疫功能密切相关。日粮中添加维生素C可降低一些应激因子产生的免疫抑制作用。嗜中性粒细胞起作用时也需要维生素C，为维持胸腺网状细胞的功能所必需。维生素C缺乏可妨碍嗜中性粒细胞的趋化性和运动性，动物血液中颗粒白细胞减少，吞噬能力下降，另外，维生素C的血液浓度与补体滴度密切相关。维生素C具有抗应激作用，动物在应激状态时，肾上腺皮质激素分泌增加，血清皮质醇含量增高，血清皮质醇是一种免疫抑制剂。维生素C作为一种抗氧化剂，可以保护淋巴细胞膜避免脂质过氧化，以维持免疫系统完整性。此外，维生素C还能增加干扰素的合成，提高机体免疫力。

此外，还有其他维生素，如维生素 D 具有刺激单核细胞的增殖和活化作用，并干扰 T 细胞介导的免疫力；缺乏维生素 B_6 能够引起胸腺发育受阻，淋巴细胞数量减少，降低免疫球蛋白 IgA 和 IgG 的含量；叶酸缺乏，动物对细菌的敏感性增强，T 细胞和 B 细胞发育受阻。核黄素缺乏时，机体抗氧化能力降低，细胞膜受损，免疫功能下降。

（5）矿物质元素与免疫功能的关系　硒与动物的免疫功能密切相关。硒能增强免疫细胞的功能和免疫球蛋白及抗体的生成，日粮中添加硒能显著提高雏鸡在新城疫疫苗免疫后的抗体滴度和血清 IgG 水平，而且日粮中加硒（0.8 毫克 / 千克）可显著降低人工感染马立克病的发生；锌是机体必需的微量元素之一，参与机体重要的物质代谢过程。缺锌时会引起机体的代谢功能紊乱，使机体生长缓慢，免疫器官萎缩、免疫细胞减少和抗体水平下降；铜在机体内可以通过一些含铜酶如超氧化物歧化酶和铜蓝蛋白等调节炎症反应细胞和抗氧化能力，增强机体的免疫反应和乳腺的防御能力；铁是影响机体免疫系统功能和防卫功能的最重要的微量元素之一。铁过多或缺乏都可产生不良影响。缺铁引起免疫器官发育受阻和免疫细胞受损；缺镁能引起动物白细胞增殖，也可使胸腺增生，但有报道说，镁能使 IgG、IgA、IgG2 值减少；钙是补体激活剂，对免疫系统具有激活作用。锰缺乏或过多，都会抑制抗体的生成，钙和镁在激活淋巴细胞的作用上具有协同作用。

3. 饲料污染和变质影响鸡体健康

（1）饲料被霉菌污染　饲料被霉菌污染，可以导致饲料霉变。霉变饲料可导致人禽的急性和慢性中毒或癌肿等，许多原因不明的疾病被认为与饲料或者食品的霉菌污染有关，因此，霉菌和霉菌毒素成为饲料卫生中的一类主要污染因素。

饲料污染霉菌后主要引起发热、变色、发霉、生化变化、重量减轻以及毒素生成等。霉菌可破坏饲料蛋白质，使饲料中所有氨基酸含量减少，而赖氨酸和精氨酸的减少比其他氨基酸更加明显。同时，由于霉菌生长需要大量的维生素，所以霉菌大量生长可使饲料中这些维生素含量大大减少。生长霉菌除破坏饲料中营养成分外，还可引起饲料结块，使饲料保管更加困难。鹅采食发霉饲料容易发生曲霉菌病和黄曲霉菌毒素中毒。

（2）饲料被沙门菌污染　肉鸡感染沙门菌后可以进行垂直传播。

肉鸡采食被沙门菌污染的饲料后，沙门菌在体内繁殖滋生，引起鹅发生副伤寒等传染病。另外，种鸡可以把沙门菌传给种蛋和雏鸡，代代传播，而且呈现放大趋势，给鹅场带来巨大损失，还危害人类。

（3）被有毒有害物质污染　饲料被农药污染（饲料作物从污染的土壤、水体和空气中吸收；对作物直接喷洒农药以及饲料仓库用农药防虫、运输饲料工具被农药污染等），肉鸡采食后可能引起中毒。

（4）饲料脂肪酸败　现在，油脂在饲料工业中得到了广泛的使用，但是油脂的易氧化性往往被饲料生产者所忽视。饲料脂肪氧化酸败，可能给养殖户和生产厂家带来严重的经济损失。油脂酸败后，油脂的适口性降低，油脂中的营养成分遭到破坏。而添加到饲料中的酸败油脂，不仅能破坏饲料中的营养素，其氧化产物还会干扰动物机体的酶系统，引起动物机体的代谢紊乱，生长发育迟缓。此外，酸败油脂还能影响动物的免疫功能、消化功能，高度氧化后的油脂还能引起癌肿。氧化产物本身具有毒性，比如亚油酸，其过氧化物在过氧化物值达到最高后的下降期，生成量最多，因而对机体造成不良影响。

（5）饲料中添加剂使用不当　饲料中使用饲料添加剂，主要是为了补充饲料的营养成分，防止饲料品质劣化，提高饲料适口性和利用率，增强抗病力，促进生长发育，提高生产性能，满足饲料加工过程中某些工艺的特殊需要。饲料添加剂的使用剂量极小而作用效果显著，近年来取得了长足的发展。但是，由于部分饲料添加剂具有毒副作用，加之过量的、无标准的使用，不仅不能达到预期的饲养效果，反而会造成鸡中毒，轻则造成生产性能下降，重则造成动物大批死亡。特别是抗生素和化学合成药的滥用和一些违禁及淘汰药的非法使用，不仅危害鸡的健康，也危害人的健康。

（6）饲料中的抗营养因子　根据抗营养因子对饲料营养价值的影响和动物的生物学反应，可以将抗营养因子分为如下几类：对蛋白质的消化和利用有不良影响的抗营养因子，如胰蛋白酶和凝乳蛋白酶抑制因子、植物凝集素、酚类化合物等；对碳水化合物消化有不良影响的抗营养因子，如淀粉酶抑制剂、酚类化合物等。对矿物元素利用有不良影响的抗营养因子，如植酸、草酸、棉酚、硫葡萄糖苷等。维生素拮抗物或引起维生素需要量增加的抗营养因子，如双香豆素、硫胺素酶等。刺激免疫系统抗营养因子如抗原蛋白等。综合性抗营养因子对多种营养成分利用产生影响，如水溶性非淀粉多糖、单宁等。

【提示】肉鸡生长速度快，需要的营养物质多，对营养物质更加

敏感，所以必须供给全价平衡日粮，保证营养全面、平衡、充足。选用优质饲料原料、合理设计配方和配制日粮，避免饲料污染和变质是维持鸡体健康的基础。

（三）供给充足卫生的饮水

水是最廉价的营养素，也是最重要的营养素，水的供应情况和卫生状况对维护鸡体健康有着重要作用，必须保证充足而洁净卫生的饮水（表 4-2）。

表 4-2　鸡场饮水的水质检测项目及标准

检测项目	标准值	检测项目	标准值
色度	< 5	盐离子 /（毫克 / 升）	< 200
混浊度	< 2	过锰酸钾使用量 /（毫克 / 升）	< 10
臭气	无异常	铁 /（毫克 / 升）	< 0.3
味	无异常	普通细菌 /（毫克 / 升）	< 100
氢离子浓度 /pH 值	5.8 ～ 8.6	大肠杆菌	未检出
硝酸盐 /（毫克 / 升）	< 10	残留氯 /（毫克 / 升）	0.1 ～ 1.0

1. 适当的水源位置

水源位置要选择远离生产区的管理区内，远离其他污染源（鸡舍与井水水源间应保持 30 米以上的距离），建在地势高燥处。鸡场可以打自建深水井和建水塔，深层地下水经过地层的过滤作用，又是封闭性水源，受污染的机会很少。

2. 加强水源保护

水源附近不得建厕所、粪池、垃圾堆、污水坑等，井水水源周围 30 米、江河水取水点周围 20 米、湖泊等水源周围 30 ～ 50 米范围内应划为卫生防护地带，四周不得有任何污染源。保护区内禁止一切破坏水环境生态平衡的活动以及破坏水源林、护岸林、与水源保护相关植被的活动；严禁向保护区内倾倒工业废渣、城市垃圾、粪便及其他废弃物；运输有毒有害物质、油类、粪便的船舶和车辆一般不准进入保护区；保护区内禁止使用剧毒和高残留农药，不得滥用化肥；避免污水流入水源。最易造成水源污染的区域，如病鸡隔离舍化粪池或堆粪场更应远离水源，粪污进行无害化处理，并注意排放时防止流进或渗进饮水水源。

3. 搞好饮水卫生

定期清洗和消毒饮水用具和饮水系统，保持饮水用具的清洁卫生。保证饮水的新鲜。

4. 注意饮水的检测和处理

定期检测水源的水质，污染时要查找原因，及时解决；当水源水质较差时要进行净化和消毒处理。地面水一般水质较差，需经沉淀、过滤和消毒处理，地下水较清洁，可只进行消毒处理，也可不做消毒处理，地面水源常含有泥沙、悬浮物、微生物等。在水流减慢或静止时，泥沙、悬浮物等靠重力逐渐下沉，但水中细小的悬浮物，特别是胶体微粒因带负电荷，相互排斥不易沉降，因此，必须加混凝剂，混凝剂溶于水可形成带正电的胶粒，可吸附水中带负电的胶粒及细小悬浮物，形成大的胶状物而沉淀，这种胶状物吸附能力很强，可吸附水中大量的悬浮物和细菌等一起沉降，这就是水的沉淀处理。常用的混凝剂有铝盐（如明矾、硫酸铝等）和铁盐（如硫酸亚铁、三氯化铁等）。经沉淀处理，可使水中悬浮物沉降70%～95%，微生物减少90%。水的净化还可用过滤池，用滤料将水过滤、沉淀和吸附后，可阻留消除水中大部分悬浮物、微生物等而得以净化。常用滤料为砂，以江河、湖泊等作分散式给水水源时，可在水边挖渗水井、砂滤井等，也可建砂滤池；集中式给水一般采用砂滤池过滤。经沉淀过滤处理后，水中微生物数量大大减少，但其中仍会存在一些病原微生物，为防止疾病通过饮水传播，还须进行消毒处理。消毒的方法很多，其中加氯消毒法投资少、效果好，较常采用。氯在水中形成次氯酸，次氯酸可进入菌体破坏细菌的糖代谢，使其致死。加氯消毒效果与水的pH值、混浊度、水温、加氯量及接触时间有关。大型集中式给水可用液氯消毒，液氯配成水溶液，加入水中；大型集中式给水或分散式给水多采用漂白粉消毒。

（四）减少应激反应

定期药物预防或疫苗接种多种因素均可对鸡群造成应激，其中包括捕捉、转群、断喙、免疫接种、运输、饲料转换、无规律的供水供料等生产管理因素，以及饲料营养不平衡或营养缺乏、温度过高或过低、湿度过大或过小、不适宜的光照、突然的音响等环境因素。实践中应尽可能通过加强饲养管理和改善环境条件，避免和减轻以上两类应激因素对鸡群的影响，防止应激造成鸡群免疫效果不佳、生产性能和抗病能力降低。

二、创造适宜的环境条件

优良的饲养环境是保障肉鸡健康和生产效率发挥的重要条件。通过科学合理地选择场址和规划布局，建设满足肉鸡要求的肉鸡舍，并加强场区和鸡舍的环境管理，为肉鸡创设一个舒适、洁净的小气候，才能保障肉鸡的健康和高效高产。

（一）注重场址选择和规划布局

场址选择及规划布局、鸡舍设计和设备配备等方面都直接关系到场区的温热环境和环卫状况等。鸡场场地选择不当，规划布局不合理，鸡舍设计不科学，必然导致隔离条件差，温热环境不稳定，环境污染严重，鸡群疾病频发，生产性能不能正常发挥，经济效益差。所以，科学选择好场地，合理规划布局，并注重鸡舍的科学设计和各种设备配备，使隔离卫生设施更加完善，以维护肉鸡群的健康和生产潜力发挥。

1. 肉鸡场场址选择

场址直接影响到肉鸡场的隔离卫生和环境保护，选择时既要考虑鸡场生产对周围环境的要求，也要尽量避免鸡场产生的气味、污物对周围环境的影响。应根据肉鸡的经营方式、生产特点、饲养管理方式以及生产集约化程度等特点，对以下几方面进行全面综合考查。

（1）地形地势　地形、地势与肉鸡场和鸡舍的温热环境和环境污染关系很大。因此，要求地势高、平坦稍有坡度，场地干燥。地面坡度以1%～3%为宜，最大不得超过25%。地面开阔、整齐，向阳背风。这种场地阳光充足，通风、排水良好，有利于鸡场内、外环境的控制和减少寄生虫和昆虫的危害。选址时还应注意当地的气候变化条件，不能建在昼夜温差过大的山尖，也不应建在通风不良、潮湿的山谷低洼地区，以半山腰区较为理想。场区面积在满足生产、管理和职工生活福利的前提下，尽量少占土地。

（2）土壤　从防疫卫生观点出发，家禽场的土壤要求透水性、透气性好，容水量及吸湿性小，毛细管作用弱，导热性小，保湿良好；不被有机物和细菌、病毒、寄生虫等病原微生物污染；没有地质、化学、环境性地方病；坑压性强，适宜建筑。综上所述，在不被污染的前提下，选择砂壤土建场较理想。这样的土壤排水性能良好，隔热，不利于病原菌繁殖，符合鸡场的卫生要求。受客观条件所限，达不到理想土壤，这就需要在禽舍设计、施工、使用和管理上，弥补当地土壤的缺陷。

（3）水源　鸡场在生产过程中，饮用、清洗消毒、防暑降温、生活用水等，需要大量的水。所以，鸡场必须有可靠的水源。水源应水量充足，能满足人、鸡的饮用和生产、生活用水。并应考虑防火和未来发展的需要；水质良好，符合水质标准，见表4-3；便于防护，使水源水质经常处于良好状态，不受污染；设备投资少，处理简便易行。

表4-3　水的质量标准

项　目		禽
感官性状及一般化学指标	色度	≤0
	混浊度	≤20
	臭和味	不得有异臭异味
	肉眼可见物	不得含有
	总硬度（以 $CaCO_3$ 计）/（毫克/升）	≤1500
	pH值	6.4～8.0
	溶解性总固体/（毫克/升）	≤1200
	氯化物（以Cl计）/（毫克/升）	≤250
	硫酸盐（以 SO_4^{2-} 计）/（毫克/升）	≤250
细菌学指标	总大肠杆菌群数/（个/100毫升）	≤1
毒理学指标	氟化物（以 F^- 计）/（毫克/升）	≤2.0
	氰化物/（毫克/升）	≤0.05
	总砷/（毫克/升）	≤0.2
	总汞/（毫克/升）	≤0.001
	铅/（毫克/升）	≤0.1
	铬（六价）/（毫克/升）	≤0.05
	镉/（毫克/升）	≤0.01
	硝酸盐（以N计）/（毫克/升）	≤30

（4）地理和交通　选择场址时，应注意到鸡场与周围社会的关系，既不能使鸡场成为周围社会的污染源，也不能受周围环境的污染。应

选在居民区的低处和下风处。鸡场宜建在城郊，离大城市20～50公里，离居民点和其他家禽场500～1000米。种鸡场应距离商品鸡场1000米以上，应避开居民污水排放口，更应远离化工厂、制革厂、屠宰场等易造成环境污染的企业。应远离铁路，交通要道、车辆来往频繁的地方，一般要求距主要公路400米，次要公路100～200米以上，但应交通方便、接近公路，场内有专用公路，以便运入原料和产品，且场地最好靠近消费地和饲料来源地。

（5）电源　鸡场中除孵化室要求电力24小时供应外，鸡群的光照也必须有电力供应。因此对于较大型的鸡场，必须具备备用电源，如双线路供电或发电机等。

2. 肉鸡场规划布局

鸡场的规划布局，因鸡场的性质、规模不同，建筑物的种类和数量而不同。不管建筑物的种类和数量多少，都必须科学合理的规划布局，才能经济有效的发挥各类建筑物的作用，才能有利于隔离卫生，减少或避免疫病的发生。

鸡场的规划布局要科学适用，因地制宜，根据拟建场地的环境条件具体情况进行，科学确定各区的位置，合理地确定各类房舍、道路、供排水和供电等管线、绿化带等的相对位置及场内防疫卫生的安排。科学合理地规划布局可以有效地利用土地面积，减少建场投资，保持良好的环境条件和管理的高效方便。

（1）分区规划　鸡场通常根据生产功能，分为生产区、管理区或生活区和隔离区等。

① 生活区或管理区　是鸡场与社会密切联系的区域，易造成疫病的传播和流行，该区的位置应靠近大门，并与生产区分开，外来人员只能在管理区活动，不得进入生产区。场外运输车辆不能进入生产区。车棚、车库均应设在管理区，除饲料库外，其他仓库亦应设在管理区。职工生活区设在上风向和地势较高处。以免鸡场产生的不良气味、噪声、粪尿及污水，因风向和地面径流污染生活环境和造成人、禽疾病的传染。

② 生产区　是鸡生活和生产的场所，该区的主要建筑为各种鸡舍和生产辅助建筑。生产区应位于全场中心地带，地势应低于管理区，并在其下风向，但要高于病禽管理区，在其上风向。生产区内饲养不同日龄段的鸡，其生理特点、环境要求和抗病力不同，所以在生产

区内，要分小区规划，育雏区、育肥区和种鸡区严格分开，并加以隔离，日龄小的鸡群放上风向、地势高的地方。

③ 病鸡隔离区　主要用来治疗、隔离和处理病鸡的场所。为防止疫病传播和蔓延，该区应在生产区的下风向，并在地势最低处，而且应远离生产区。隔离舍应尽可能与外界隔绝。该区四周应有自然或人工的隔离屏障，设单独的道路与出入口。鸡场的分区规划见图 4-1。

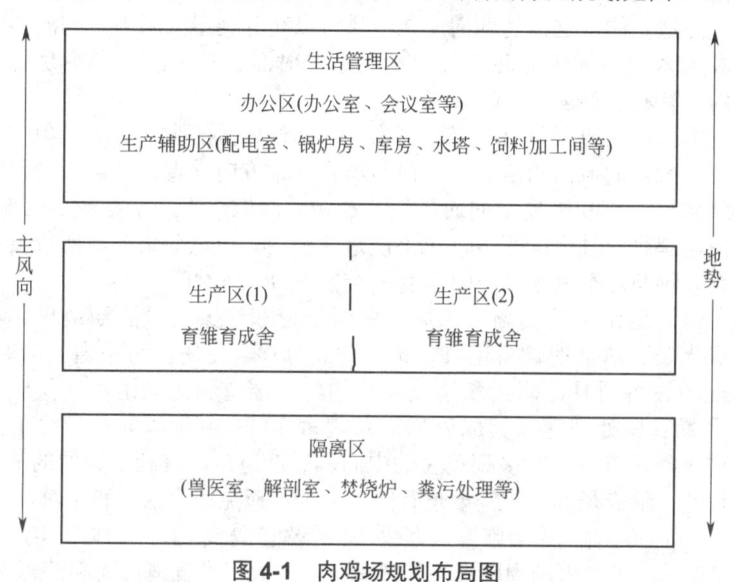

图 4-1　肉鸡场规划布局图

说明：（1）各区之间应该能够很好隔离。（2）生产区内，育雏育肥一体，中小型肉鸡场采用全场“全进全出”的饲养制度；大型肉鸡场可以分为多个饲养小区，每个小区保持“全进全出”。（3）隔离区应尽可能与外界隔绝。四周应有隔离屏障，设单独的道路与出入口。

（2）鸡舍距离　鸡舍间距影响鸡舍的通风、采光、卫生、防火。鸡舍之间距离过小，通风时，上风向鸡舍的污浊空气容易进入下风向鸡舍内，引起病原在鸡舍间传播；采光时，南边的建筑物遮挡北边建筑物；发生火灾时，很容易殃及全场的鸡舍及鸡群；由于鸡舍密集，场区的空气环境容易恶化，微粒、有害气体和微生物含量过高，容易引起鸡群发病。为了保持场区和鸡舍环境良好，鸡舍之间应保持适宜的距离。开放舍间距为 20 ～ 30 米，密闭舍间距以 15 ～ 25 米较为适宜。目前我国鸡场的鸡舍间距过小（3～8米），已严重影响鸡群的健康和生产性能发挥。

（3）鸡舍朝向　鸡舍朝向是指鸡舍长轴与地球经线是水平还是垂直。鸡舍朝向影响到鸡舍的采光、通风和太阳辐射。朝向选择应考虑当地的主导风向、地理位置、鸡舍采光和通风排污等情况。鸡舍朝南，即鸡舍的纵轴方向为东西向，对我国大部分地区的开放舍来说是较为适宜的。这样的朝向，在冬季可以充分利用太阳辐射的温热效应和射入舍内的阳光防寒保温；夏季辐射面积较小，阳光不易直射舍内，有利于鸡舍防暑降温。

鸡舍内的通风效果与气流的均匀性和通风量的大小有关，但主要看进入舍内的风向角多大。风向与鸡舍纵轴方向垂直，则进入舍内的是穿堂风，有利于夏季的通风换气和防暑降温，不利于冬季的保温；风向与鸡舍纵轴方向平行，风不能进入舍内，通风效果差。所以要求鸡舍纵轴与夏季主导风向的角度在45°～90°较好。

（4）道路和储粪场　鸡场设置清洁道和污染道，清洁道供饲养管理人员、清洁的设备用具、饲料和新母鸡等使用，污染道供清粪、污浊的设备用具、病死和淘汰鸡使用。清洁道和污染道不交叉。鸡场设置粪尿处理区。粪尿处理区距鸡舍30～50米，并在鸡舍的下风向。粪场可设置在多列鸡舍的中间，靠近道路，有利于粪便的清理和运输。储粪场和污水池要进行防渗处理，避免污染水源和土壤。

（5）防疫隔离设施　鸡场周围要设置隔离墙，墙体严实，高度2.5～3米。机场周围设置隔离带。鸡场大门设置消毒池和消毒室，供进入人员、设备和用具消毒。

（6）肉鸡场绿化　绿化可改善小气候，净化空气，而且有防疫防火的作用，肉鸡场应该根据场地实际情况进行科学绿化，改善肉鸡场的小气候环境。

（二）科学设计建筑鸡舍

鸡场建设包括鸡舍建设和各种设施配套。科学的设计和建筑鸡舍，配套各种设施是保持鸡场洁净卫生，维持鸡舍环境条件适宜，减少疾病发生，提高鸡群生产性能的基础。

1. 鸡舍的类型及特点

鸡舍可以分为开放式鸡舍、密闭式鸡舍和组装鸡舍，各有特点。

（1）开放式鸡舍　开放式鸡舍有窗户，全部或大部分靠自然的空气流通来通风换气，一般饲养密度较低。采光是靠窗户的自然光照，故昼夜随季节的转换而增减，舍内温度基本上也是随季节的转换而升降，冬季可以使用一些保温隔热材料适当的封闭。目前，我国开放式鸡舍比较常见。开放式鸡舍有全敞鸡舍（棚舍）、半敞鸡舍（一面敞开，敞开一面除留门外，其他均由铝丝封闭严实）、塑料大棚鸡舍和有窗鸡舍（四面都有墙，纵墙上留有可以开启的大窗户、或直接砌花墙、或是敞开的空洞）。

【提示】开放舍造价较低，投资较少，能够充分利用自然资源，如自然通风、自然光照，运行成本低，鸡体由于受自然气候条件的锻炼，适应能力强，在气候温暖、全年温差不大的地区，鸡群的生产性能表现良好。但鸡群的生理状况与生产性能均受外界条件变化的影响，外界条件变化愈大，对鸡的影响也愈大，因而，造成产蛋的不稳定或下降。

（2）密闭式鸡舍　这种鸡舍有保温隔热性能良好的屋顶和墙壁，将鸡舍小环境与外界大环境完全隔开，分为有窗舍（一般情况下封闭遮光，发生特殊情况才临时开启）和无窗舍。舍内小气候通过各种设施控制与调节，使之尽可能地接近最适宜于鸡体生理特点的要求。鸡舍内采用人工通风与光照。通过变换通风量的大小和气流速度的快慢来调节舍内温度、相对湿度和空气成分。炎热季节可加大通风量或采取其他降温措施；寒冷季节一般不供暖，仅靠鸡自身发散的热量，使舍内温度维持在比较合适的范围之内。

密闭式鸡舍消除或减少了严寒酷暑、急风骤雨、气候变化等一些不利自然因素对鸡群的影响，为鸡群提供较为适宜的生活环境。因而，鸡群的生产性能比较稳定，一年四季可以均衡生产；可以实施人工光照，有利于控制性成熟和刺激产蛋，也便于对鸡群实行诸如限制饲喂、强制换羽等措施；基本上切断了自然媒介传入疾病的途径；由于鸡体活动受限和在寒冷季节鸡体散发热量的减少，因而饲料报酬有所提高，还可以提高土地利用率。但密闭式鸡舍饲养必须供给全价饲料；对鸡舍设计、建筑要求高，对电力能源依赖性强，要求设施设备配套，所以鸡舍造价高，运行成本高；由于饲养密度高，鸡群相互感染疾病的机会增加。

【提示】蛋鸡场使用密闭式鸡舍，饲养密度大，产量多，耗料少，所提高的经济效益可以弥补较高的支出费用。

（3）组装鸡舍　门、窗、墙壁可以随季节而打开，夏季墙壁全打开，春秋季部分打开，冬季封闭，是一种比较理想的鸡舍。使用方便，可以充分利用自然资源，保持舍内适宜的温度、湿度、通风和光照；但对建筑材料要求高。

2. 鸡舍的主要结构及其要求

鸡舍是由各部分组成，包括基础、屋顶及顶棚、墙、地面及楼板、门窗、楼梯等（其中屋顶和外墙组成鸡舍的外壳，将鸡舍的空间与外部隔开，屋顶和外墙称外围护结构）。鸡舍的结构不仅影响到鸡舍内环境的控制，而且影响到鸡舍的牢固性和利用年限。

（1）基础　基础和地基是房舍的承重构件，共同保证鸡舍坚固、耐久和安全。因此，要求其必须具备足够的强度和稳定性，防止鸡舍因沉降（下沉）过大和产生不均匀沉降而引起裂缝和倾斜。

对基础的要求：一是坚固、耐久、抗震；二是防潮。基础受潮是引起墙壁潮湿及舍内湿度大的原因之一，故应注意基础防潮、防水，基础的防潮层设在基础墙的顶部，舍内地坪以下60毫米。基础应尽量避免埋置在地下水中；三是具有一定的宽度和深度，如条形基础一般由垫层、大放脚（墙以下的加宽部分）和基础墙组成。砖基础每层放脚宽度一般宽出墙为60毫米；基础的底面宽度和埋置的深度应根据鸡舍的总荷重、地基的承载力、土层的冻胀程度及地下水位高低等情况计算确定。北方地区在膨胀土层修建畜舍时，应将基础埋置在土层最大冻结深度以下。

（2）墙　墙是基础以上露出地面的部分，其作用是将屋顶和自身的全部荷载传给基础的承重构件，也是将鸡舍与外部空间隔开的外围护结构，是鸡舍的主要结构。以砖墙为例，墙的重量占鸡舍建筑物总重量的40%～65%，造价占总造价的30%～40%。同时墙体也在鸡舍结构中占有特殊地位，据测定，冬季通过墙散失的热量占整个鸡舍总失热量的35%～40%，舍内的湿度、通风、采光也要通过墙上的窗户来调节，因此，墙对鸡舍小气候状况的保持起着重要作用。

对墙体的要求：一是坚固、耐久、抗震、防火、抗震；二是结构简单，便于清扫消毒；三是良好的保温隔热性能；墙体的保温、隔热能力取决于所采用的建筑材料的特性与厚度，尽可能选用隔热性能好的材料，保证最好的隔热设计，在经济上是最有力的措施；四是防水、防潮。受潮不仅可使墙的导热加快，造成舍内潮湿，而且会影

响墙体寿命，所以必须对墙采取严格的防潮、防水措施。墙体的防潮措施主要有：用防水耐久材料抹面，保护墙面不受雨雪侵蚀；做好散水和排水沟；设防潮层和墙围，如墙裙高 1.0 ～ 1.5 米，生活办公用房踢脚高 0.15 米，勒脚高约为 0.5 米等。

（3）屋顶　屋顶是鸡舍顶部的承重构件和围护构件，主要作用是承重、保温隔热、防风沙和雨雪。它是由支承结构和屋面组成。支承结构承受着鸡舍顶部包括自重在内的全部荷载，并将其传给墙或柱；屋面起围护作用，可以抵御降水和风沙的侵袭，以及隔绝太阳辐射等，以满足生产需要。屋顶对于舍内小气候的维持和稳定具有更加重要的意义。一方面是屋顶面积大于墙体，单位时间屋顶散失或吸收的热量多余墙体，另一方面屋顶的内外表面温差大，热量容易散失和吸收，夏季的遮阳作用显著，如果屋顶设计不良，影响舍内温热环境的稳定和控制。

① 屋顶形式　屋顶形式种类繁多，在鸡舍建筑中常用的有以下几种形式（图 4-2）。

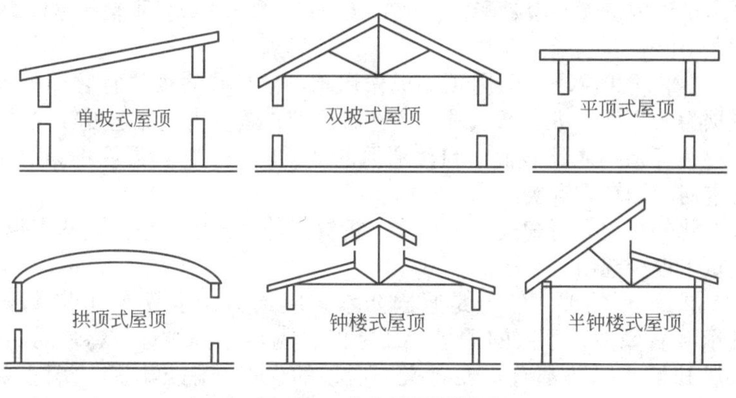

图 4-2　鸡舍的屋顶形式

a. 单坡式屋顶　屋顶只有一个坡向，跨度较小，结构简单，造价低廉，可就地取材。因前面敞开无坡，采光充分，舍内阳光充足、干燥。缺点是净高较低不便于工人在舍内操作，前面易刮进风雪。故只适用于单列舍和较小规模的鸡群。

b. 双坡式屋顶　是最基本的鸡舍屋顶形式，目前我国使用最为广泛。这种形式的屋顶可用于较大跨度的鸡舍，可用于各种规模的各

种鸡群。该屋顶结构的鸡舍室内空间比较大，对外界气候条件的缓冲效果比较好。但是在采用纵向通风方式的时候，鸡舍中的气流速度较慢。这种屋顶易于修建，比较经济。

c. 联合式屋顶　这种屋顶是在单坡式屋顶前缘增加一个短缘，起挡风避雨作用，适用于跨度较小的鸡舍。与单坡式屋顶鸡舍相比，采光略差，但保温能力较强。

d. 钟楼式和半钟楼式屋顶　这是在双坡式屋顶上增设双侧或单侧天窗的屋顶形式，以加强通风和采光，这种屋顶多在跨度较大的鸡舍采用。其屋架结构复杂，用料特别是木料投资较大，造价较高，这种屋顶适用于温暖地区，我国较少使用。

e. 拱顶式屋顶　过去用砖、石等材料砌筑而成，造价低，隔热效果好，但建筑复杂；现在可以将很薄的彩色镀锌或镀铝锌钢板 (0.6 ～ 1.5 毫米) 通过金属屋顶成型机连续冷模辊压成直形槽板和带有横向波纹的拱形槽板，然后用自动封边机将若干这样的槽板连接成整体，并吊至屋顶圈梁安装就位而成。为增强保温隔热能力，可采用拱顶内壁喷涂聚氨酯（厚度在 10 ～ 30 毫米）或拱顶粘接泡沫（厚度在 10 ～ 30 毫米）。

f. 平顶式屋顶　即用预制板做屋顶，然后在表面进行防渗处理，屋顶为一平面。纵向通风时，这种屋顶形式鸡舍内气流速度较快。这种鸡舍建造成本比较高，自然通风的效果较差。舍内温度不易控制，防水问题比较难解决。

此外，还有哥德式、锯齿式、折板式等形式的屋顶，这些在鸡舍建筑上很少选用。

② 屋顶的要求　一是坚固防水。屋顶不仅承载本身重量，而且承接着风沙、雨雪的重量；二是保温隔热。屋顶对于鸡舍的冬季保温和夏季隔热都有重要意义。屋顶的保温与隔热作用比墙重要，因为屋顶的面积大于墙体。舍内上部空气温度高，屋顶内外实际温差总是大于外墙内外温差，热量容易散失或进入舍内。三是不透气、光滑、耐久、耐火、结构轻便、简单、造价便宜。任何一种材料不可能兼有防水、保温、承重三种功能，所以正确选择屋顶、处理好三方面的关系，对于保证畜舍环境的控制极为重要。四是屋顶高度适宜。畜舍内的高度以净高来表示，净高指舍内地面至天棚的高，无天棚时指室内地面至屋架下弦的高。一般地区净高 3 ～ 3.5 米，严寒地区为 2.4 ～ 2.7 米。在寒冷地区，适当降低净高有利保温；而在炎

热地区，加大净高则是加强通风、缓和高温影响的有力措施。

（4）天棚　天棚又名顶棚、吊顶、天花板，是将鸡舍与屋顶下空间隔开的结构。天棚的功能主要在于加强鸡舍冬季的保温和夏季的防热，同时也有利于通风换气。天棚上屋顶下的空间称为阁楼，也叫做顶楼。一栋 8 ～ 10 米跨度的鸡舍，其天棚的面积几乎比墙的总面积大 1 倍，而 18 ～ 20 米跨度时大 2.5 倍。在双列式鸡舍中通过天棚失热可达 36%，而四列式鸡舍达 44%，可见天棚对鸡舍环境控制的重要意义。

天棚必须具备保温、隔热、不透水、不透气、坚固、耐久、防潮、耐火、光滑、结构轻便、简单的特点。无论在寒冷的北方或炎热的南方，天棚与屋顶间形成封闭空间，其间不流动的空气就是很好的隔热层，因此，结构严密（不透水、不透气）是保温隔热的重要保证。如果在天棚上铺设足够厚度的保温层（或隔热层），将大大加强天棚的保温隔热作用。

常用的天棚材料有胶合板、矿棉吸音板等，在农村常常可见到草泥、芦苇、草席或塑料布等简易天棚。中小型鸡场使用塑料布或彩条布设置天棚经济实用，保温效果良好。

（5）地面　地面的结构和质量不仅影响鸡舍内的小气候、卫生状况，还会影响鸡体及产品的清洁，甚至影响鸡的健康及生产力。

地面的要求是坚实、致密、平坦、稍有坡度、不透水和有足够的抗机械能力和各种消毒液和消毒方式的能力。

（6）门窗

① 门　对鸡舍门的要求是一律向外开，门口不设台阶及门坎，而是设斜坡，舍内与舍外的高度差 20 ～ 25 厘米。

② 窗　与通风、采光有关。所以对它的数量和形状都有一定要求。通过窗户散失的热量占总散热量的 25% ～ 35%。为加强外围护结构的保温和绝热，要注意窗户面积大小。窗户要设置窗户扇，能根据外界气候变化开启。生产中许多鸡场采用的花砖墙作为窗户给管理带来较大的麻烦，不利于环境控制。

3. 鸡舍的建筑设计要求

（1）要有良好的保温隔热性能　肉用仔鸡饲养日龄短，需要较高的温度，育肥期也需要保持在 18 ～ 22℃，肉用仔鸡育雏期也需要较高温度，所以肉用仔鸡舍和育雏舍应该具有良好的保温性能；育肥期的肉用仔鸡和种用育成鸡、产蛋期不耐高温，易发生热应激，在建筑上还要考虑隔热。

（2）良好的通风设计　高温鸡群易发生热应激，加强舍内通风是抗热应激和降温措施主要的手段之一。所以鸡舍设计时应将通风设计考虑在内，包括电源供给，设备的型号、大小、数量、安装位置等，以便预留安装位，国内通风设备一般采用风扇送风和抽风方式，安装位置应安放在使鸡舍内空气纵向流动的位置，这样通风效果才最好，风扇的数量可根据风扇的功率、鸡舍面积、鸡群数量的多少、气温的高低来进行计算得出。

（3）便于清洁消毒　鸡舍地面要高出自然地面25厘米以上，舍内地面要有2%左右的坡度；地面要用水泥硬化，墙壁、屋顶要平整光滑，有利于鸡舍干燥和清洁消毒。

（4）鸡舍面积适宜　鸡舍面积的大小直接影响鸡的饲养密度，合理的饲养密度可使雏鸡获得足够的活动范围，足够的饮水、采食位置，有利于鸡群的生长发育。密度过高会限制鸡群活动，造成空气污染、温度增高，会诱发啄肛、啄羽等现象，同时，由于拥挤，有些弱鸡经常吃不到饲料，体重不够，造成鸡群均匀度过低。当然，密度过小，会增加设备和人工费用，保温也较困难，通常，雏鸡、中鸡饲养密度为：0～3周龄每平方米20～30只，4～9周龄为每平方米15～20只，10～20周龄为每平方米5～6只。

对于成年产蛋肉种鸡，如为单笼饲养的种鸡，生产上一般是每个单笼面积2米^2，饲养鸡数为18个左右母鸡，2个种公鸡。如为阶梯笼饲养采用人工授精方式的优质肉种鸡，根据每个鸡笼面积大小，一般饲养2～3个母鸡，种公鸡单笼饲养。生产中一个方笼或一组阶梯笼占地面积一般为2米^2。

在平养产蛋种鸡舍中，根据地面类型不同（地面类型有全垫料、条板＋垫料、全条板、全网面等），鸡体型大小不一样，密度有一定的差异，一般每平方米饲养鸡群在6～9只之间。

对于商品肉鸡，其饲养密度以每平方米的地面面积生产肉鸡的重量来确定，按照国内外的经验，这个指标合适的数值是24.5千克。根据此原则，若饲养15000只肉用仔鸡，体重2千克上市，则所需鸡舍总面积为15000只×2千克/只÷24.5千克/平方米=1224.5米^2。

鸡舍跨度一般为9～12米(根据舍内笼具、走道宽度和通风条件而定)，高度(屋檐高度)为2.5～3米，虽然增加高度有利于通风，

但会增加建筑成本，冬季增加保温难度，故鸡舍高度不需太高。

（三）加强场区的环境保护

1. 水源保护

水是保证鸡生存的重要环境因素，也是鸡体的重要组成部分。水量不仅要充足，而且水质也要良好。生产中，水源防护不好被污染，会严重危害鸡群的健康。

（1）水的质量要求　肉鸡饮用水水质标准见表4-3、畜禽饮用水质量见表4-4、饮用水中农药限量指标4-5。

表4-4　畜禽饮用水质量

项目	自备水	地面水	自来水
大肠杆菌值/（个/升）	3	3	
细菌总数/（个/升）	100	200	
pH值	5.5～8.5		
总硬度/（毫克/升）	600		
溶解性总固体/（毫克/升）	2000		
铅/（毫克/升）	Ⅳ地下水标准	Ⅳ地面水标准	饮用水标准
铬/（六价）/（毫克/升）	Ⅳ地下水标准	Ⅳ地面水标准	饮用水标准

表4-5　畜禽饮用水中农药限量指标　单位：毫克/毫升

项目	马拉硫磷	内吸磷	甲基对硫磷	对硫磷	乐果	林丹	百菌清	甲萘威	2-4-D
限量	0.25	0.03	0.02	0.003	0.08	0.004	0.01	0.05	0.1

（2）鸡场水源污染的原因　鸡场水源污染的原因。一是废水和污水污染。被含有有机物质、无机悬浮物质和放射性物质等工业废水污染，被有大量的有机物、病原微生物、寄生虫或虫卵等的生活污水以及畜牧业生产污水污染。二是农药和化肥污染。水源靠近农药厂、化肥厂，农药厂、化肥厂排放的大量废水污染水源，或长期滥用农药、不合理施用化肥引起水源污染。三是水生植物分解物污染。水体中水生植物如水草、藻类等大量死亡，残体分解，造成对水体的污染。

（3）水源的卫生防护　不同地区的鸡场有不同类型的水源，其卫生防护要求不同。

①地面水　主要以河水、湖水和池塘水等作为水源，使用时应注意：

一是取水点附近及上游不能有任何污染源；二是在取水处可设置汲水踏板或建汲水码头伸入河、湖、池塘中，以便能汲取远离岸边的清洁水；三是可以在岸边建自然渗滤井或沙滤井，以改善地面水的水质。

② 地下水　通过水井取水，注意：一是选择合适的水井位置。水井设在管理区内，地势高燥处，防止雨水、污水倒流引起污染。远离厕所、粪坑、垃圾堆、废渣堆等污染源。二是水井结构良好。井台要高出地面，使地面水不能从四周流入井内。井壁使用水泥、石块等材料，以防地面水漏入。井底用沙、石、多孔水泥板做材料，以防搅动底部泥沙。

③ 水的净化与消毒　定期检测水的质量，根据情况对饮用水进行净化（沉淀、过滤）和消毒处理，改善水质的物理性状和杀灭水中的病原体。一般地，混浊的地面水需要沉淀、过滤和消毒，较清洁的地下水，只需消毒处理即可。处理和消毒方法见表 4-6。

表 4-6　处理和消毒方法

沉淀	自然沉淀	地面水中常含有泥沙等悬浮物和胶体物质，因而使水的混浊度较大，水中较大的悬浮物质可因重力作用而逐渐下沉，从而使水得到初步澄清，称为自然沉淀
	混凝沉淀	悬浮在水中的微小胶体粒子多带有负电荷，胶体粒子彼此之间互相排斥，不能凝集成较大的颗粒，故可长期悬浮而不沉淀。这种水在加入一定的混凝剂后能使水中的悬浮颗粒凝集而形成较大的絮状物而沉淀，称之为混凝沉淀。这种絮状物表面积和吸附力均较大，可吸附一些不带电荷的悬浮微粒及病原体而共同沉降，因而使水的物理性状得到较大的改善，同时减少 90%左右的病原微生物。常用的混凝剂有硫酸铝、碱式氯化铝、明矾、硫酸亚铁等
过滤		过滤是使水通过滤料而得到净化。过滤净化水的原理。一是隔滤作用。水中悬浮物粒子大于滤料的孔隙者，不能通过滤层而被阻留。二是沉淀和吸附作用。水中比砂粒间的空隙还小的微小物质如细菌、胶体粒子等，不能被滤层隔滤，但当通过滤层时，即沉淀在滤料表面上。滤料表面因胶体物质和细菌的沉淀而形成胶质的、具有较强吸附力的生物滤膜，它可吸附水中的微小粒子和病原体。通过过滤可除去 80%～90%以上的细菌及 99%左右的悬浮物，也可除去臭、味、色度及寄生虫等。常用的滤料有砂、无毒的矿渣、煤渣、碎石等，甚至瓶盖。要求滤料必须无毒
消毒		鸡场常用的消毒方法还是化学消毒法。即在水中加入消毒剂（氯或含有效氯的化合物，如漂白粉、漂白粉精、液态氯、二氧化氯等比较常用）杀死水中的病原微生物

2. 污水处理

肉鸡场必须专设排水设施，以便及时排除雨、雪水及生产污水。全场排水网分主干和支干，主干主要是配合道路网设置的路旁排水沟，将全场地面径流或污水汇集到几条主干道内排出；支干主要是设于场地其他地方的排水沟，利用场地倾斜度，使水流入沟中排走。排水沟的宽度和深度可根据地势和排水量而定，沟底、沟壁应夯实，暗沟可用水管或砖砌，如暗沟过长（超过 200 米），应增设沉淀井，以免污物淤塞，影响排水。但应注意，沉淀井距供水水源应在 200 米以上，以免造成污染。

3. 灭鼠

鼠是人、畜多种传染病的传播媒介，鼠还盗食饲料和禽蛋，咬死雏禽，咬坏物品，污染饲料和饮水，危害极大，鸡场必须加强灭鼠。

（1）防止鼠类进入建筑物　鼠类多从墙基、天窗、瓦顶等处窜入室内，在设计施工时注意：墙基最好用水泥制成，碎石和砖砌的墙基，应用灰浆抹缝。墙面应平直光滑，防鼠沿粗糙墙面攀登。砌缝不严的空心墙体，易使鼠隐匿营巢，要填补抹平。为防止鼠类爬上屋顶，可将墙角处做成圆弧形。墙体上部与天棚衔接处应砌实，不留空隙。瓦顶房屋应缩小瓦缝和瓦、椽间的空隙并填实。用砖、石铺设的地面和畜床，应衔接紧密并用水泥灰浆填缝。各种管道周围要用水泥填平。通气孔、地脚窗、排水沟（粪尿沟）出口均应安装孔径小于 1 厘米 的铁丝网，以防鼠窜入。

（2）器械灭鼠　器械灭鼠方法简单易行，效果可靠，对人、畜无害。灭鼠器械种类繁多，主要有夹、关、压、卡、翻、扣、淹、粘、电等。近年来还研究和采用电灭鼠和超声波灭鼠等方法。

（3）化学灭鼠　化学灭鼠效率高、使用方便、成本低、见效快，缺点是能引起人、畜中毒，有些鼠对药剂有选择性、拒食性和耐药性。所以，使用时须选好药剂和注意使用方法，以保安全有效。灭鼠药剂种类很多，主要有灭鼠剂、熏蒸剂、烟剂、化学绝育剂等。鸡场化学灭鼠应当使用慢性长效灭鼠药，如溴敌隆、敌鼠钠盐等。

鸡场化学灭鼠要注意定期和长期结合。定期灭鼠有三个时机。一是在鸡群淘汰后，切断水源，清走饲料，投放毒饵的效果最好。二是在春季鼠类繁殖高峰，此时的杀灭效果也较高。三是秋季天气渐冷，

外部的老鼠迁入舍内之际。在这三种情况下，灭鼠能达到事半功倍的效果；长期灭鼠的方法是在室内外老鼠活动的地方放置一些毒饵盒，毒饵盒要让老鼠容易进入和通过而其他动物不能接触毒饵，要经常更换毒饵。

鸡场的鼠类以孵化室、饲料库、鸡舍最多，是灭鼠的重点场所。饲料库可用熏蒸剂毒杀。投放毒饵时，要防止毒饵混入饲料中即可。鼠尸应及时清理，以防被人、畜误食而发生二次中毒。选用鼠长期吃惯了的食物做饵料，突然投放，饵料充足，分布广泛，以保证灭鼠的效果。

4. 灭昆虫

鸡场易滋生蚊、蝇等有害昆虫，骚扰人、畜和传播疾病，给人、畜健康带来危害，应采取综合措施杀灭。

（1）环境卫生　搞好鸡场环境卫生，保持环境清洁、干燥，是杀灭蚊、蝇的基本措施。蚊虫需在水中产卵、孵化和发育，蝇蛆也需在潮湿的环境及粪便等废弃物中生长。因此，填平无用的污水池、土坑、水沟和洼地。保持排水系统畅通，对阴沟、沟渠等定期疏通，勿使污水储积。对储水池等容器加盖，以防蚊、蝇飞入产卵。对不能清除或加盖的防火储水器，在蚊、蝇滋生季节，应定期换水。永久性水体（如鱼塘、池塘等），蚊虫多滋生在水浅而有植被的边缘区域，修整边岸，加大坡度和填充浅湾，能有效地防止蚊虫单生。畜舍内的粪便应定时清除，并及时处理，储粪池应加盖并保持四周环境的清洁。

（2）化学杀灭　化学杀灭是使用天然或合成的毒物，以不同的剂型（粉剂、乳剂、油剂、水悬剂、颗粒剂、缓释剂等），通过不同途径（胃毒、触杀、熏杀、内吸等），毒杀或驱逐蚊、蝇。化学杀虫法具有使用方便、见效快等优点，是当前杀灭蚊、蝇的较好方法。

常用的药物有马拉硫磷（为有机磷杀虫剂。它是世界卫生组织推荐用的室内滞留喷洒杀虫剂，其杀虫作用强而快，具有胃毒、触毒作用，也可作熏杀，杀虫范围广，可杀灭蚊、蝇、蛆、虱等，对人、禽的毒害小，故适于禽舍内使用）、敌敌畏（为有机磷杀虫剂。具有胃毒、触毒和熏杀作用，杀虫范围广，可杀灭蚊、蝇等多种害虫，杀虫效果好。但对人、禽有较大毒害，易被皮肤吸收而中毒，故在禽舍内使用时，应特别注意安全）、合成拟菊酯（是一种神经毒药剂，可

使蚊、蝇等迅速呈现神经麻痹而死亡。杀虫力强，特别是对蚊的毒效比敌敌畏、马拉硫磷等高10倍以上，对蝇类，因不产生抗药性，故可长期使用）。

（3）物理杀灭　利用机械方法以及光、声、电等物理方法，捕杀、诱杀或驱逐蚊、蝇。我国生产的多种紫外线光或其他光诱器，特别是四周装有电栅，通有将220伏变为5500伏的10毫安电流的蚊、蝇光诱器，效果良好。此外，还有可以发出声波或超声波并能将蚊、蝇驱逐的电子驱蚊器等，都具有防除效果。

（4）生物杀灭　利用天敌杀灭害虫，如池塘养鱼即可达到鱼类治蚊的目的。此外，应用细菌制剂——内毒素杀灭吸血蚊的幼虫，效果良好。

5. 尸体处理

鸡的尸体能很快分解腐败，散发恶臭，污染环境。特别是传染病病鸡的尸体，其病原微生物会污染大气、水源和土壤，造成疾病的传播与蔓延。因此，必须正确而及时地处理死鸡，坚决不能图一己私利而出售。

（1）焚烧法　焚烧也是一种较完善的方法，但不能利用产品，且成本高，故不常用。但对一些危害人、禽健康极为严重的传染病病畜的尸体，仍有必要采用此法。焚烧时，先在地上挖一十字形沟（沟长约2.6米，宽0.6米，深0.5米），在沟的底部放木柴和干草作引火用，于十字沟交叉处铺上横木，其上放置禽尸，禽尸四周用木柴围上，然后洒上煤油焚烧。或用专门的焚烧炉焚烧。

（2）高温理法　此法是将死鸡放入特设的高温锅（150℃）内熬煮，达到彻底消毒的目的。鸡场也可用普通大锅，经100℃以上的高温熬煮处理。此法可保留一部分有价值的产品，但要注意熬煮的温度和时间，必须达到消毒的要求。

（3）土埋法　是利用土壤的自净作用使其无害化。此法虽简单但不理想，因其无害化过程缓慢，某些病原微生物能长期生存，从而污染土壤和地下水，并会造成二次污染。采用土埋法，必须遵守卫生要求，即埋尸坑应远离禽舍、放牧地、居民点和水源，地势高燥，死鸡掩埋深度不小于2米，死鸡四周应洒上消毒药剂，埋尸坑四周最好设栅栏并做上标记。

在处理禽尸时，不论采用哪种方法，都必须将病禽的排泄物、各种废弃物等一并进行处理，以免造成环境污染。

6. 垫料处理

有的鸡场采用地面平养（特别是育雏育成期）多使用垫料，使用垫料对改善环境条件具有重要意义。垫料具有保暖、吸潮和吸收有害气体等作用，可以降低舍内湿度和有害气体浓度，保证一个舒适、温暖的小气候环境。选择的垫料应具有导热性低、吸水性强、柔软、无毒、对皮肤无刺激性等特性，并要求来源广、成本低、适于做肥料和便于无害化处理。常用的垫料有稻草、麦秸、稻壳、树叶、野干草、植物藤蔓、刨花、锯末、泥炭和干土等。近年来，还采用橡胶、塑料等制成的厩垫以取代天然垫料。

7. 环境消毒

消毒可以预防和阻止疫病发生、传播和蔓延。鸡场环境消毒是卫生防疫工作的重要部分。随着养鸡业集约化经营的发展，消毒对预防疫病的发生和蔓延具有更重要的意义。

（四）肉鸡舍内环境控制

影响鸡群生活和生产的主要环境因素有空气温度、湿度、气流、光照、有害气体、微粒、微生物、噪声等。在科学合理的设计和建筑鸡舍、配备必需设备设施以及保证良好的场区环境的基础上，加强对鸡舍环境管理来保证舍内温度、湿度、气流、光照和空气中有害气体和微粒、微生物、噪声等条件适宜，保证鸡舍良好的小气候，为鸡群的健康和生产性能提高创造条件。

1. 舍内温度控制

温度是主要环境因素之一，舍内温度的过高过低都会影响鸡体的健康和生产性能的发挥。舍内温度的高低受到舍内热量的多少和散失难易的影响。舍内热量冬季主要来源于鸡体的散热，夏季几乎完全受外界气温的影响，如果鸡舍具有良好的保温隔热性能，则可减少冬季舍内热量的散失（一般鸡舍的热量有 36% ～ 44% 是通过天棚和屋顶散失的。因为屋顶的散热面积大，内外温差大。如一栋 8 ～ 10 米跨度的鸡舍其天棚的面积几乎比墙的面积大一倍，而 18 ～ 20 米跨度时大 2.5 倍，设置天棚，可以减少热量的散失和辐射热的进入；

有35%～40%热量是通过四周墙壁散失的，散热的多少取决于建筑材料、结构、厚度、施工情况和门窗情况；另外有12%～15%是通过地面散失的，鸡在地面上活动散热。冬季，舍内热量的散失情况取决于外围护结构的保温隔热能力）而维持较高的舍内温度，同时，可减少夏季太阳辐射热进入鸡舍而避免舍内温度过高。

（1）舍内温度对鸡体的影响

① 影响鸡体热调节　动物生命活动过程中伴随着产热和散热两个过程，动物机体产热和散热是保持对立过程的动态平衡，只有保持动态平衡，才能维持鸡体体温恒定。鸡是恒温动物，在一定范围的环境温度下，通过自身的热调节过程能够保持体温恒定。舍内温度过高的情况下，体内的热量散失困难，体内蓄热，导致体温升高，发生热应激，严重者导致热射病引起死亡；舍内温度过低的情况下，如果饲料供应充足，鸡能够充足活动，对育成后期和成年鸡危害较小，但对雏鸡影响较大；温度的忽高忽低，对雏鸡的健康和生长产生严重的不良反应。育雏温度的骤然下降雏鸡会发生严重的血管反应，循环衰竭，窒息死亡。忽冷忽热，雏鸡很难适应，不仅影响生长发育，而且影响抗体水平，抵抗力差，易发生疾病。

② 影响鸡的抵抗力　温度影响鸡的免疫状态。高温对鸡体液免疫和细胞免疫都有不良影响，高温时间越长，影响程度越大；气温会影响鸡的疾病愈后。许多微生物如巴氏杆菌、大肠杆菌、新城疫病毒和传染性胃肠炎病毒等感染，引起发病，温度过高过低加重病情和延长病愈时间。所以在冬季，鸡群发生疾病时要适当提高舍内温度，有利于病愈。温度过低，雏鸡的沙门菌感染率增高（现在育雏温度比过去稍有提高，可以减少沙门菌的感染率），马立克病的发生率提高，传染性呼吸道病容易发生等。

③ 间接致病　一定的环境温度和湿度有利于病原体和媒介虫类的生存繁殖从而危害鸡体健康。如各种寄生虫卵及幼虫在体外存活时间明显受环境影响。鸡沙门菌，气温从28℃升高到37℃其复活率、感染率下降而失活。

④ 影响鸡群的营养状态和饲养管理　天气炎热采食量下降，营养供应不足，最后导致营养不良，鸡抵抗力下降，容易发病；饲料易酸败变质和发生霉变，饲料利用率下降，容易出现消化不良和发生曲霉菌病或黄曲霉毒素中毒。天气寒冷，采食升高，代谢增强，如饲料供应不足，也会造成营养不良，抵抗力下降。冬季鸡舍密封过紧，通风

不良易引起呼吸道疾病等。

⑤ 影响生产性能　不同种类、不同性别、不同饲养条件和不同饲养阶段的鸡对环境温度有不同的要求，如果温度不适宜，会影响生长和生产。如肉用雏鸡出壳后需要35℃左右的温度，温度过高，雏鸡采食少，生长慢。温度过低，容易拥挤叠堆，影响采食和饮水，生长速度慢，甚至发病死亡；育肥期适宜的温度是20℃左右，温度过高时采食减少而生长缓慢。温度过低时维持体温需要的能量增加，采食多，饲料转化率降低。

（2）适宜的舍内温度　肉仔鸡的温度要求见表4-7；育成鸡和成鸡的适宜温度为14～16℃。

表4-7　肉仔鸡的温度要求（离鸡背平行高度的温度）

日龄/日	1～2	3～4	5～7	8～14	15～21	22～28	29日至出栏
育雏温度/℃	33～35	31～33	29～33	27～29	24～26	21～23	18～21

（3）舍内温度的控制措施

① 育雏舍温度控制

一是提高育雏舍的保温隔热性能。育雏舍的保温隔热性能不仅影响到育雏温度的维持和稳定，而且影响到燃料成本费用的高低。生产中，有的育雏舍过于简陋，如屋顶一层石棉瓦或屋顶很薄，大量的热量逸出舍外，育雏温度很难达到和保持。屋顶和墙壁是育雏舍最易散热的部位，要达到一定的厚度，要选择隔热材料，结构要合理，屋顶最好设置天棚。天棚可以选用塑料布、彩条布等隔热性能好、廉价、方便的材料。育雏舍要避开狭长谷地或冬季的风口地带，因为这些地方冬季风多风大，舍内温度不易稳定。

二是供温设施要稳定可靠。根据本场情况选择适宜的供温设备。大中型鸡场一般选用热气、热水和热风炉供温，小型鸡场和专业户多选用火炉供温。无论选用什么样的供温设备，安装好后一定要试温，通过试温，观察能不能达到育雏温度，达到育雏温度需要多长时间，温度稳定不稳定，受外界气候影响大小等。供温设备应能满足一年四季需要，特别是冬季的供温需要。如果不能达到要求的温度，一定采取措施加以解决，雏鸡入舍后温度上不去再采取措施一方面也不可能很快奏效，另一方面会影响一系列工作安排，如开食、饮水、消毒、疾病预防等，必然带来一定损失。观察开启供温设备后多长时间温度

可以升到育雏温度，这样，可以在雏鸡入舍前适宜的时间开始供温，使温度提前上升到育雏温度，然后稳定 1 ～ 2 天再让雏鸡入舍。

三是正确测定温度。育雏温度的温度测定用普通温度计即可，但育雏前对温度计校正，做上记号；温度计的位置直接影响到育雏温度的准确性，温度计位置过高测得的温度比要求的育雏温度低而影响育雏效果的情况生产中常有出现。使用保姆伞育雏，温度计挂在距伞边缘 15 厘米，高度与鸡背相平（大约距地面 5 厘米）处。暖房式加温，温度计挂在距地面、网面或笼底面 5 厘米高处。育雏期不仅要保证适宜的育雏温度，还要保证适宜的舍内温度。

四是增强育雏人员责任心。育雏是一项专业性较强的工作，所以育雏前对育雏人员进行培训或学习一点有关的育雏知识，以提高技术技能。同时要实行一定的生产责任制，奖勤罚懒，提高工作积极性，增强责任心。

五是防止育雏温度过高。夏季育雏时，由于外界温度高，如果育雏舍隔热性能不良，舍内饲养密度过高，会出现温度过高的情况。可以通过加强通风、喷水蒸发降温等方式降低舍内温度。

② 育肥舍温度控制　育肥舍温度容易受到季节影响，如夏季气温高，天气炎热，鸡舍内的温度也高，鸡群容易发生热应激；而冬季，气温低，寒风多，舍内温度也低，影响饲料转化率。春季和秋季，舍外气温适中，舍内温度也较为适宜和容易控制。我国开放式和半开放式鸡舍较多，受舍外气温影响大，特别要做好冬季和夏季舍内温度的控制工作，即冬季要保温，夏季要降温，保证鸡舍温度适宜稳定。

一是冬季防寒保温措施。育肥鸡（4 周龄以后）对温度，特别是低温的适应能力大大增强，环境温度在 14 ～ 30℃的范围内变化，鸡自身可通过各种途径来调节其体温。但温度较低时会增加饲料消耗，所以冬季要采取措施防寒保暖，使舍内温度维持在 18℃以上（最低不能低于 15℃）。

a. 减少鸡舍散热量　冬季舍内外温差大，鸡舍内热量易散失，散失的多少与鸡舍墙壁和屋顶的保温性有关，加强鸡舍保温管理有利于减少舍内热量散失和舍内温度稳定。冬季开放舍要用隔热材料如塑料布封闭敞开部分，北墙窗户可用双层塑料布封严；鸡舍所有的门最好挂上棉帘或草帘；屋顶可用塑料薄膜制作简易天花板，墙壁特别是北墙窗户晚上挂上草帘可增强屋顶和墙壁的保温性能，可

提高舍温3～5℃。密闭舍在保证舍内空气新鲜的前提下尽量减少通风量。

b. 防止冷风吹袭机体　舍内冷风可以来自墙、门、窗等缝隙和进出气口、粪沟的出粪口，局部风速可达4～5米/秒，使局部温度下降，影响鸡的生产性能，冷风直吹鸡体，增加鸡体散热，甚至引起伤风感冒。冬季到来前要检修好鸡舍，堵塞缝隙，进出气口加设挡板，出粪口安装插板，防止冷风对鸡体的侵袭。

c. 防止鸡体淋湿　鸡的羽毛有较好的保温性，如果淋湿，保温性差，极大增加鸡体散热，降低鸡的抗寒能力。要经常检修饮水系统，避免水管、饮水器或水槽漏水而淋湿鸡的羽毛和料槽中的饲料。

d. 采暖保温　对保温性能差的鸡舍，鸡群数量又少，光靠鸡群自温难以维持所需舍温时，应采暖保温。有条件的鸡场可利用煤炉、热风机、热水、热气等设备供暖，保持适宜的舍温，提高产蛋率，减少饲料消耗。

二是夏季防暑降温措施。鸡体缺乏汗腺，对热较为敏感，特别是肉鸡，体大肥胖，易发生热应激，影响生长，甚至引起死亡。如肉鸡育肥期最适宜温度范围是18～21℃，高于25℃生长速度会明显下降，高于32℃以上就可能由于热应激而引起死亡。因此注重防暑降温。

a. 隔热降温　在鸡舍屋顶铺盖15～20厘米厚的稻草、秸秆等垫草，或设置通风屋顶，可降低舍内温度3～5℃；屋顶涂白增强屋顶的反射能力，有利于加强屋顶隔热；在鸡舍周围种植高大的乔木形成阴凉或在鸡舍南侧、西侧种植爬壁植物，搭建遮阳棚，减少太阳的辐射热。

b. 通风降温　鸡舍内安装必要有效的通风设备，定期对设备进行维修和保养，使设备正常运转，提高鸡舍的空气对流速度，有利于缓解热应激。封闭舍或容易封闭的开放舍，可采用负压纵向通风，在进气口安装湿帘降温效果良好（市场出售的湿帘投资大，可自己设计砖孔湿帘），不能封闭的鸡舍，可采用正压通风即送风，在每列鸡笼下两端设置高效率风机向舍内送风，加大舍内空气流动，有利于减少死亡率。

c. 喷水降温　在鸡舍内安装喷雾装置定期进行喷雾，水汽的蒸发吸收鸡舍内大量热量，降低舍内温度；舍温过高时，可向鸡头、鸡冠、鸡身进行喷淋，促进体热散发，减少热应激死亡。也可

在鸡舍屋顶外安装喷淋装置，使水从屋顶流下，形成湿润凉爽的小气候环境。喷水降温时一定要加大通风换气量，防止舍内湿度过高。

d. 降低饲养密度　饲养密度降低，单位空间产热量减少，有利于舍内温度降低。夏季肉鸡育肥时，饲养密度可降低 15% ～ 20%；或及时销售达到体重标准的肉鸡，减少鸡舍中鸡数。

其他季节可以通过保持适宜的通风量和调节鸡舍门窗面积来维持鸡舍适宜温度。

2. 舍内湿度控制

湿度是指空气的潮湿程度，养鸡生产中常用相对湿度表示。相对湿度是指空气中实际水汽压与饱和水汽压的百分比。鸡体排泄和舍内水分的蒸发都可以产生水汽而增加舍内湿度。舍内上下湿度大，中间湿度小（封闭舍）。如果夏季门窗大开，通风良好，差异不大。保温隔热不良的鸡舍，空气潮湿，当气温变化大时，气温下降时容易达到露点，凝聚为雾。虽然舍内温度未达露点，但由于墙壁、地面和天棚的导热性强，温度达到露点，即在鸡舍内表面凝聚为液体或固体，甚至由水变成冰。水渗入围护结构的内部，气温升高时，水又蒸发出来，使舍内的湿度经常很高。潮湿的外围护结构保温隔热性能下降，常见天棚、墙壁生长绿霉、灰泥脱落等。

（1）湿度对鸡体的影响　气湿作为单一因子对鸡的影响不大，常与温度、气流等因素一起对鸡体产生一定影响。

① 高温高湿　高温高湿影响鸡体的热调节，加剧高温的不良反应，破坏热平衡。高温时，鸡体主要依靠蒸发散热，而蒸发散热量正比于鸡体蒸发面皮肤和呼吸道水汽压与空气水汽压之差，舍内空气湿度大，空气水汽压升高，鸡体蒸发面（皮肤和呼吸道）水汽压与空气水汽压变小，不利于蒸发散热，加重机体热调节负担，热应激更严重；高温高湿，鸡体的抵抗力降低，有利于传染病发生，传染病的发生率提高，机体病后沉重；高温高湿，有利于病原的存活和繁殖。如有利于球虫病的传播；有利于细菌如大肠杆菌、布氏杆菌、鼻疽放线菌的存活；有利于病毒的存活，如无囊膜病毒；有利于真菌的滋生，如湿疹、疥癣、霉菌等的滋生繁殖。高温高湿季节，鸡的寄生虫病、皮肤病和霉菌病及中毒症容易发生。

② 低温高湿　低温高湿时机体的散热容易，潮湿的空气使鸡的羽毛潮湿，保温性能下降，鸡体感到更加寒冷，加剧了冷应激。鸡易

患感冒性疾病，如风湿症、关节炎、肌肉炎、神经痛等，以及消化道疾病（下痢）。寒冷冬季，相对湿度＞85%，生产性能和饲料转化率都显著下降。

③ 低湿　高温低湿的环境中，能使鸡体皮肤或外露的黏膜发生干裂，降低了对微生物的防卫能力；低湿有利于尘埃飞扬，鸡吸入呼吸道后，尘埃可以刺激鼻黏膜和呼吸道黏膜，同时尘埃中的病原一旦进入体内，容易感染或诱发呼吸道疾病，特别是慢呼。低湿造成雏鸡脱水，不利于羽毛生长，易发生啄癖。有利于某些病原菌的成活（如白色葡萄球菌、金黄色葡萄球菌、鸡的沙门杆菌）以及具有包囊病毒的存活。

（2）舍内适宜的湿度　育雏前期（0～15日龄），舍内相对湿度应保持在75%左右；其他鸡舍保持在60%～65%。

（3）舍内湿度调节措施

① 舍内相对湿度低时的措施　可在舍内地面散水或用喷雾器在地面和墙壁上喷水，水的蒸发可以提高舍内湿度。育雏期间要提高舍内湿度，可以在加温的火炉上放置水壶或水锅，使水蒸发提高舍内湿度，可以避免喷洒凉水引起的舍内温度降低或雏鸡受凉感冒。

② 当舍内相对湿度过高时的措施　一是加大换气量。通过通风换气，驱除舍内多余的水汽，换进较为干燥的新鲜空气。舍内温度低时，要适当提高舍内温度，避免通风换气引起舍内温度下降。二是提高舍内温度。舍内空气水汽含量不变，提高舍内温度可以增大饱和水汽压，降低舍内相对湿度。特别是冬季或雏鸡舍，加大通风换气量对舍内温度影响大，可提高舍内温度。

③ 防潮措施　鸡较喜欢干燥，潮湿的空气环境与高温度协同作用，容易对鸡产生不良影响，所以，应该保证鸡舍干燥。保证鸡舍干燥需要做好鸡舍防潮，除了选择地势高燥，排水好的场地外，可采取如下措施。一是鸡舍墙基设置防潮层，新建鸡舍待干燥后使用，特别是育雏舍。有的刚建好育雏舍就立即使用，由于育雏舍密封严密，舍内温度高，没有干燥的外围护结构中存在的大量水分很容易蒸发出来，使舍内相对湿度一直处于较高的水平。晚上温度低的情况下，大量的水汽变成水在天棚和墙壁上附着，舍内的热量容易散失。二是舍内排水系统畅通，粪尿、污水及时清理。三是尽量减少舍内用水。舍内用水量大，舍内湿度容易提高。防止饮水设

备漏水，能够在舍外洗刷的用具可以在舍外洗刷或洗刷后的污水立即排到舍外，不要在舍内随处抛撒。四是保持舍内较高的温度，使舍内温度经常处于露点以上。五是使用垫草或防潮剂，及时更换污浊潮湿的垫草。

3. 饲养密度控制

饲养密度是指每平方米面积容纳的鸡数。饲养密度直接影响肉鸡的生长发育。影响肉用仔鸡饲养密度的因素主要有品种、周龄与体重、饲养方式、房舍结构及地理位置等。一般来说，房舍的结构合理，通风良好，饲养密度可适当大些，笼养密度大于网上平养，而网上平养又大于地面厚垫料平养。体重大的饲养密度小，体重小，饲养密度可大些。

如果饲养密度过大，舍内的氨气、二氧化碳、硫化氢等有害气体增加，相对湿度增大，厚垫料平养的垫料易潮湿，肉用仔鸡的活动受到限制，生长发育受阻，鸡群生长不齐，残次品增多，增重受到影响，易发生胸囊肿、足垫炎、瘫痪等疾病，发病率和死亡率偏高。若饲养密度过小，虽然肉用仔鸡的增重效果较好，但房舍利用率降低，饲养成本增加。肉用仔鸡适宜的饲养密度见表 4-8。

表 4-8　不同饲养方式的饲养密度

日　龄	地面平养 /（只 / 米 ^{2}）	网上平养 /（只 / 米 ^{2}）	立体笼养 /（只 / 米 ^{2}）
12 小时前	70 ～ 80	70 ～ 80	70 ～ 80
1 ～ 4 天	35 ～ 40	35 ～ 40	35 ～ 40
5 ～ 12 天	20 ～ 25	20 ～ 25	20 ～ 25
13 ～ 20 天	17 ～ 20	17 ～ 20	17 ～ 20
21 天以后	10 ～ 12	11 ～ 13	13 ～ 15

注：冬季饲养取最大值；夏季饲养取最小值。

4. 舍内气流控制

肉鸡生长发育快，对空气条件要求高，如果空气污浊，危害更加严重，所以舍内空气新鲜和适当流通是养好肉用仔鸡的重要条件，洁净新鲜的空气可使肉用仔鸡维持正常的新陈代谢，保持健康，发挥出最佳生产性能。肉用仔鸡在不同的外界温度、周龄与体重时所需要的通风换气量见表 4-9。

表 4-9 肉用仔鸡的通风换气量 单位：立方米 /（只·分钟）

外界温度 /℃	周龄 / 周	2	3	4	5	6	7	8
	体重 / 千克	0.35	0.70	1.10	1.50	2.00	2.45	2.90
15		0.012	0.035	0.05	0.07	0.09	0.11	0.15
20		0.014	0.040	0.06	0.08	0.10	0.12	0.17
25		0.016	0.045	0.07	0.09	0.12	0.14	0.20
30		0.02	0.05	0.08	0.10	0.14	0.16	0.21
30		0.06	0.06	0.09	0.12	0.15	0.18	0.22

保证肉鸡舍适宜的通风量（气流速度），应该科学合理地设计窗户和设置进排气口（见通风设计部分），并保证通风系统正常运转。

5. 舍内光照控制

（1）肉鸡的光照方案

① 肉用种鸡的光照方案　肉用种鸡多采用渐减的光照方案。密闭舍光照方案见表 4-10。

表 4-10 密闭舍肉用种鸡光照参考方案

周龄	光照时数 / 小时	光照强度 / 勒克斯	周龄	光照时数 / 小时	光照强度 / 勒克斯
1～2 天	23	20～30	21 周	11	35～40
3～7 天	20	20～30	22 周	12	35～40
2 周	16	10～15	23 周	13	35～40
3 周	12	15～20	24 周	15	35～40
4～20 周	8	10～15	25～68 周	16	45～60

开放舍或有窗舍由于受外界自然光照影响，需要根据外界自然光照变化制订光照方案。光照方案见表 1-10。

② 肉用仔鸡光照方案

一种方案是连续光照。施行 24 小时全天连续光照，或施行 23 小时连续光照，1 小时黑暗。黑暗 1 小时的目的是为了防止停电，使肉用仔鸡能够适应和习惯黑暗的环境，不会因停电而造成鸡群拥挤窒息。有窗鸡舍，可以白天借助于太阳光的自然光照，夜间施行人工

补光。另外还有一种连续光照，见表 4-11。

表 4-11　肉鸡的连续光照方案

日龄 / 天	光照时间 / 小时	黑暗时间 / 小时	光照强度 / 勒克斯
0 ～ 3	22 ～ 24	0 ～ 2	20
4 ～ 7	18	6	20
8 ～ 14	14	10	5
15 ～ 21	16 ～ 18	6 ～ 8	5
22 ～ 28	18	6	5
29 ～上市	23	1	5

注：在生产中光照强度的掌握是，若灯头高度 2 米左右，1 ～ 7 日龄为 4 ～ 5 瓦 / 米^2；8 ～ 21 日龄为 2 ～ 3 瓦 / 米^2；22 日龄以后为 1 瓦 / 米^2 左右。

另一种方案是间歇光照。指光照和黑暗交替进行，即全天进行 1 小时光照、3 小时黑暗或 1 小时光照、2 小时黑暗交替。国外或我国一些大型的密闭鸡舍采用此方式。大量的试验研究表明，施行间歇光照的饲养效果好于连续光照。但采用间歇光照方式，鸡舍必须能够完全保持黑暗，同时，必须具备足够的吃料和饮水槽位。

（2）光照控制注意事项

① 保持舍内光照均匀　采光窗要均匀布置；安装人工光源时，光源数量适当增加，功率降低，并布置均匀，有利于舍内光线均匀。

② 保证光照系统正常使用　光源要安装碟形灯罩；经常检查更换灯炮，经常用干抹布把灯泡或灯管擦干净，以保持清洁，提高照明效率。

6. 舍内有害气体控制

鸡舍内鸡群密集，呼吸、排泄物和生产过程的有机物分解，有害气体成分要比舍外空气成分复杂和含量高。鸡舍中的有害气体主要有氨气、硫化氢、二氧化碳、一氧化碳和甲烷。在规模养鸡生产中，这些气体污染鸡舍环境，引起鸡群发病或生产性能下降，降低养鸡生产效益。

（1）舍内有害气体的种类和分布　见表 4-12。

表 4-12 主要有害气体的种类和分布

种类	理化特性	来源与分布	标准 /（毫克 / 米^3）
氨	无色，具有刺激性臭味，与同容积干洁空气比为 0.593，比空气轻，易溶于水，在 0℃时，1 升水可溶解 907 克氨	禽舍空气中的氨来源于家禽粪尿、饲料残渣和垫草等有机物分解的产物。舍内含量多少决定于家禽的密集程度、禽舍地面的结构、舍内通风换气情况和舍内管理水平。上下含量高，中间含量低	雏禽舍 10；成禽舍 15
硫化氢	无色、易挥发的恶臭气体，与同容积干洁空气比为 1.19，比空气重，易溶于水，1 体积水可溶解 4.65 体积的硫化氢	禽舍空气中的氨来源于含硫有机物的分解。当家禽采食富含蛋白质饲料而又消化不良时排出大量的硫化氢。粪便厌氧分解也可产生或破损蛋腐败发酵产生。硫化氢产自地面和禽床，比重大，故愈接近地面浓度愈大	雏禽舍 2；成禽舍 10
二氧化碳	无色、无臭、无毒、略带酸味气体。比空气重，比重为 1.524，相对分子质量 44.01	鸡舍中的二氧化碳主要来源于鸡的呼吸。二氧化碳比重大于空气，聚集在地面上	1500
一氧化碳	无色、无味、无臭气体，比重 0.967	舍中的一氧化碳来源于火炉取暖的煤炭不完全的燃烧，特别是冬季夜间禽舍封闭严密、通风不良，可达到中毒程度	

（2）有害气体的危害

① 引起慢性中毒　氨和硫化氢含量高，鸡体质变弱，表现精神萎靡，抗病力下降，对某些病敏感（如对结核病、大肠杆菌、肺炎球菌感染过程显著加快），采食量、生产性能下降（慢性中毒）；二氧化碳和一氧化碳含量高，易造成缺氧肉鸡生长缓慢，抵抗力减弱，容易发生腹水症；高浓度氨可以通过肺泡进入血流与血红蛋白结合置换氧基破坏血液的运氧功能；可直接刺激体组织引起碱性化学性灼伤，使组织溶解坏死；还可引起中枢神经麻痹、中毒性肝病、心肌损伤等。高浓度的硫化氢可直接抑制呼吸中枢，引起窒息和死亡。

② 破坏局部黏膜系统　呼吸道黏膜是保护鸡体的第一道屏障，

可以起到保护机体作用。另外黏膜还形成了局部免疫系统，产生局部抗体。如果黏膜破坏，屏障功能降低或消失，抗体不能有效的生成，鸡体抗病力降低，病原就容易侵袭，鸡体容易发生疾病。有害气体，如氨、硫化氢等刺激鸡体呼吸道黏膜，黏膜遭到破坏，出现如图 4-3 的表现。

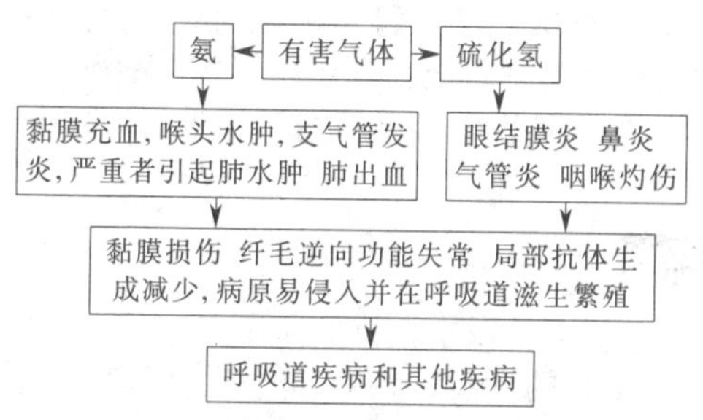

图 4-3　有害气体对呼吸道黏膜的损害

（3）消除措施

① 加强场址选择和合理布局，避免工业废气污染　合理设计鸡场和鸡舍的排水系统、粪尿、污水处理设施。

② 加强防潮管理，保持舍内干燥　有害气体易溶于水，湿度大时易吸附于材料中，舍内温度升高时又挥发出来。

③ 加强鸡舍管理　地面平养在鸡舍地面铺上垫料，并保持垫料清洁卫生；保证适量的通风，特别是注意冬季的通风换气，处理好保温和空气新鲜的关系；做好卫生工作。及时清理污物和杂物，排出舍内的污水，加强环境的消毒等。

④ 加强环境绿化　绿化不仅美化环境，而且可以净化环境。绿色植物进行光合作用可以吸收二氧化碳，生产出氧气。如每公顷阔叶林在生长季节每天可吸收 1000 千克二氧化碳，产出 730 千克氧气；绿色植物可大量的吸附氨，如玉米、大豆、棉花、向日葵以及一些花草都可从大气中吸收氨而生长；绿色林带可以过滤阻隔有害气体。有害气体通过绿色地带至少有 25% 被阻留，煤烟中的二氧化硫被阻留 60%。

⑤ 采用化学物质消除　舍内撒布过磷酸钙，饲料中添加丝兰属植物提取物、沸石（配合饲料中用量可占 1% ～ 3%），垫料中混入硫黄（每平方米地面 0.5 千克）或者用 2% 的苯甲酸或 2% 乙酸喷洒垫料，利用木炭、活性炭、煤渣、生石灰等具有吸附作用的物质吸附

空气中的臭气等；使用有益微生物制剂（EM）类型很多，具体使用可根据产品说明拌料饲喂或拌水饮喂，亦可喷洒鸡舍；将艾叶、苍术、大青叶、大蒜、秸秆等植物等份适量放在鸡舍内燃烧，既可抑制细菌，又能除臭，在空舍时使用效果最好；另外利用过氧化氢、高锰酸钾、硫酸亚铁、硫酸铜、乙酸等化学物质也可降低鸡舍空气臭味。

⑥ 提高饲料消化吸收率　科学选择饲料原料；按可利用氨基酸需要合理配制日粮；科学饲喂；利用酶制剂、酸制剂、微生态制剂、寡聚糖、中草药添加剂等可以提高饲料利用率，减少有害气体的排出量。

7. 微粒的控制

微粒是以固体或液体微小颗粒形式存在于空气中的分散胶体。鸡舍中的微粒来源于鸡的活动、咳嗽、鸣叫，饲养管理过程，如清扫地面、分发饲料、饲喂及通风除臭等机械设备运行。鸡舍内有机微粒较多。

（1）微粒对鸡体健康影响

① 影响散热和引起炎症　微粒落在皮肤上，可与皮脂腺、皮屑、微生物混合在一起，引起皮肤发痒、发炎，堵塞皮脂腺和汗腺，皮脂分泌受阻。皮肤干，易干裂感染；影响蒸发散热。落在眼结膜上引起尘埃性结膜炎。

② 损坏黏膜和感染疾病　微粒可以吸附空气中的水汽、氨、硫化氢、细菌和病毒等有毒有害物质造成黏膜损伤，引起血液中毒及各种疾病的发生。

（2）消除措施

① 改善禽舍和牧场周围地面状况，实行全面的绿化，种树、种草和农作物等。植物表面粗糙不平，多绒毛，有些植物还能分泌油脂或黏液，能阻留和吸附空气中的大量微粒。含微粒的大气流通过林带，风速降低，大径微粒下沉，小的被吸附。夏季可吸附 35.2% ～ 66.5% 的微粒。

② 鸡舍远离饲料加工厂，分发饲料和饲喂动作要轻。

③ 保持鸡舍地面干净，禁止干扫。

④ 更换和翻动垫草动作也要轻。

⑤ 保持适宜的湿度　适宜的湿度有利于尘埃沉降。

⑥ 保持通风换气，必要时安装过滤器。

8. 噪声的控制

物体呈不规则、无周期性震动所发出的声音叫噪声。鸡舍内的噪声来源主要有：外界传入；场内机械产生和鸡自身产生的。鸡对噪声比较敏感，容易受到噪声的危害。

（1）噪声对鸡体健康的影响　噪声特别是比较强的噪声作用于鸡体，引起严重的应激反应，不仅能影响生产，而且使正常的生理功能失调，免疫力和抵抗力下降，危害健康，甚至导致死亡。有多期鞭炮声、飞机声致鸡死亡的报道。

（2）改善措施

① 选择场地　鸡场选在安静的地方，远离交通干道、工矿企业和村庄等噪声大的地方。

② 选择设备　选择噪声小的设备。

③ 搞好绿化　场区周围种植林带，可以有效隔声。

三、加强隔离管理

（一）引种管理

到洁净的种鸡场订购雏鸡。种鸡场污染严重，引种时也会带来病原微生物，特别是我国现阶段种鸡场过多过滥，管理不善，净化不严，更应高度重视。到有种禽种蛋经营许可证，管理严格，净化彻底，信誉度高的种鸡场订购雏鸡，避免引种带来污染。

（二）场区与外界隔离

肉鸡场周围有围墙，鸡场大门和生产区大门都要有合适的阻隔设备，鸡场周围、鸡舍之间和道路两旁要合理绿化；肉鸡场与其他养殖场、人员活动密集场所、污染源、交通干线等保持较大距离；外来人员、车辆和物品不允许进入鸡场的生产区，若必须进入的，需要严格消毒。

（三）场区内的隔离

注意饲养人员和非直接饲养人员的隔离。非直接饲养人员与外界接触多，容易携带病原，减少与饲养人员接触可以减少病原进入生产区的机会。场内各区的隔离。有的肉鸡场是二段制饲养，即育雏和育

肥分成不同区域饲养，要注意育雏区和育肥区的隔离。小区之间保持一定距离，并设置隔离墙或林带。

（四）控制传播媒介

鸟雀、昆虫和啮齿类动物在鸡场的生活密度要远远高于外界，她们不仅传播疫病，而且降低消毒效果。因此，控制这些动物是肉鸡场控制疫病的重要手段之一。要堵塞屋檐下的空隙，门窗外面设置金属网罩，预防鸟雀进入鸡舍；鸡舍周围设置防鼠沟，定期进行灭鼠，减少鸡舍老鼠数量；及时清理场区内外积水、粪便集中堆积发酵、下水道和粪污定期消毒以及喷洒灭虫剂等，减少蚊蝇的滋生繁殖。

四、严格消毒

消毒是指用化学或物理的方法杀灭或清除传播媒介上的病原微生物，使之达到无传播感染水平的处理，即不再有传播感染的危险。消毒的目的在于消灭被病原微生物污染的场内环境、鸡体表面及设备器具上的病原体，切断传播途径，防止疾病的发生或蔓延。消毒是保证鸡群健康和正常生产的重要技术措施，特别是在我国现有环境条件下，消毒在疾病防控中具有重要作用。

（一）消毒的方法

鸡场的消毒方法主要有机械性清除（如清扫、铲刮、冲洗和适当通风等）、物理消毒法（紫外线照射、高温等）和生物消毒法（粪便的发酵）、化学药物消毒等。

（二）化学消毒法的操作要点

1. 化学消毒剂的要求

化学消毒剂的要求是广谱，消毒力强，性能稳定；毒性小，刺激性小，腐蚀性小，不残留在禽产品中；廉价，使用方便。

2. 消毒剂的使用方法

常用的有浸泡法、喷洒法、熏蒸法和气雾法。

（1）浸泡法　主要用于消毒器械、用具、衣物等。一般洗涤干净后再行浸泡，药液要浸过物体，浸泡时间以长些为好，水温以高些为好。在鸡舍进门处消毒槽内，可用浸泡药物的草垫或草袋对人员的鞋消毒。

（2）喷洒法　喷洒地面、墙壁、舍内固定设备等，可用细眼喷壶；对舍内空间消毒，则用喷雾器。喷洒要全面，药液要喷到物体的各个部位。一般喷洒地面，每平方米面积需要 2 升药液，喷墙壁、顶棚，每平方米 1 升。

（3）熏蒸法　适用于可以密闭的鸡舍。这种方法简便、省事，对房屋结构无损，消毒全面，鸡场常用。常用的药物有福尔马林（40% 的甲醛水溶液）、过氧乙酸水溶液。为加速蒸发，常利用高锰酸钾的氧化作用。实际操作中要严格遵守下面基本要点：禽舍及设备必须清洗干净，因为气体不能渗透到鸡粪和污物中去，所以不能发挥应有的效力；禽舍要密封，不能漏气。应将进出气口、门窗和排气扇等的缝隙糊严。

（4）气雾法　气雾粒子是悬浮在空气中的气体与液体的微粒，直径小于 200 纳米，分子量极轻，能悬浮在空气中较长时间，可到处漂移穿透到禽舍内的周围及其空隙。气雾是消毒液到进气雾发生器后喷射出的雾状微粒，是消灭气携病原微生物的理想办法。全面消毒鸡舍空间，每立方米用 5% 的过氧乙酸溶液 2.5 毫升喷雾。

（三）常用的消毒剂

1. 含氯消毒剂

产品有优氯净、强力消毒净、速效净、消洗液、消佳净、84 消毒液、二氯异氰尿酸和三氯异氰尿酸复方制剂等，可以杀灭肠杆菌、肠球菌、金黄色葡萄球菌以及胃肠炎、新城疫、法氏囊等病的病毒。

2. 碘伏消毒剂

产品有强力碘、威力碘、PVPI、89- Ⅰ型消毒剂、喷雾灵等，可杀死细菌、真菌、芽孢、病毒、结核杆菌、阴道毛滴虫、梅毒螺旋体、沙眼衣原体和藻类。

3. 醛类消毒剂

产品有戊二醛、甲醛、丁二醛、乙二醛和复合制剂，可杀灭细菌、芽孢、真菌和病毒。

4. 氧化剂类

产品有过氧化氢（双氧水）、臭氧（三原子氧）、高锰酸钾等，过氧化氢可快速灭活多种微生物，过氧乙酸对多种细菌杀灭效果良好；臭氧对细菌繁殖体、病毒真菌和枯草杆菌黑色变种芽孢有较好的杀灭作用，对原虫和虫卵也有很好的杀面作用。

5. 复合酚类

菌毒敌、消毒灵、农乐、畜禽安、杀特灵等，对细菌、真菌和带膜病毒具有灭活作用。对多种寄生虫卵也有一定杀灭作用。因本品公认对人畜有毒，且气味滞留，常用于空舍消毒。

6. 表面活性剂

产品有新洁尔灭、度米芬、百毒杀、消毒净等，对各种细菌有效，对常见病毒如马立克病病毒、新城疫病毒、猪瘟病毒、法氏囊病毒、口蹄疫病毒均有良好的效果。对无囊膜病毒消毒效果不好。

7. 高效复合消毒剂

产品有高迪 -HB（由多种季铵盐、络合盐、戊二醛、非离子表面活性剂、增效剂和稳定剂构成），消毒杀菌作用广谱、高效，对各种病原微生物有强大的杀灭作用；作用机制完善；超常稳定；使用安全，应用广泛。

8. 醇类消毒剂

产品有乙醇、异丙醇，可快速杀灭多种微生物，如细菌繁殖体、真菌和多种病毒，但不能杀灭细菌芽孢。

9. 强碱

产品有氢氧化钠、氢氧化钾、生石灰，可杀灭细菌、病毒和真菌，腐蚀性强。

（四）消毒程序

1. 鸡场入口消毒

（1）管理区入口的消毒　每天门口大消毒一次；进入场区的物

品需消毒（喷雾、紫外线照射或熏蒸消毒）后才能存放；入口必须设置车辆消毒池（车辆消毒池见图 4-4），车辆消毒池的长度为进出车辆车轮 2 个周长以上。消毒池上方最好建有顶棚，防止日晒雨淋。消毒池内放入 2%～4% 的氢氧化钠溶液，每周更换 3 次。北方地区冬季严寒，可用石灰粉代替消毒液。设置喷雾装置，喷雾消毒液可采用 0.1% 百毒杀溶液、0.1％新洁尔灭或 0.5％过氧乙酸。进入车辆经过车辆消毒池消毒车轮，使用喷雾装置喷雾车体等；进入管理区人员要填写入场记录表，更换衣服，强制消毒后方可进入。

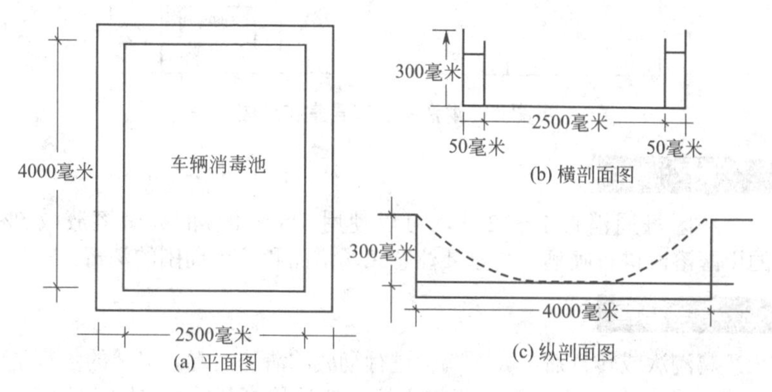

图 4-4　养殖场大门车辆消毒池

（2）生产区入口的消毒　为了便于实施消毒，切断传播途径，须在养鸡场大门的一侧和生产区设更衣室、消毒室和淋浴室（图 4-5），供外来人员和生产人员更衣、消毒；车辆严禁入内，必须进入的车辆待冲洗干净、消毒后，同时司机必须下车洗澡消毒后方可开车入内；进入生产区的人员消毒；非生产区物品不准进入生产区，必须进入的须经严格消毒后方可进入。

（3）鸡舍门口的消毒　所有员工进入鸡舍必须严格遵守消毒程序：换上鸡舍的工作服，喷雾消毒，然后更换水鞋，脚踏消毒盆（或消毒池，盆中消毒剂每天更换 1 次），用消毒剂（洗手盆中的消毒剂每天要更换 2 次）洗手后（洗手后不要立即冲洗）才能进入鸡舍；生产区物品进入鸡舍要必须经过两种以上的消毒剂消毒后方可入内；每日对鸡舍门口消毒 1 次。

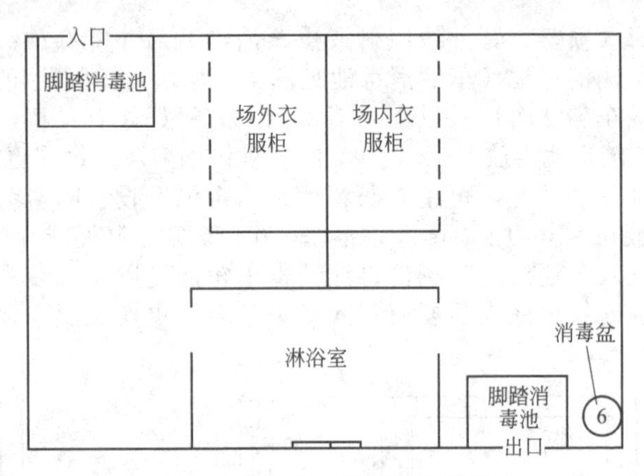

图 4-5 淋浴室、消毒室布局图

2. 场区消毒

场区每周消毒 1 ～ 2 次，可以使用 5% ～ 8% 的火碱溶液或 5% 的甲醛溶液进行喷洒。特别要注意鸡场道路和鸡舍周围的消毒。

3. 鸡舍消毒

鸡淘汰或转群后，要对鸡舍进行彻底的清洁消毒。消毒的步骤是：先将鸡舍各个部位清理、清扫干净，然后用高压水枪冲洗洁净鸡舍墙壁、地面和屋顶及不能移出的设备用具，最后用 5% ～ 8% 的火碱溶液喷洒地面、墙壁、屋顶、笼具、饲槽等 2 ～ 3 次，用清水洗刷饲槽和饮水器。其他不易用水冲洗和火碱消毒的设备可以用其他消毒液涂搽。鸡入舍后，在保持鸡舍清洁卫生的基础上，每周消毒 2 ～ 3 次。

4. 带鸡消毒

平常每周带鸡消毒 1 ～ 2 次，发生疫病期间每天带鸡消毒 1 次。选用高效、低毒、广谱、无刺激性的消毒药。冬季寒冷不要把鸡体喷得太湿，可以使用温水稀释；夏季带鸡消毒有利于降温和减少热应激死亡。

5. 发生疫病期间的消毒

疫情活动期间消毒是以消灭病禽所散布的病原为目的而进行的消毒。病禽所在的禽舍、隔离场地、排泄物、分泌物及被病原微生物污染和可能被污染的一切场所、用具和物品等都是消毒的重点。在实

施消毒过程中，应根据传染病病原体的种类和传播途径的区别，抓住重点，以保证消毒的实际效果。如肠道传染病消毒的重点是禽排出的粪便以及被污染的物品、场所等；呼吸道传染病则主要是消毒空气、分泌物及污染的物品等。

（1）一般消毒　养殖场的道路、禽舍周围用5%的氢氧化钠溶液，或10%的石灰乳溶液喷洒消毒，每天一次；禽舍地面、禽栏用15%漂白粉溶液、5%的氢氧化钠溶液等喷洒，每天一次；带禽消毒，用0.25%的益康溶液或0.25%的强力消杀灵溶液或0.3%农家福，0.5%～1%的过氧乙酸溶液喷雾，每天一次，连用5～7天；粪便、粪池、垫草及其他污物化学或生物热消毒；出入人员脚踏消毒液，紫外线等照射消毒。消毒池内放入5%氢氧化钠溶液，每周更换1～2次；其他用具、设备、车辆用15%漂白粉溶液、5%的氢氧化钠溶液等喷洒消毒；疫情结束后，进行全面消毒1～2次。

（2）疫源地污染物的消毒　发生疫情后污染（或可能污染）的场所和污染物要进行严格消毒。消毒方法见表4-13。

表4-13　疫源地污染物消毒方法

消毒对象	消毒方法	
	细菌性传染病	病毒性传染病
空气	甲醛熏蒸（福尔马林液），25毫升，作用12小时（加热法）；2%过氧乙酸熏蒸，用量1克/米³，20℃作用1小时；0.2%～0.5%过氧乙酸或3%来苏儿喷雾30毫升/米²，作用30～60分钟；红外线照射0.06瓦/厘米²	甲醛熏蒸法（同细菌病）；2%过氧乙酸熏蒸，用量3克/米³，作用90分钟（20℃）；0.5%过氧乙酸或5%漂白粉澄清液喷雾，作用1～2小时；乳酸熏蒸，用量10毫克/米³，加水1～2倍，作用30～90分钟
排泄物（粪、尿、呕吐物等）	成形粪便加2倍量的10%～20%漂白粉乳剂，作用2～4小时；对稀便，直接加粪便量1/5的漂白粉乳剂，作用2～4小时	成形粪便加2倍量的10%～20%漂白粉乳剂，充分搅拌，作用6小时；稀便，直接加粪便量1/5的漂白粉乳剂，作用6小时；尿液100毫升加漂白粉3克，充分搅匀，作用2小时
分泌物（鼻涕、唾液、穿刺脓、乳汁汁液）	加等量10%漂白粉或1/5量干粉，作用1小时；加等量0.5%过氧乙酸，作用30～60分钟；加等量3%～6%来苏儿液，作用1小时	加等量10%～20%漂白粉或1/5量干粉，作用2～4小时；加等量0.5%～1%过氧乙酸，作用30～60分钟

续表

消毒对象	消毒方法	
	细菌性传染病	病毒性传染病
禽舍、运动场及舍内用具	污染草料与粪便集中焚烧；禽舍四壁用2%漂白粉澄清液喷雾（200毫升/米³），作用1～2小时；禽圈及运动场地面，喷洒漂白粉20～40克/米²，作用2～4小时，或1%～2%氢氧化钠溶液，5%来苏儿溶液喷洒1000毫升/米³，作用6～12小时；甲醛熏蒸（福尔马林），12.5～25毫升/米³，作用12小时（加热法）；0.2%～0.5%过氧乙酸、3%来苏儿喷雾或擦拭，作用1～2小时；2%过氧乙酸熏蒸，用量1克/米³，作用6小时	与细菌性传染病消毒方法相同，一般消毒剂作用时间和浓度稍大于细菌性传染病
饲槽、水槽、饮水器等	0.5%过氧乙酸浸泡30～60分钟；1%～2%漂白粉澄清液浸泡30～60分钟；0.5%季铵盐类消毒剂浸泡30～60分钟；1%～2%氢氧化钠热溶液浸泡6～12小时	0.5%过氧乙酸液浸30～60分钟；3%～5%漂白粉澄清液浸泡50～60分钟；2%～4%氢氧化钠热溶液浸泡6～12小时
运输工具	0.2%～0.3%过氧乙酸或1%～2%漂白粉澄清液，喷雾或擦拭，作用30～60分钟；3%来苏儿或0.5%季铵盐喷雾或擦拭，作用30～60分钟	0.5%～1%过氧乙酸、5%～10%漂白粉澄清液喷雾或擦拭，作用30～60分钟；5%来苏儿喷雾或擦拭，作用1～2小时；2%～4%氢氧化钠热溶液喷洒或擦拭，作用2～4小时
工作服、被服、衣物织品等	高压蒸汽灭菌，121℃ 15～20分钟；煮沸15分钟（加0.5%肥皂水）；甲醛25毫升/米³，作用12小时；环氧乙烷熏蒸，用量2.5克/升，作用2小时；过氧乙酸熏蒸，1克/米³，在20℃条件下，作用60分钟；2%漂白粉澄清液或0.3%过氧乙酸或3%来苏儿溶液浸泡30～60分钟；0.02%碘伏浸泡10分钟	高压蒸汽灭菌，121℃ 30～60分钟；煮沸15～20分钟（加0.5%肥皂水）；甲醛25毫升/米³熏蒸12小时；环氧乙烷熏蒸，用量2.5克/米³，作用2小时；过氧乙酸熏蒸，用量1克/米³，作用90分钟；2%漂白粉澄清液浸泡1～2小时；0.3%过氧乙酸浸30～60分钟；0.03%碘伏浸泡15分钟

续表

消毒对象	消毒方法	
	细菌性传染病	病毒性传染病
污染办公品（书、文件）	环氧乙烷熏蒸，2.5 克 / 升，作用 2 小时；甲醛熏蒸，福尔马林用量为 25 毫升 / 米^3，作用 12 小时	同细菌性传染病
医疗器材、用具等	高压蒸汽灭菌 121℃ 30 分钟；煮沸消毒 15 分钟；0.2% ～ 0.3% 过氧乙酸或 1% ～ 2% 漂白粉澄清液浸泡 60 分钟；0.01% 碘伏浸泡 5 分钟；甲醛熏蒸，50 毫升 / 米^3 作用 1 小时	高压蒸汽灭菌 121℃ 30 分钟；煮沸消毒 30 分钟；0.5% 过氧乙酸或 5% 漂白粉澄清液浸泡，作用 60 分钟；5% 来苏儿浸泡 1 ～ 2 小时；0.05% 碘伏浸泡 10 分钟

五、加强免疫接种

目前，传染病仍是威胁我国肉鸡业的主要疾病，而免疫接种仍是预防传染病的有效手段。免疫接种通常是使用疫苗和菌苗等生物制剂作为抗原接种于家禽体内，激发抗体产生特异性免疫力。

（一）疫苗的种类和储存运输

疫苗可分为活毒疫苗和死疫苗两大类。活毒疫苗多是弱毒苗，是由活病毒或细菌致弱后形成的。当其接种后进入鸡只体内可以繁殖或感染细胞，既能增加相应抗原量，又可延长和加强抗原刺激作用，具有产生免疫快、免疫效力好、免疫接种方法多、用量小且使用方便等优点，还可用于紧急预防；死疫苗是用强毒株病原微生物灭活后制成的，安全性好，不散毒，不受母源抗体影响，易保存，产生的免疫力时间长，适用于多毒株或多菌株制成的多价苗。但需免疫注射，成本高。肉鸡场常用的疫苗见表 4-14。

表 4-14　肉鸡场常用的疫苗

病名	疫苗名称	用法	免疫期	注意事项
马立克病	鸡马立克病火鸡疱疹病毒疫苗	1日龄雏鸡皮下注射0.2毫升（含2000个蚀斑单位）	接种后2～3周产生免疫力，免疫期1.5年	①用前注意疫苗质量，使用专用稀释液；②疫苗稀释后必须在1小时内用完；③保持场地、用具洁净
	鸡马立克病“814”冻干苗	1日龄雏鸡皮下注射0.2毫升/只	接种后8天产生免疫力，免疫期1.5年	方法同上。液氮中保存和运输；取出后将疫苗放入38℃左右温水中，溶化后稀释应用；用时摇匀疫苗
	鸡马立克病二价或三价冻干苗	同上	接种后10天产生免疫力，免疫期1.5年	方法同上。液氮保存和运输；取出后将疫苗放入38℃左右温水中，溶化后稀释应用并摇匀疫苗
新城疫	新城疫Ⅱ	生理盐水或蒸馏水稀释后滴鼻、点眼、饮水或气雾	7～9天产生免疫力，免疫期受多种因素影响，3～6周不等	①冻干苗冷冻保存，-15℃以下保存，有效期2年；②免疫后检测抗体，了解抗体情况。首免后1个月二免。生产中常用
	新城疫Ⅲ	生理盐水或蒸馏水稀释后滴鼻、点眼、饮水或气雾	7～9天产生免疫力，免疫期受多种因素影响，3～6周不等	①冻干苗冷冻保存，-15℃以下保存，有效期2年；②免疫后检测抗体，了解抗体情况。首免后1个月二免。生产中常用
	新城疫Ⅳ	生理盐水或蒸馏水稀释后滴鼻、点眼、饮水或气雾	7～9天产生免疫力，免疫期受多种因素影响，3～6周不等	①冻干苗冷冻保存，-15℃以下保存，有效期2年；②免疫后检测抗体，了解抗体情况。首免后1个月二免。生产中常用
	新城疫Ⅰ	生理盐水或蒸馏水稀释后滴鼻、点眼、饮水或气雾	注射后72小时产生免疫力，免疫期1年	①冻干苗冷冻保存，-15℃以下保存，有效期2年；②免疫后检测抗体，了解抗体情况。首免后1个月二免。生产中常用
	新城疫灭活苗	雏鸡0.25～0.3毫升/只，成鸡0.5毫升/只，皮下或肌内注射	注射后2周产生免疫力，免疫期3～6个月	①疫苗常温保存，避免冷冻；②逐只注射，剂量要准确

续表

病名	疫苗名称	用法	免疫期	注意事项
传染性法氏囊炎	传染性法氏囊弱毒苗	首免使用。点眼、滴鼻、肌注、饮水	2～3个月	①冷冻保存；②免疫前检测抗体水平，确定首免时间；③免疫前后对鸡舍进行彻底的清洁消毒，减少病毒数量
	传染性法氏囊中毒苗	二、三免或污染严重地区首免使用。饮水	3～5个月	①冷冻保存；②首免后2～3周二免；③免疫前后对鸡舍进行彻底的清洁消毒，减少病毒数量
	传染性法氏囊油乳剂灭活苗	种鸡群在18～20周龄和40～45周龄皮下注射0.5毫升/只，提高雏鸡母源抗体水平	10个月	①常温保存；②颈部皮下注射；③对1周龄以内的雏鸡，与弱毒苗同时使用，有助于克服母源抗体干扰
禽流感	禽流感油乳剂灭活苗	分别在4～6周龄、17～18周龄和40周龄接种一次	6个月	4～6周龄0.3毫升/只，17～18周龄和40周龄0.5毫升/只，颈部皮下注射。疫苗来源于正规厂家
传染性支气管炎	传染性支气管炎H_{120}	点眼、滴鼻或饮水	3～5天产生免疫力，免疫期3～4周	①冷冻保存；②基础免疫；③点眼、滴鼻可以促进局部抗体产生
	传染性支气管炎H_{52}	3周龄以上鸡使用。点眼、滴鼻或饮水	3～5天产生免疫力，免疫期5～6个月	①冷冻保存。②使用传染性支气管炎H_{120}免疫后再使用此苗
传染性喉气管炎	传染性喉气管炎弱毒苗	8周龄以上鸡点眼；15～17周龄再接种一次	免疫期6个月	①本疫苗毒力较强，不得用于8周龄以下鸡；②使用此疫苗容易诱发呼吸道疾病，所以在使用此疫苗前后使用抗生素
鸡脑脊髓炎	鸡脑脊髓炎弱毒苗	免疫种鸡，10周龄及产蛋前4周各一次，饮水免疫	保护子一代6周内不发生本病	本疫苗不要用于4～5周龄以内的雏鸡；产前4周内不得接种疫苗，否则，种蛋能带毒

续表

病名	疫苗名称	用法	免疫期	注意事项
鸡痘	鸡痘鹌鹑化弱毒苗	翅下刺种或翅内侧皮下注射	8天产生免疫力，免疫期1年以上	①接种后要观察接种效果。 ②接种时间：春夏季育雏时，首免在20天左右；其他季节育雏在开产前免疫
产蛋下降综合征	产蛋下降综合征（EDS-76）灭活苗	110～120天皮下注射0.5毫升/只	1年以上	
传染性鼻炎	副鸡嗜血杆菌油佐剂灭活苗	分别于30～40日龄和120天左右各注射一次	小鸡免疫期3个月，大鸡6个月	根据疫情，必要时再免疫接种。30～40日龄肌内注射0.3毫升/只，120天左右0.5毫升/只
大肠杆菌病	大肠杆菌病灭活菌苗（自家苗）	3周龄或1个月以上雏鸡颈部皮下注射或肌注1毫升，4～5周后再注射一次	注射后10～14天产生免疫力，免疫期3～4个月	应选择本场分离的致病菌株制成疫苗
慢性呼吸道病	鸡败血性霉形体灭活苗	6～8周龄，颈部皮下注射0.5毫升	10～15天产生免疫力，再注射一次免疫期持续10个月	①2～8℃保存，不能冻结；②常用于种鸡群；③污染严重地区产蛋前再免疫一次
复合苗	传染性支气管炎＋新城疫二联油乳剂苗	首免H_{120}＋Ⅳ，点眼、滴鼻；二免H_{52}＋Ⅳ，点眼、滴鼻或饮水	使用后5～7天产生免疫力，免疫期5～6个月	
	新城疫＋减蛋综合征二联油乳剂苗	16～18周龄肌内注射或皮下注射0.5毫升/只	免疫期可保持整个产蛋期	
	新城疫＋法氏囊灭活二联油乳剂苗	种鸡产前肌内注射或皮下注射0.5毫升/只	免疫期可保持整个产蛋期	

续表

病名	疫苗名称	用法	免疫期	注意事项
复合苗	新城疫＋法氏囊＋减蛋综合征三联灭活油乳苗	种鸡产前肌内注射或皮下注射0.5毫升/只	免疫期可保持整个产蛋期	
	新城疫＋传支＋减蛋综合征三联灭活油乳苗	种鸡产前肌内注射或皮下注射0.5毫升/只		使用联苗时，要注意新城疫抗体水平，有时不理想

（二）储存运输

1. 储存

不同的生物制品要求不同的保存条件，应根据说明书的要求进行保存。保存不当，生物制品会失效，起不到应有的作用。一般生物制品应保存在低温、阴暗及干燥的地方。最好用冰箱保存，氢氧化铝苗、油佐剂苗应保存在普通冰箱中，防止冻结，而冻干苗最好在低温冰箱中保存。有个别疫苗需在液氮中超低温保存。

2. 运输

生物制品在运输中要求包装完善，防止损坏。条件许可时应将生物制品置于冷藏箱内运输，选择最快捷的运输方式，到达目的地后尽快送至保存场所。需液氮保存的疫苗应置于液氮罐内运输。

3. 检查

各种生物制品在购买及保存使用前都应详细检查。凡没有瓶签或瓶签模糊不清、过期失效的，生物制品色泽有变化、内有异物、发霉的，瓶塞不紧或瓶破裂的，生物制品没有按规定保存的都不得使用。

（三）免疫接种的方法

免疫接种方法多种，不同方法操作不同，必须严格注意，保证免疫接种的质量。

1. 饮水免疫

饮水免疫避免了逐只抓捉，可减少劳力和应激，但这种免疫接种受影响的因素较多，免疫不均匀。

（1）疫苗选择和稀释　饮水免疫要选择高效的活毒疫苗；稀释疫苗的水应是清凉的，水温不超过 18℃。水中不应含有任何能灭活疫苗病毒或细菌的物质；稀释疫苗所用的水量应根据鸡的日龄及当时的室温来确定，使疫苗稀释液在 1 ～ 2 小时全部饮完（饮水免疫时不同鸡龄的配水量如表 4-15）；饮水中应加入 0.1％～ 0.3％的脱脂乳或山梨糖醇，或 3% ～ 5% 的鲜乳（煮沸）以保护疫苗的效价。

表 4-15　饮水免疫时稀释疫苗参考用水量

鸡龄 / 日龄	肉用鸡 /（毫升 / 只）	鸡龄 / 日龄	肉用鸡 /（毫升 / 只）
5 ～ 15	5 ～ 10	61 ～ 120	40 ～ 50
16 ～ 30	10 ～ 20	120 以上	50 ～ 55
31 ～ 60	20 ～ 40		

（2）饮水免疫操作要点

① 适当停水　为了使每一只鸡在短时间均能摄入足够量的疫苗，在供给含疫苗的饮水之前 2 ～ 4 小时应停止饮水供应（视天气而定）。

② 饮水器充足　清洗饮水器，饮水器上不能沾有消毒药物；为使鸡群得到较均匀的免疫效果，饮水器应充足，使 2/3 以上的鸡同时有饮水的位置；饮水器不得置于直射阳光下，如风沙较大时，饮水器应全部放在室内。

③ 饮水免疫管理　在饮水免疫期间，饲料中也不应含有能灭活疫苗病毒和细菌的药物；夏季天气炎热时，饮水免疫最好在早上完成，避免温度过高影响疫苗的效价；饮水前后 2 天可以在 100 千克饲料中额外添加 5 克多种维生素，或饮水中添加 5 ～ 8 克 /100 千克维生素 C（免疫当天水中不添加）缓解应激。

2. 滴眼、滴鼻

滴眼、滴鼻如果操作得当，往往效果比较确实，尤其是对一些嗜呼吸道的疫苗，经滴眼、滴鼻可以产生局部免疫抗体，免疫效果较好。当然，这种接种方法需要较多的劳动力，对鸡会造成一定的

应激，如操作上稍有马虎，则往往达不到预期的目的。

（1）疫苗选择和稀释　滴眼、滴鼻免疫要选择高效的活毒疫苗；稀释液必须用蒸馏水或生理盐水，最低限度应用冷开水，不要随便加入抗生素。稀释液的用量应尽量准确，最好根据自己所用的滴管或针头事先滴试，确定每毫升多少滴，然后再计算实际使用疫苗稀释液的用量。

（2）滴眼、滴鼻免疫操作要点

① 逐只操作　为了操作的准确无误，一手一次只能抓一只鸡，不能一手同时抓几只鸡。

② 姿势正确　在滴入疫苗之前，应把鸡的头颈摆成水平的位置（一侧眼鼻朝上，另一侧眼鼻朝下），并用一只手指按住向地面一侧的鼻孔。在将疫苗液滴入到眼和鼻孔上以后，应稍停片刻，待疫苗液确已吸入后再将鸡轻轻放回地面。如鸡不吸时，可以用手指捂住另一个鼻孔。

③ 注意隔离　应注意做好已接种和未接种鸡之间的隔离，以免走乱。

④ 光线阴暗　免疫要抓鸡，容易产生应激。最好在晚上接种，如天气阴凉也可在白天适当关闭门窗后，在稍暗的光线下抓鸡接种。

3. 肌内注射或皮下注射

肌内注射或皮下注射免疫接种的剂量准确、效果确实，但耗费劳力较多，应激较大。

（1）疫苗选择和稀释　肌内注射或皮下注射免疫的疫苗可以是弱毒苗，也可以是灭活苗；疫苗稀释液应是经消毒而无菌的，一般不要随便加入抗菌药物。疫苗的稀释和注射量应适当，量太小则操作时误差较大，量太大则操作麻烦，一般以每只 0.2 ～ 1 毫升为宜。

（2）滴眼、滴鼻免疫操作要点

① 注射器校对及消毒　使用前要对注射器进行检查校对，防止漏水和刻度不准确。连续注射器注射过程中，应经常检查核对注射器刻度容量和实际容量之间的误差，以免实际注射量偏差太大；注射器及针头用前可用蒸气或水煮消毒，针头的数量充足。

② 注射部位　皮下注射的部位一般选在颈部背侧，肌内注射部位一般选在胸肌或肩关节附近的肌肉丰满处。

③ 插针方向及深度　针头插入的方向和深度也应适当，在颈部

皮下注射时，针头方向应向后向下，针头方向与颈部纵轴基本平行。对雏鸡的插入深度为0.5～1厘米，日龄较大的鸡可为1～2厘米。胸部肌内注射时，针头方向应与胸骨大致平行，插入深度在雏鸡为0.5～1厘米，日龄较大的鸡可为1～2厘米。在将疫苗液推入后，针头应慢慢拔出，以免疫苗液漏出。

④ 注射次序　如果鸡群中有种假定健康群，在接种过程中，应先注射健康群，再接种假定健康群，最后接种有病的鸡群。

⑤ 针头更换　要求是注射一只鸡更换一个针头，但规模化饲养，难度较大，最少要保证每50～100只鸡更换一个针头，尽量减少相互感染；吸取疫苗的针头和注射鸡的针头应绝对分开，尽量注意卫生以防止经免疫注射而引起疾病的传播或引起接种部位的局部感染。

另外，在注射过程中，应边注射边摇动疫苗瓶，力求疫苗的均匀。为防应激，也要使用抗应激药物。

4. 气雾

气雾免疫可节省大量的劳力，如操作得当，效果甚好，尤其是对呼吸道有亲嗜性的疫苗效果更佳，但气雾也容易引起鸡群的应激，尤其容易激发慢性呼吸道病的爆发。

（1）疫苗选择和稀释　气雾免疫的疫苗应是高效的弱毒苗；疫苗的稀释应用去离子水或蒸馏水，不得用自来水、开水或井水。稀释液中应加入0.1%的脱脂乳或3%～5%甘油。稀释液的用量因气雾机及鸡群的平养、笼养密度而异，应严格按说明书推荐用量使用，必要时可以先进行预气雾（先用水进行喷雾）确定稀释液的用量。

（2）气雾免疫操作要点

① 气雾机测试　气雾前应对气雾机的各种性能进行测试，以确定雾滴的大小，稀释液用量、喷口与鸡群的距离（高度），操作人员的行进速度等，以便在实施时参照进行。

② 雾滴调节　严格控制雾滴的大小，雏鸡用雾滴的直径为30～50微米，成鸡为5～10微米。

③ 气雾操作　实施气雾时气雾机喷头在鸡群上空50～80厘米处，对准鸡头来回移动喷雾，使气雾全面覆盖鸡群，使鸡群在气雾后头背部羽毛略有潮湿感觉为宜。

④ 环境维护　气雾期间，应关闭鸡舍所有门窗，停止使用风扇或

抽气机，在停止喷雾20～30分钟后，才可开启门窗和启动风扇（视室温而定）；气雾时，鸡舍内温度和湿度应适宜，温度太低或太高均不适宜进行气雾免疫，如气温较高，可在晚间较凉快时进行。鸡舍内的相对湿度对气雾免疫也有影响，一般要求相对湿度在70%左右最为合适。

⑤ 药物使用　气雾前后3天内，应在饲料或饮水中添加适当的抗菌药物，预防慢性呼吸道疾病的爆发。

（四）免疫程序

1. 免疫程序的概念

鸡场根据本地区、本场疫病发生情况（疫病流行种类、季节、易感日龄）、疫苗性质（疫苗的种类、免疫方法、免疫期）和其他情况制订的适合本场的一个科学的免疫计划称作免疫程序。没有一个免疫程序是通用的，而生搬硬套别人现成的程序也不一定能获得最佳免疫效果，唯一的办法是根据本场的实际情况，参考别人已成功的经验，结合免疫学的基本理论，制订适合本地或本场的免疫程序。

2. 制订免疫程序考虑的因素

（1）本地或本场的鸡病疫情　对威胁本场的主要传染病应进行免疫接种，如鸡的马立克病、鸡新城疫、鸡传染性法氏囊炎、鸡传染性支气管炎、传染性喉气管炎、鸡的产蛋下降综合征等在我国大部分地区广为流行，且难以治愈，必须纳入免疫计划之内。对本地和本场尚未证实发生的疾病，必须证明确实已受到严重威胁时才能计划接种，对强毒型的疫苗更应非常慎重，非不得以不引进使用。

（2）所养鸡的用途及饲养期　如肉种鸡在开产前需要接种传染性法氏囊病灭活苗，而商品肉鸡则不必要。商品肉鸡不会发生减蛋综合征，不需要免疫，而生产肉种鸡可发生，必须在开产前接种减蛋综合征疫苗。

（3）母源抗体的影响　对鸡马立克病、鸡新城疫和传染性法氏囊病疫苗血清型（或毒株）选择时应认真考虑。

（4）鸡对某些疾病抵抗力的差异　如肉用种鸡对病毒性关节炎的

易感性高，因此应将该病列入肉用种鸡的免疫程序中。

（5）疫苗接种日龄与家禽易感性的关系　如1～3日龄雏鸡对鸡马立克病病毒的易感性高（1日龄的易感性是35日龄的1000倍），因此，必须在雏鸡出壳后24小时内完成鸡马立克病疫苗的免疫接种。

（6）疫病发生与季节的关系　很多疾病的发生具有明显的季节性，如肾型传支多发生在寒冷的冬季，因此冬季饲养的鸡群应选择含有肾型传支病毒弱毒株的疫苗进行免疫。

（7）免疫途径　同一疫苗的不同免疫途径，可以获得截然不同的免疫效果。如鸡新城疫低毒力活疫苗LaSota弱毒株滴鼻、点眼所产生的免疫效果是饮水免疫的4倍以上。新城疫弱毒苗气雾免疫不仅可以较快地产生血液抗体，而且可以产生较高的局部抗体；如鸡传染性法氏囊活疫苗的毒株具有嗜肠道、在肠道内大量繁殖这一特性，因而最佳的免疫途径是滴口或饮水；如鸡痘活疫苗的免疫途径是刺种，而采用其他途径免疫时，效果较差。

（8）疫苗毒株的强弱　同一疫苗根据其毒株的强弱不同，应先弱后强免疫接种。如传染性支气管炎的免疫，应选用毒力较弱的H_{120}株弱独苗首免，然后再用毒力相对较强的H_{52}株弱毒苗免疫。对于鸡新城疫、传染性法氏囊病等免疫也应这样安排。另外，同一种疫苗应注意先活苗免疫后灭活油乳剂疫苗免疫的安排等。

（9）疫苗的血清型和亚型　根据流行特点，有针对性地选用相应的血清型和亚型的疫苗毒株。如免疫鸡马立克病疫苗，种鸡如果使用了细胞结合苗，商品代应该使用非细胞结合苗；肾型传支流行地区应选用含有肾型毒株的复合型支气管炎疫苗；存在有鸡新城疫基因Ⅵ、Ⅶ的地区应该免疫复合鸡新城疫灭活苗；大肠杆菌流行严重的鸡场，选用本场的大肠杆菌血清型来制备疫苗效果良好。

（10）不同疫苗接种时间　合理安排不同疫苗接种时间，尽量避免不同疫苗毒株间的干扰。如接种法氏囊7天内不应接种其他疫苗；传染性支气管炎疫苗如果与鸡新城疫疫苗分开免疫的情况下，其免疫间隔时间不少于1周。

（11）抗体的监测结果　制订的免疫程序最好根据免疫监测结果及突发疾病的发生进行必要修改和补充。

3. 参考免疫程序

肉鸡参考的免疫程序见表4-16～表4-20。

表 4-16　肉种鸡的免疫程序

日龄 / 天	疫苗	接种方法
1	马立克病疫苗	皮下或肌内注射
7 ～ 10	新城疫＋传支弱毒苗（H_{120}） 复合新城疫＋多价传支灭活苗	滴鼻或点眼 颈部皮下注射 0.3 毫升 / 只
14 ～ 16	传染性法氏囊炎弱毒苗	饮水
20 ～ 25	新城疫Ⅱ或Ⅳ系＋传支弱毒苗（H_{52}） 禽流感灭活苗	气雾、滴鼻或点眼 皮下注射 0.3 毫升 / 只
30 ～ 35	传染性法氏囊炎弱毒苗 鸡痘疫苗	饮水 翅膀内侧刺种或皮下注射
40	传喉弱毒苗	点眼
60	新城疫Ⅰ系	肌内注射
80	传喉弱毒苗	点眼
90	传染性脑脊髓炎弱毒苗	饮水
110 ～ 120	新城疫＋传支＋减蛋综合征油苗 禽流感油苗 传染性法氏囊油苗 鸡痘弱毒苗	肌内注射 皮下注射 0.5 毫升 / 只 肌内注射 0.5 毫升 / 只 翅膀内侧刺种或皮下注射
280	新城疫＋法氏囊油苗	肌内注射 0.5 毫升 / 只
320 ～ 350	禽流感油苗	皮下注射 0.5 毫升 / 只

表 4-17　快大型肉仔鸡的免疫程序（一）

日龄 / 天	疫苗	接种方法
1	马立克病疫苗	皮下或肌内注射
7 ～ 10	新城疫＋传支弱毒苗（H_{120}）	滴鼻或点眼
14 ～ 16	传染性法氏囊炎弱毒苗	饮水
25	新城疫Ⅱ或Ⅳ系＋传支弱毒苗（H_{52}） 禽流感灭活苗	气雾、滴鼻或点眼 皮下注射 0.3 毫升 / 只
25 ～ 30	传染性法氏囊炎弱毒苗	饮水

表 4-18　快大型肉仔鸡的免疫程序（二）

日龄 / 天	疫苗	接种方法
1	马立克病疫苗	皮下或肌内注射
7	新城疫＋传支（H_{120}）＋肾型弱毒苗 新城疫＋传支二联灭活苗	滴鼻或点眼 皮下注射 0.25 毫升 / 只
12 ～ 14	传染性法氏囊炎多价弱毒苗	1.5 倍量饮水
20 ～ 25	传染性法氏囊炎中等毒力苗	1.5 倍量饮水
30	新城疫Ⅱ或Ⅳ系＋传支弱毒苗（H_{52}）	气雾、滴鼻或点眼

表 4-19　黄羽肉鸡的免疫程序

日龄 / 天	疫苗种类	免疫方法
1	马立克疫苗	颈部皮下注射 0.25 毫升
1～3	新支二联苗	点眼、滴鼻
7～8	支原体油苗	肌内注射
8～10	鸡痘	刺种
9～15	法氏囊疫苗 新支二联苗	饮水 肌内注射
16～18	新城疫油苗 法氏囊疫苗	肌内注射 饮水
20～25	新支二联苗	饮水
28～30	喉气管疫苗	点眼
35～40	新城疫Ⅰ系苗	肌内注射
55～70	新城疫Ⅰ系苗	肌内注射或饮水

表 4-20　肉杂鸡的免疫程序

免疫时间	疾病名称	疫苗种类	方法剂量
7～9 日龄	新城疫、传支	Clonl30 + Ma5 ND 油苗	2 倍量点眼、滴鼻 0.25～0.3 毫升 / 只，颈部皮下注射
14 日龄	法氏囊炎	D_{78} 或 B_{87}（中毒苗）	2 倍量饮水
25～26 日龄	新城疫	LaSota（Ⅳ系）	3 倍量饮水

（五）提高免疫效果的措施

生产中鸡群接种了疫苗不一定能够产生足够的抗体来避免或阻止疾病的发生，因为影响家禽免疫效果的因素很多。必须了解影响免疫效果的因素，有的放矢，提高免疫效果，避免和减少传染病的发生。

1. 注重疫苗的选择和使用

（1）疫苗要优质　疫苗是国家专业定点生物制品厂严格按照农业部颁发的生制品规程进行生产，且符合质量标准的特殊产品，其质量直接影响免疫效果。如使用非 SPF 动物生产、病毒或细菌的含量不足、冻干或密封不佳、油乳剂疫苗水分层、氢氧化铝佐剂颗粒

过粗、生产过程污染、生产程序出现错误及随疫苗提供的稀释剂质量差等都会影响到免疫效果。

（2）正确储运疫苗　疫苗运输保存应有适宜的温度，如冻干苗要求低温保存运输，保存期限不同要求温度不同，不同种类冻干苗对温度也有不同要求。灭活苗要低温保存，不能冻结。如果疫苗在运输或保管中因温度过高或反复冻融，油佐剂疫苗被冻结、保存温度过高或已超过有效期等都可使疫苗减效或失效。从疫苗产出到接种家禽的各个过程不能严格按规定进行，就会造成疫苗效价降低，甚至失效，影响免疫效果。

（3）科学选用疫苗　疫苗种类多，免疫同一疾病的疫苗也有多种，必须根据本地区、本场的具体情况选用疫苗，盲目选用疫苗就可能造成免疫效果不好，甚至诱发疫病。如果在未发生过某种传染病的地区（或鸡场）或未进行基础免疫幼龄鸡群使用强毒活苗可能引起发病。许多病原微生物有多个血清型、血清亚型或基因型。选择的疫苗毒株如与本场病原微生物存在太大差异时或不属于一个血清亚型，大多不能起到保护作用。存在强毒株或多个血清（亚）型时仍用常规疫苗，免疫效果不佳。

2. 考虑鸡体对疫苗的反应

鸡体是产生抗体的主体，动物机体对接种抗原的免疫应答在一定程度上会受到遗传控制，同时其他因素会影响到抗体的生成，要提高免疫效果，必须注意鸡体对疫苗的反应。

（1）减少应激　应激因素不仅影响鸡的生长发育、健康和生产性能，而且对鸡的免疫功能也会产生一定影响。免疫过程中强烈应激原的出现常常导致不能达到最佳的免疫效果，使鸡群的平均抗体水平低于正常。如果环境过冷、过热、通风不良、湿度过大、拥挤、抓提转群、震动、噪声、饲料突变、营养不良、疫病或其他外部刺激等应激源作用于家禽导致家禽神经、体液和内分泌失调、肾上腺皮质激素分泌增加、胆固醇减少和淋巴器官退化等，免疫应答差。

（2）考虑母源抗体高低　母鸡抗体可保护雏鸡早期免受各种传染病的侵袭，但由于种种原因，如种蛋来自日龄、品种和免疫程序不同种鸡群。种鸡群的抗体水平低或不整齐，母源抗体的水平不同等，会干扰后天免疫，影响免疫效果，母源抗体过高时免疫，疫苗抗原会被母源抗体中和，不能产生免疫力。母源抗体过低时免疫，会产生一个

免疫空白期，易受野毒感染而发病。

（3）注意潜在感染　由于鸡群内已感染了病原微生物，未表现明显的临床症状，接种后激发鸡群发病，鸡群接种后需要一段时间才能产生比较可靠的免疫力，这段时间是一个潜在危险期，一旦有病毒入侵，就有可能导致疾病发生。

（4）维持鸡群健康　鸡群体质健壮，健康无病，对疫苗应答强，产生抗体水平高。如体质弱或处于疾病痊愈期进行免疫接种，疫苗应答弱，免疫效果差。机体的组织屏障系统和黏膜破坏，也影响机体免疫力。

（5）避免免疫抑制　某些因素作用于机体，损害鸡体的免疫器官，造成免疫系统的破坏和功能低下，影响正常免疫应答和抗体产生，形成免疫抑制。免疫抑制会影响体液免疫、细胞免疫和巨噬细胞的吞噬功能这三大免疫功能，从而造成免疫效果不良，甚至失效。免疫抑制的主要原因如下。

① 传染性因素　如鸡马立克病病毒（MDV）感染可导致多种疫苗如鸡新城疫疫苗的免疫失败，增加鸡对球虫初次和二次感染的易感性；鸡传染性法氏囊炎病毒（IBDV）感染或接种不当引起法氏囊肿大、出血，降低机体体液免疫应答，引起免疫抑制；禽白血病病毒（ALV）感染导致淋巴样器官的萎缩和再生障碍，抗体应答下降；网状内皮组织增生症病毒（REV）感染鸡，机体的体液免疫和细胞应答常常降低，感染鸡对 MDV、IBDV、ALV、鸡痘、球虫和沙门菌的易感性增加；鸡传染性贫血因子病病毒（CIAV）可使胸腺、法氏囊、脾脏、盲肠、扁桃体和其他组织内淋巴样细胞严重减少，使机体对细菌和真菌的易感性增加，抑制疫苗的免疫应答。

② 营养因素　日粮中的多种营养成分是维持家禽防御系统正常发育和功能健全的基础，免疫系统的建立和运行需要一部分的营养。如果日粮营养成分不全面，采食量过少或发生疾病，使营养物质的摄取量不足，特别是维生素、微量元素和氨基酸供给不足，可导致免疫功能低下。

③ 药物因素　如饲料中长期添加氨基糖苷类抗生素会削弱免疫抗体的生成。大剂量的链霉素有抑制淋巴细胞转化的作用。给雏鸡使用链霉素气雾剂同时使用 ND 活疫苗接种时，发现链霉素对雏鸡体内抗体生成有抑制作用。新霉素气雾剂对家禽 ILV 的免疫有明显的抑制作用。庆大霉素和卡那霉素对 T、B 淋巴细胞的转化有明显的抑

制作用；饲料中长期使用四环素类抗生素，如给雏鸡使用土霉素气雾剂，同时使用ND活疫苗接种时，发现链霉素对雏鸡体内抗体生成有抑制作用，而且T淋巴细胞是土霉素的靶细胞；另外还有糖皮质激素类，有明显的免疫抑制作用，地塞米松可激发鸡法氏囊淋巴细胞死亡，减少淋巴细胞的产生。临床上使用剂量过大或长期使用，会造成难以觉察到的免疫抑制。

④ 有毒有害物质　重金属元素，如镉、铅、汞、砷等可增加机体对病毒和细菌的易感性，一些微量元素的过量也可以导致免疫抑制。黄曲霉毒素可以使胸腺、法氏囊、脾脏萎缩，抑制禽体IgG、IgA的合成，导致免疫抑制，增加对MDV、沙门菌、盲肠球虫的敏感性，增加死亡率。

⑤ 应激因素　应激状态下，免疫器官对抗原的应答能力降低，同时，机体要调动一切力量来抵抗不良应激，使防御功能处于一种较弱的状态，这时接种疫苗就很难产生应有的坚强的免疫力。

3. 正确的免疫操作

（1）合理安排免疫程序　安排免疫接种时要考虑疾病的流行季节，鸡对疾病敏感性，当地或本场疾病威胁，肉鸡品系之间差异，母源抗体的影响，疫苗的联合或重复使用的影响及其他人为的因素、社会因素、地理环境和气候条件等因素，以保证免疫接种的效果。如当地流行严重的疾病没有列入免疫接种计划或没有进行确切免疫，在流行季节没有加强免疫就可能导致感染发病。

（2）确定恰当的接种途径　每一种疫苗均具有其最佳接种途径，如随便改变可能会影响免疫效果，例如禽脑脊髓炎的最佳免疫途径是经口接种，喉气管炎的接种途径是点眼，鸡新城疫Ⅰ系苗应肌注，禽痘疫苗一般刺种。当鸡新城疫Ⅰ系疫苗饮水免疫，喉气管炎疫苗用饮水或者肌注免疫时，效果都较差。在我国目前的条件下，不适宜过多地使用饮水免疫，尤其是对水质、饮水量、饮水器卫生等注意不够时免疫效果将受到较大影响。

（3）正确稀释疫苗和免疫操作

① 保持适宜接种剂量　在一定限度内，抗体的产量随抗原的用量而增加，如果接种剂量（抗原量）不足，就不能有效刺激机体产生足够的抗体。但接种剂量（抗原量）过多，超过一定的限度，抗体的形成反而受到抑制，这种现象称为“免疫麻痹”。所以，必须严格按

照疫苗说明或兽医指导接入适量的疫苗。有些养鸡场超剂量多次注射免疫，这样可能引起机体的免疫麻痹，往往达不到预期的效果。

② 科学安全稀释疫苗　如马立克疫苗不用专用稀释液或与植物染料、抗生素混合都会降低免疫效力，有些添加剂可降低马立克疫苗的蚀斑达50%以上。饮水免疫时仅用自来水稀释而没有加脱脂乳，或用一般井水稀释疫苗时，其酸碱度及离子均会对疫苗有较大的影响。

③ 准确免疫操作　饮水免疫控水时间过长或过短，每只鸡饮水量不匀或不足（控水时间短，饮入的疫苗液少，疫苗液放的时间长失效）。点眼滴鼻时放鸡过快，药液尚未完全吸入。采用气雾免疫时，因室温过高或风力过大，细小的雾滴迅速挥发，或喷雾免疫时未使用专用的喷雾免疫设备，造成雾滴过大过小，影响家禽的吸入量。注射免疫时剂量没调准确或注射过程中发生故障或其他原因，疫苗注入量不足或未注入体内等。

④ 保持免疫接种器具洁净　免疫器具如滴管、刺种针、注射器和接种人员消毒不严，带入野毒引起鸡群在免疫空白期内发病。饮水免疫时饮用水或饮水器不清洁或含有消毒剂影响免疫效果。免疫后的废弃疫苗和剩余疫苗未及时处理，在鸡舍内外长期存放也可引起鸡群感染发病。

（4）注意疫苗之间的干扰作用　严格地说，多种疫苗同时使用或在相近时间接种时，疫苗病毒之间可能会产生干扰作用。例如传染性支气管炎疫苗病毒对鸡新城疫疫苗病毒的干扰作用，使鸡新城疫疫苗的免疫效果受到影响。

（5）避免药物干扰　抗生素对弱毒活菌素的作用，病毒灵等抗病毒药对疫苗的影响。一些人在接种弱毒活菌苗期间，例如接种鸡霍乱弱毒菌苗时使用抗生素，就会明显影响菌苗的免疫效果，在接种病毒疫苗期间使用抗病毒药物，如病毒唑、病毒灵等也可能影响疫苗的免疫效果。

4. 保持良好的环境条件

如果禽场隔离条件差、卫生消毒不严格、病原污染严重等，都会影响免疫效果。如育雏舍在进鸡前清洁消毒不彻底，马立克病病毒、法氏囊病病毒等存在，这些病毒在育雏舍内滋生繁殖，就可能导致免疫效果差，发生马立克病和传染性法氏囊炎。大肠杆菌严重污染的禽场，卫生条件差，空气污浊，即使接种大肠杆菌疫苗，大肠杆菌病

也还可能发生。所以，必须保持良好的环境卫生条件，以提高免疫接种的效果。

六、肉鸡场的药物保健

药物保健见表 4-21。

表 4-21　肉鸡药物保健方案

日龄	药物保健方案
1 ～ 10 天	入舍后，维生素 C（5 克 /50 千克水）或速补－14＋5% 糖饮水。丁胺卡那霉素 8 ～ 10 克 /100 千克，饮水 3 ～ 5 天；然后，氟苯尼考 5 ～ 8 克 /100 千克饮水，或硫酸新霉素，0.05% 饮水（或 0.02% 拌料），连用 3 ～ 5 天。防治鸡白痢和大肠杆菌病
10 ～ 30 天	磺胺嘧啶或磺胺甲基嘧啶或磺胺二甲基嘧啶，在饲料中添加 0.5%，饮水中可用 0.1% ～ 0.2%，连续使用 5 天后，停药 3 天，再继续使用 2 ～ 3 次；泰乐菌素 0.05% ～ 0.1% 饮水或罗红霉素 0.005% ～ 0.02% 饮水，连用 7 天。防治大肠杆菌病和慢性呼吸道病
15 天至出栏前 1 周	氯苯胍 30 ～ 33 毫克 / 千克饲料混饲。或硝苯酰胺 125 毫克 / 千克饲料混饲。或杀球灵 1 毫克 / 千克饲料混饲，连用 5 ～ 7 天，停药 5 天，再使用。或几种药物交替使用

七、疫病扑灭措施

（一）隔离

当鸡群发生传染病时，应尽快作出诊断，明确传染病性质，立即采取隔离措施。一旦病性确定，对假定健康鸡可进行紧急预防接种。隔离开的鸡群要专人饲养，用具要专用，人员不要互相串门。根据该种传染病潜伏期的长短，经一定时间观察不再发病后，再经过消毒后可解除隔离。

（二）封锁

在发生及流行某些危害性大的烈性传染病时，应立即报告当地政府主管部门，划定疫区范围进行封锁。封锁应根据该疫病流行情况和流行规律，按“早、快、严、小”的原则进行。封锁是针对传染源、传播途径、易感动物群三个环节采取相应措施。

（三）紧急预防和治疗

一旦发生传染病，在查清疫病性质之后，除按传染病控制原则进行诸如检疫、隔离、封锁、消毒等处理外，对疑似病鸡及假定健康鸡可采用紧急预防接种，预防接种可应用疫苗，也可应用抗血清。

（四）淘汰病禽

淘汰病禽，也是控制和扑灭疫病的重要措施之一。

第五招 尽量降低生产消耗

【提示】

产品的生产过程就是生产的耗费过程，企业要生产产品，就是发生各种生产耗费。生产过程的耗费包括劳动对象（如饲料）的耗费、劳动手段（如生产工具）的耗费以及劳动力的耗费等。在产品产量一定的情况下，降低生产消耗就可以增加效益；在消耗一定的情况下，增加产品产量也可以增加效益；同样规模的肉鸡企业，生产水平和管理水平高，产品数量多，各种消耗少，就可以获得更好的效益。

一、加强生产运行过程的管理

（一）科学制订劳动定额和操作规程

1. 劳动定额

劳动定额标准见表 5-1。

表 5-1　劳动定额标准

工种	工作内容	一人定额/(只/人)	工作条件
肉种鸡育雏育成（平养） 肉种鸡育雏育成（笼养）	饲养管理，一次清粪 饲养管理，经常清粪	1800～3000 1800～3000	饲料到舍；自动饮水，人工供暖或集中供暖
肉种鸡网上-地面饲养 肉种鸡平养 肉种鸡笼养	饲养管理，一次清粪 饲养管理 饲养管理	1800～2000 3000 3000	人工供料拣蛋，自动饮水 自动饮水。机械供料，人工拣蛋 两层笼养，全部手工操作
肉仔鸡 （1日龄至上市）	饲养管理 饲养管理	5000 10000～20000	人工供暖、喂料，自动饮水 集中供暖，机械加料，自动饮水
孵化	由种蛋到出售鉴别雏	10000枚/人	蛋车式，全自动孵化器
清粪	人工笼下清粪	20000～40000	清粪后人工运至200米左右

2. 规程规定

（1）制订技术操作规程技术操作规程是鸡场生产中按照科学原理制订的日常作业的技术规范。鸡群管理中的各项技术措施和操作等均通过技术操作规程加以贯彻。同时，它也是检验生产的依据。不同饲养阶段的鸡群，按其生产周期制订不同的技术操作规程。如育雏（或育成鸡、或蛋鸡、或肉鸡）技术操作规程。

技术操作规程的主要内容是：对饲养任务提出生产指标，使饲养人员有明确的目标；指出不同饲养阶段鸡群的特点及饲养管理要点；按不同的操作内容分段列条、提出切合实际的要求等。

技术操作规程的指标要切合实际，条文要简明具体，易于落实执行。

（2）工作程序制定　规定各类鸡舍每天从早到晚的各个时间段内的常规操作，使饲养管理人员有规律的完成各项任务，见表 5-2。

表 5-2　鸡舍每日工作日程

雏鸡舍或肉用仔鸡每日工作程序		育成舍每日工作程序		种鸡每日工作程序	
时间	工作内容	时间	工作内容	时间	工作内容
8：00	喂料。检查饲料质量，饲喂均匀，饲料中加药，避免断料	8：00	喂料。检查饲料质量，饲喂均匀，料中加药，避免断料	6：00 6：20	开灯 喂料，观察鸡群和设备运转情况
9：00	检查温、湿度，清粪，打扫卫生，巡视鸡群。检查照明、通风系统并保持卫生	9：00	检查温、湿度，清粪，打扫卫生，巡视鸡群，检查照明、通风系统并保持卫生	7：30 9：00 10：30	早餐 匀料，观察环境条件，准备蛋盘。 拣蛋，提死鸡
10：00	喂料，检查舍内温、湿度，检查饮水系统，观察鸡群	10：00	检查舍内温、湿度和饮水系统，观察鸡群。将笼外鸡捉入笼内	11：30 12：00	喂料，观察鸡群和设备运转情况 午餐
11：30	午餐休息	11：30	午餐休息	15：00	喂料，准备拣蛋设备
13：00	喂料，观察鸡群和环境条件	13：00	喂料，观察鸡群和环境条件	16：00	洗刷饮水和饲喂系统，打扫卫生
15：00	检查笼门，调整鸡群；观察温、湿度，个别治疗	15：00	检查笼门，调整鸡群；观察温、湿度，个别治疗。清粪	17：00	拣蛋，记录和填写相关表格，环境消毒等
16：00	喂料，做好各项记录并填写表格；做好交班准备	16：00	喂料，做好各项记录并填写表格	18：00	晚餐
17：00	夜班饲养人员上班工作	17：00	下班	20：00	喂料，1 小时后关灯

（3）制订综合防疫制度　为了保证鸡群的健康和安全生产，场内必须制订严格的防疫措施，规定对场内、外人员、车辆、场内环境、装蛋放鸡的容器进行及时或定期的消毒、鸡舍在空出后的冲洗、消毒，各类鸡群的免疫，种鸡群的检疫等。

（二）科学制订生产计划

计划是决策的具体化，计划管理是经营管理的重要职能。计划管理就是根据鸡场确定的目标，制订各种计划，用以组织协调全部的生产经营活动，达到预期的目的和效果。

【注意】生产经营计划是鸡场计划体系中的一个核心计划，肉鸡场应制订详尽的生产经营计划。

1. 鸡群周转计划

鸡群周转计划是制订其他各项计划的基础，只有制订好周转计划，才能制订饲料计划、产品计划和引种计划。制订鸡群周转计划，应综合考虑鸡舍、设备、人力、成活率、鸡群的淘汰和转群移舍时间、数量等，保证各鸡群的增减和周转能够完成规定的生产任务，又最大限度地降低各种劳动消耗。

（1）制订周转计划的依据

① 周转方式　肉鸡场普遍采用全进全出制的周转方式，即整个鸡场的几栋鸡舍或一栋鸡舍，在同一时间进鸡，在同一时间淘汰。这种方式有利于清理消毒，有利于防疫和管理。

② 鸡群的饲养期　肉用种鸡场鸡的类型多，不同类型鸡饲养期不同。商品仔鸡场鸡的饲养期一般为 6 ～ 8 周，空舍期为 2 ～ 3 周。

（2）周转计划的编制

【实例】如一商品肉鸡场，有鸡舍 5 栋，年出栏肉鸡约 20 万只，全场采用全进全出的饲养制度，制订周转计划见表 5-3、表 5-4。

表 5-3　周转计划表（饲养期 42 天，空舍 10 天，饲养周期 52 天，年出栏约 7 批）

批次	进鸡时间	总数量 / 只	每栋入舍数量 / 只	出栏时间	出栏数量 / 只
1	1 月 1 日	30000	6000	2 月 12 日	28500
2	2 月 22 日	30000	6000	4 月 5 日	28500
3	4 月 15 日	30000	6000	5 月 27 日	28500
4	6 月 6 日	30000	6000	7 月 18 日	28500
5	7 月 28 日	30000	6000	9 月 10 日	28500
6	9 月 20 日	30000	6000	11 月 1 日	28500
7	11 月 11 日	30000	6000	12 月 23 日	28500

表 5-4　周转计划表（饲养期 45 天，空舍 15 天，饲养周期 60 天，年出栏约 6 批）

批次	进鸡时间	总数量 / 只	每栋入舍数量 / 只	出栏时间	出栏数量 / 只
1	1 月 1 日	35000	35000/5 = 7000	2 月 14 日	33250
2	3 月 1 日	35000	35000/5 = 7000	4 月 14 日	33250
3	4 月 29 日	35000	35000/5 = 7000	6 月 13 日	33250
4	6 月 28 日	35000	35000/5 = 7000	8 月 12 日	33250
5	8 月 27 日	35000	35000/5 = 7000	10 月 11 日	33250
6	10 月 26 日	35000	35000/5 = 7000	12 月 10 日	33250

2. 饲料计划

饲料供应计划（表 5-5）应根据各类鸡耗料标准和鸡群周转计划，计算出各种饲料的需要量。若是自己加工饲料，可根据饲料配方计算出各种原料的需要量。饲料或原料要有一定的库存量(能保证有一个月的用量)并保持来源的相对稳定。但进料不宜过多，以防止因饲料发热、虫蛀、霉变而造成不必要的损失。

表 5-5　饲料供应计划表

月份	月计划饲养量 / 只	月计划用料量 / 千克	原料用量 / 千克						全价料	饲料供应量 / 千克	盈缺 / 千克
			玉米	麸皮	豆粕	鱼粉	矿物质	添加剂			
1											
2											
3											
4											
5											
6											
7											
8											
9											
10											
11											
12											
总计											

3. 肉仔鸡年度生产计划表

肉仔鸡年度生产计划表见表 5-6。

表 5-6 肉仔鸡年度生产计划表

批次	进雏日期	品种名称	饲养员	进雏数 / 只	出栏日期	饲养天数 / 天	出栏数 / 只	出栏率 /%	备注
1									
2									
3									
4									
5									
6									

4. 产品计划

产品计划表见表 5-7。

表 5-7 产品计划表

产品名称	年内各月产品量												总计
	1	2	3	4	5	6	7	8	9	10	11	12	
雏鸡 / 只													
肉鸡 / 千克													
种蛋 / 枚													

5. 年财务收支计划

年财务收支计划表见表 5-8。

表 5-8 年财务收支计划表

收入		支出		备注
项目	金额 / 金	项目	金额 / 元	
种蛋		雏鸡费		
肉鸡		饲料费		
肉鸡产品加工		折旧费（建筑、设备）		
粪肥		燃料、药品费		
其他		基建费		
		设备购置维修费		
		水电费		
		管理费		
		其他		
合计				

（三）劳动组织

1. 生产组织精简高效

生产组织与鸡场规模大小有着密切关系，规模越大，生产组织就越重要。规模化鸡场一般设置有行政、生产技术、供销财务和生产班组等组织部门，部门设置和人员安排尽量精简，提高直接从事养鸡生产的人员比例，最大限度地降低生产成本。

2. 人员的合理安排

养鸡是一项脏、苦而又专业性强的工作，所以必须根据工作性质来合理地安排人员，知人善用，充分调动饲养管理人员的劳动积极性，不断提高专业技术水平。

3. 建立健全岗位责任制

岗位责任制规定了鸡场每一个人员的工作任务、工作目标和标准。完成者奖励，完不成者被罚，不仅可以保证鸡场各项工作顺利完成，而且能够充分调动劳动者的积极性，使生产完成得更好，生产的产品更多，各种消耗更少。

（四）记录管理

记录管理就是将肉鸡场生产经营活动中的人、财、物等消耗情况及有关事情记录在案，并进行规范、计算和分析。目前许多肉鸡场不重视记录管理，不知道怎样记录。肉鸡场缺乏记录资料，导致管理者和饲养者对生产经营情况，如各种消耗是多是少、产品成本是高是低、单位产品利润和年总利润多少等都不十分清楚，更谈不上采取有效措施降低成本，提高效益。

1. 记录管理的作用

（1）反映鸡场生产经营活动的状况　完善的记录可将整个肉鸡场的动态与静态记录无遗。有了详细的鸡场记录，管理者和饲养者通过记录不仅可以了解现阶段鸡场的生产经营状况，而且可以了解过去肉鸡场的生产经营情况。有利于加强管理，有利于对比分析，有利于进行正确的预测和决策。

（2）经济核算的基础　详细的鸡场记录包括了各种消耗、鸡群的周转及死亡淘汰等变动情况、产品的产出和销售情况、财务的支出和收入情况以及饲养管理情况等，这些都是进行经济核算的基本材料。没有详细的、原始的、全面的鸡场记录材料，经济核算也是空谈，甚至会出现虚假核算。

2. 鸡场记录的原则

（1）及时准确　及时是根据不同记录要求，在第一时间认真填写，不拖延、不积压，避免出现遗忘和虚假；准确是按照肉鸡场当时的实际情况进行记录，既不夸大，也不缩小，实实在在。特别是一些数据要真实，不能虚构。如果记录不精确，将失去记录的真实可靠性，这样的记录也是毫无价值的。

（2）简洁完整　记录工作繁琐就不易持之以恒地去实行，所以设置的各种记录簿册和表格力求简明扼要，通俗易懂，便于记录；完整是记录要全面系统，最好设计成不同的记录册和表格，并且填写完全、工整，易于辨认。

（3）便于分析　记录的目的是为了分析鸡场生产经营活动的情况，因此在设计表格时，要考虑记录下来的资料便于整理、归类和统计，为了与其他鸡场的横向比较和本鸡场过去的纵向比较，还应注意记录内容的可比性和稳定性。

3. 肉鸡场记录的内容

鸡场记录的内容因鸡场的经营方式与所需的资料而有所不同，一般应包括以下内容。

（1）生产记录　主要有鸡群生产情况记录。如鸡的品种、饲养数量、饲养日期、死亡淘汰、产品产量等；饲料记录，鸡群所消耗的饲料种类、数量及单价等；劳动记录，如每天出勤情况、工作时数、工作类别以及完成的工作量、劳动报酬等。

（2）财务记录　主要包括收支记录。包括出售产品的时间、数量、价格、去向及各项支出情况；资产记录，固定资产类（包括土地、建筑物、机器设备等的占用和消耗）、库存物资类（包括饲料、兽药、在产品、产成品、易耗品、办公用品等）的消耗数、库存数量及价值以及现金及信用类，包括现金、存款、债券、股票、应付款、应收款等。

（3）饲养管理记录　主要包括饲养管理程序及操作记录，如饲喂程序、光照程序、鸡群的周转、环境控制等记录；疾病防治记录，包括隔离消毒情况、免疫情况、发病情况、诊断及治疗情况、用药情况、驱虫情况等。

4. 肉鸡生产记录表

（1）肉鸡饲养记录表　肉鸡饲养中填写好饲养记录非常重要，每天要如实、全面地填写。肉鸡饲养记录见表5-9。

表5-9　肉鸡饲养记录表

进雏时间_____　购雏种鸡场______　数量___　栋号___

日期	日龄	实存数/只	死亡数/只	淘汰数/只	料号	总耗料/千克	日平均耗料/克	温、湿度	备注

（2）肉鸡周报表　根据日报内容每周末要做好周报表的填写。肉鸡周报表见表5-10。

表5-10　肉鸡周报表

周龄	存栏数/只	死亡数/只	淘汰数/只	死亡淘汰率/%	累计死亡淘汰数/只	累计死亡淘汰率/%	耗料/千克	累计耗料/千克	只日耗料/克	体重/克	周料肉比	备注
1												
2												
3												
4												
5												
6												
7												
8												

（3）免疫记录表　免疫接种工作是预防肉鸡疫病的一项重要工作，免疫的疫苗种类和次数较多，要做好免疫记录。每次免疫后要将免疫情况填入表 5-11。

表 5-11　肉鸡群免疫记录表

日龄	日期	疫苗名称	生产厂家	批号、有效期限	免疫方法	剂量	备注

（4）用药记录表　肉鸡场为了预防和治疗疾病，会经常有计划地使用药物，每次用药情况要填入表 5-12。

表 5-12　肉鸡群用药记录表

日龄	日期	药名及规格	生产厂家	剂量	用途	用法	备注

（5）肉鸡出栏后体重报表见表 5-13。

表 5-13　肉鸡出栏后体重报表

车序号	筐数 / 筐	数量 / 只	总重 / 千克	平均体重 / 千克	预收入 / 元	实收入 / 元	肉联厂只数 / 只
1							
2							
3							
4							
5							
6							
7							
8							
9							
10							
合计							

（6）肉鸡场入库和出库的药品、疫苗、药械记录表　肉鸡场技术人员和采购人员将每批入库及出库的药品、疫苗和药械逐一登记填入表5-14和表5-15。

表5-14　肉鸡场入库的药品、疫苗、药械记录表

日期	品名	规格	数量	单价	金额	生产厂家	生产日期	生产批号	经手人	备注

表5-15　肉鸡场出库的药品、疫苗、药械记录表

日期	车间	品名	规格	数量	单价	金额	经手人	备注

（7）肉鸡场购买饲料或饲料原料记录表　饲料采购和加工人员要将每批购买的饲料或饲料原料填入表5-16和表5-17中。

表5-16　购买饲料及出库记录表

日期	育雏期			育肥期		
	入库量/千克	出库量/千克	库存量/千克	入库量/千克	出库量/千克	库存量/千克

表5-17　购买饲料原料记录表

日期	饲料品种	货主	级别	单价	数量	金额	化验结果	化验员	经手人	备注

（8）收支记录表见表5-18。

表5-18　收支记录表

收入		支出		备注
项目	金额/元	项目	金额/元	
合计				

5. 鸡场记录的分析

通过对鸡场的记录进行整理、归类，可以进行分析。分析是通过一系列分析指标的计算来实现的。利用成活率、母鸡存活率、蛋重、日产蛋率、饲料转化率等技术效果指标来分析生产资源的投入和产出产品数量的关系以及分析各种技术的有效性和先进性。利用经济效果指标分析生产单位的经营效果和赢利情况，为鸡场的生产提供依据。

二、严格资产管理

（一）流动资产管理

流动资产是指可以在一年内或者超过一年的一个营业周期内变现或者运用的资产。流动资产是企业生产经营活动的主要资产，主要包括鸡场的现金、存款、应收款及预付款、存货（原材料、在产品、产成品、低值易耗品）等。流动资产周转状况影响到鸡场生产消耗和产品的成本。加快流动资产周转措施如下。

1. 加强物资采购和保管

加强采购物资的计划性，防止盲目采购，合理地储备物质，避免积压资金，加强物资的保管，定期对库存物资进行清查，防止鼠害和霉烂变质。

2. 推广应用科学技术

科学地组织生产过程，采用先进技术，尽可能缩短生产周期，节约使用各种材料和物资，减少在产品资金占用量。

3. 加强产品销售

及时销售产品，缩短产成品的滞留时间。

4. 及时清理债务和资金回收

及时清理债权债务，加速应收款项的回收，减少成品资金和结算资金的占用量。

（二）固定资产管理

固定资产是指使用年限在一年以上，单位价值在规定的标准以上，并且在使用中长期保持其实物形态的各项资产。鸡场的固定资产主要包括建筑物、道路、产蛋鸡以及其他与生产经营有关的设备、器具、工具等。

1. 固定资产的折旧

固定资产的长期使用中，在物质上要受到磨损，在价值上要发生损耗。固定资产的损耗，分为有形损耗和无形损耗两种。有形损耗是指固定资产由于使用或者由于自然力的作用，使固定资产物质上发生磨损。无形损耗是由于劳动生产率提高和科学技术进步而引起的固定资产价值的损失。固定资产的折旧与补偿。固定资产在使用过程中，由于损耗而发生的价值转移，称为折旧，由于固定资产损耗而转移到产品中去的那部分价值叫折旧费或折旧额，用于固定资产的更新改造。

2. 固定资产折旧的计算方法

鸡场提取固定资产折旧，一般采用平均年限法和工作量法。

（1）平均年限法　它是根据固定资产的使用年限，平均计算各个时期的折旧额，因此也称直线法。其计算公式：

固定资产年折旧额＝［原值－（预计残值－清理费用）］÷固定资产预计使用年限

固定资产年折旧率＝固定资产年折旧额 ÷ 固定资产原值 ×100%

＝（1－净残值率）÷ 折旧年限 ×100%

（2）工作量法　它是按照使用某项固定资产所提供的工作量，计算出单位工作量平均应计提折旧额后，再按各期使用固定资产所实际完成的工作量，计算应计提的折旧额。这种折旧计算方法，适用于一些机械等专用设备。其计算公式为：

单位工作量（单位里程或每工作小时）折旧额＝（固定资产原值－预计净残值）÷ 总工作量（总行驶里程或总工作小时）

3. 提高固定资产利用效果的途径

（1）合理购置和建设固定资产　根据轻重缓急，合理购置和建设固定资产，把资金使用在经济效果最大而且在生产上迫切需要的项目上；购置和建造固定资产要量力而行，做到与单位的生产规模和财力相适应。

（2）固定资产配套完备　各类固定资产务求配套完备，注意加强设备的通用性和适用性，使固定资产能充分发挥效用。

（3）合理使用固定资产　建立严格的使用、保养和管理制度，对不需用的固定资产应及时采取措施，以免浪费，注意提高机器设备的时间利用强度和它的生产能力的利用程度。

三、降低产品成本

（一）肉鸡场成本的构成项目

1. 饲料费

指饲养过程中耗用的自产和外购的混合饲料和各种饲料原料。凡是购入的按买价加运费计算，自产饲料一般按生产成本（含种植成本和加工成本）进行计算。

2. 劳务费

从事养鸡的生产管理劳动，包括饲养、清粪、拣蛋、防疫、捉鸡、消毒、购物运输等所支付的工资、资金、补贴和福利等。

3. 雏鸡费用

从雏鸡出壳至养到140天的所有生产费用即雏鸡费用。如是购买育成新母鸡，按买价计算。自己培育的按培育成本计算。

4. 医疗费

指用于鸡群的生物制剂、消毒剂及检疫费、化验费、专家咨询服务费等。但已包含在育成新母鸡成本中的费用和配合饲料中的药物及添加剂费用不必重复计算。

5. 固定资产折旧维修费

指禽舍、笼具和专用机械设备等固定资产的基本折旧费及修

理费。根据鸡舍结构和设备质量，使用年限来计损。如是租用土地，应加上租金；土地、鸡舍等都是租用的，只计租金，不计折旧。

6. 燃料动力费

指饲料加工、鸡舍保暖、排风、供水、供气等耗用的燃料和电力费用，这些费用按实际支出的数额计算。

7. 利息

是指对固定投资及流动资金一年中支付利息的总额。

8. 杂费

包括低值易耗品费用、保险费、通信费、交通费、搬运费等。

9. 税金

指用于养鸡生产的土地、建筑设备及生产销售等一年内应缴税金。

以上九项构成了鸡场生产成本，从构成成本比重来看，饲料费、雏鸡费用、劳务费、折旧费、利息五项价额较大，是成本项目构成的主要部分，应当重点控制。

（二）成本的计算方法

成本的计算方法分为分群核算和混群核算。

1. 分群核算

分群核算的对象是每种禽的不同类别，如肉用种鸡群、育雏群、育成群、商品肉鸡群等，按鸡群的不同类别分别设置生产成本明细账户，分别归集生产费用和计算成本。肉鸡场的主要产品是种蛋、淘汰鸡、肉鸡等，副产品是粪便和淘汰鸡的收入。肉鸡场的饲养费用包括育成鸡的价值、饲料费用、折旧费、人工费等。

（1）种蛋成本

每枚种蛋成本（元 / 枚）=［种鸡生产费用－种鸡残值－非种蛋收入（包括鸡粪、商品蛋、淘汰鸡等收入）］/ 入舍种母鸡出售种蛋数

（2）雏鸡成本

每只雏鸡成本＝（全部的孵化费用－副产品价值）/ 成活一昼夜的初禽只数

（3）肉鸡成本

每千克肉鸡成本＝（基本鸡群的饲养费用－副产品价值）/ 禽肉总重量

2. 混群核算

混群核算的对象是每类禽，按禽种类设置生产成本明细账户，归集生产费用和计算成本。资料不全的小规模鸡场常用。

（1）种蛋成本

每枚种蛋成本（元 / 枚）＝［期初存栏种鸡价值＋购入种鸡价值＋本期种鸡饲养费－期末种鸡存栏价值－出售淘汰种鸡价值－非种蛋收入（商品蛋、鸡粪等收入）］/ 本期收集种蛋数

（2）肉鸡成本

每千克鸡肉成本（元 / 千克）＝［期初存栏鸡价值＋购入鸡价值＋本期鸡饲养费用－期末鸡存栏价值－淘汰出售鸡价值－鸡粪收入］（元）/ 本期产蛋总重量（千克）

（三）降低成本的方法

1. 生产适销对路的产品

在市场调查和预测的基础上，进行正确的、科学的决策，根据市场需求的变化生产符合市场需求的质优量多的产品。同时，好养不如好卖，鸡场应该结合自身发展的实际情况做好市场调查、效益分析，制订适合自己的市场营销方式，对自己鸡场的鸡群质量进行评估，确保长期稳定的销售渠道，树立自己独有的品牌，巩固市场。

2. 提高产品产量

据成本理论可知，如生产费用不变，产量与成本呈反比例变化，提高鸡群生产性能，增加蛋品产量，是降低产品成本的有效途径。其措施如下。

（1）选择优良品种　品种的选择至关重要，这是提高鸡场经济效益的先决条件。根据市场需求和鸡场情况，选择符合市场需求和生长速度快的肉鸡品种。

（2）科学的饲养管理

① 科学饲养管理 采用科学的饲喂方法，满足不同阶段肉鸡对营养的需求，不断提高肉鸡的生长速度。

② 合理应用添加剂 合理利用沸石、松针叶、酶制剂、益生素、中草药等添加剂能改善鸡消化功能，促进饲料养分充分吸收利用，增强抵抗力，提高生产性能。

③ 创造适宜的环境条件 满足肉鸡对温度、湿度、通风、密度等环境条件的要求，充分发挥其生产潜力。

④ 注重肉鸡生产各个环节的细微管理和操作 如饲喂动作幅度要小，饲喂程序要稳定，转群移舍、免疫接种等动作要轻柔，尽量避免或减少应激发生，维护肉鸡的健康。必要时应在饲料或饮水中添加抗应激药物来预防和缓解应激反应。

⑤ 做好隔离、卫生、消毒和免疫接种工作 肉鸡场的效益好坏归根到底取决于肉鸡疾病发生情况和饲养管理。鸡病防制重在预防，必须做好隔离、卫生、消毒和免疫接种工作，避免疾病发生，提高种鸡的繁殖力和肉用仔鸡的生长速度。

3. 提高资金利用效率

加强采购计划制订，合理储备饲料和其他生产物资，防止长期积压。及时清理回收债务，减少流动资金占用量。合理购置和建设固定资产，把资金用在生产最需要且能产生最大经济效果的项目上，减少非生产性固定资产开支。加强固定资产的维修、保养，延长使用年限，设法使固定资产配套完备，充分发挥固定资产的作用，降低固定资产折旧和维修费用。各类鸡舍合理配套，并制订周详的周转计划，充分利用鸡舍，避免鸡舍闲置或长期空舍。如能租借鸡场将会大大降低折旧费。

4. 提高劳动生产率

人工费用可占生产成本的10%左右，控制人工费需要加强对人员的管理、配备必要的设备和严格考核制度，才能最大限度地提高劳动生产率。

（1）人员的管理 人员的管理要在用人、育人、留人上下功夫。用人是根据岗位要求选择不同能力或不同年龄结构、不同文化程度、不同素质的人员。如场长应该具备管理能力、用人能力、决策能力、明辨是非能力、接受新鲜事物的能力、创造能力等，技术员要有过硬的技术水平及敢管人的能力和责任心，饲养员要选用有责任心的、服从安排的人，要把责任心最强的人放在配种的工作岗位上。对毕业的学生有德无才培养使用，有德有才破格使用，有才无德控制使用，无才无德坚决不用。年龄偏大或偏小的尽量不用，干活不动脑筋的尽量不用，家庭有负担的尽量不用，文盲尽量不用，沾亲带故的尽量不用等；育人就是不断加强对员工进行道德知识、文化知识、专业知识和专业技术的培训，以提高他们的素质和知识水平，适应现代肉鸡业的发展要求。留人至关重要：一要有好的薪资待遇和福利；二要有和谐的环境能实现自我价值；三是肉鸡场有发展前景，个人有发展空间和发展前途。要想方设法改善员工生活条件，完善员工娱乐设施，丰富员工业余生活，关心和尊重每一个员工。

（2）配备必要的设备　购置必要的设备可以减轻劳动强度，提高工作效率。如使用自动饮水设备代替人工加水、用小车送料代替手提肩挑，利用机械清粪、自动喂料设备等，可极大提高劳动效率。

（3）建立完善的绩效考核制度，充分调动员工的积极性　制订合理劳动指标和计酬考核办法，多劳多得，优劳优酬。指标要切合实际，努力工作者可超产，得到奖励，不努力工作者则完不成指标，应受罚，鼓励先进，鞭策落后，充分调动员工的劳动积极性。

（四）降低饲料费用

养鸡成本中，饲料费用要占到70%以上，有的专业场（户）可占到90%，因此它是降低成本的关键。

1. 选择质优价廉的饲料

① 选用质优价廉的饲料　购买全价饲料和各种饲料原料的要货比三家，选择质量好，价格低的饲料。自配饲料一般可降低日粮成本，饲料原料特别是蛋白质饲料廉价时，可购买预混料自配全价料，蛋白质饲料价高的，购买浓缩料自配全价料成本低。充分利用当地自产或价格低的原料，严把质量关，控制原料价格，并选择好可靠有效的饲料添加剂，以实现同等营养条件下的饲料价格最低。

② 合理储备饲料　要结合本场的实际制订原料采购制度，规范原料质量标准，明确过磅员和监磅员职责、收购凭证的传递手续等，平时要注重通过当地养殖协会、当地畜牧服务机构、互联网和养殖期刊等多种渠道随时了解价格行情，准确把握价格运行规律，搞好原料采购季节差、时间差、价格差。特别是玉米，是鸡场主要能量饲料，可占饲粮比例60%以上，直接影响饲料的价格。在玉米价格较低时可储存一些以备价格高时使用。

2. 减少饲料消耗

① 科学设计配方　根据不同生长阶段鸡在不同的生长季节的营养需要结合本场的实际制订科学的饲料配方并要求职工严格按照饲料配方配比各种原料，防止配比错误。这样就可以将多种饲料原料按科学的比例配合制成全价配合料，营养全而不浪费，料肉比低，经济效益高。为了尽量降低成本，可以就地取材，但不能有啥喂啥，不讲科学。

② 重视饲料保管　要因地制宜地完善饲料保管条件，确保饲料在整个存放过程中达到“五无”，即无潮、无霉、无鼠、无虫、无污染。

③ 注意饲料加工　注意饲料原料加工，及时改善加工工艺，提高其粉碎度及混合均匀度，提高其消化、吸收率。

④ 利用科学饲养技术　如据不同饲养阶段采用分段饲养技术，根据不同季节和出现应激时调整饲养等技术，在保证正常生长和生产的前提下，尽量减少饲料消耗；确保处于哪一阶段的鸡用哪一阶段的饲料，实行科学定量投料，避免过量投食带来不必要的浪费。

⑤ 适量投料　肉鸡多采用自由采食，但投料过多或长期不断料，会使饲料变质或降低肉鸡食欲。每天投料量与肉鸡采食量相符，基本保证肉鸡吃饱吃好又不剩余很多料。每天净槽一次或每周净槽3～5次，使肉鸡保持旺盛的食欲，提高饲料利用率，减少饲料浪费。

⑥ 饲槽结构合理，放置高度适宜　不同饲养阶段选用不同的饲喂用具，避免采食过程中的浪费饲料。一次投料不宜过多，饲喂人员投料要准、稳，减少饲料撒落。及时维修损毁的饲槽。

3. 适宜温度

圈舍要保持清洁干燥，冬天有利保暖，夏天有利散热，为鸡创造一个适宜的生长环境，以减少疾病的发生，降低维持消耗，提高饲料利用率。一般蛋鸡的适宜温度为 8 ～ 21℃，过高或过低对饲料利用率均有不良影响。

4. 搞好防疫

要搞好疫病的防治与驱虫，最大限度地降低发病率，以提高饲料的利用率。在肉鸡生产中，每年均有相当数量的肉鸡因患球虫病死亡或造成饲料隐性浪费。为此，养肉鸡要做好计划免疫和定期驱虫，保证肉鸡的健康生长，以提高饲料利用率。

第六招 增加产品价值

【提示】

生产优质肉鸡产品，充分利用生产中的副产品，增加产品价值，可以增加肉鸡养殖效益。

一、生产优质的肉鸡产品

肉鸡的质量主要包括外在质量和内在质量。外在质量（如肉鸡出现胸囊种、挫伤、骨折与软腿以及肉鸡皮肤的完整性、色泽等）影响到肉鸡的屠宰率和商品率；内在质量（如营养物质含量、药物和有毒有害物质残留以及病原微生物污染）等影响到肉鸡产品的安全和国内国外的销售。肉鸡质量控制的目的是提高屠宰率和商品率，避免药物和有毒有害物质残留以及病原微生物污染，保证肉鸡产品安全。

（一）外在质量的控制

生产中，肉鸡容易发生皮肤损伤、胸囊种、挫伤、骨折与软腿等，应该加强这些方面的控制，减少残次品率，提高屠宰率。影响肉鸡外在质量的因素及控制措施见表 6-1。

表 6-1 影响肉鸡外在质量的因素及控制措施

影响肉鸡外在质量的因素		控制措施
胸部囊种（系龙骨部位表皮受到刺激和压迫而出现的囊状组织，其中含有黏稠澄清的渗出物，颜色随症状的加剧而加深直至变黑，影响外观，降低使用价值与经济价值）	①仔鸡长期处于伏卧状态。其体重的60%由胸部来支撑，而一昼夜伏卧的时间占68%～72%。胸部长期受压是形成胸囊种的主要原因。越是日龄大的、体重大的、胸部受压越甚，而发生率也就越高。②羽毛生长的状况和覆盖度、龙骨的形状等羽毛生长良好，覆盖严密，龙骨较为平直则发生率低。③饲养方式　笼养（铅丝底网）和网上平养的较多发生。垫料平养的发生较少。④管理　垫料潮湿和板结容易发生	①可采用每次少供料，每日多喂饲几次，促使其活动。②保持垫料尽可能干燥、松软。麦秆、稻草、花生壳、稻壳、刨花和锯末均可用作垫料，垫料厚度一般为5～10厘米。③垫料的含水量过高，胸囊种的发生率会显著升高。④舍内要通风良好，注意排湿，勿使供水设备和管道漏水，垫料不宜过于细碎，以防潮湿和板结。⑤笼养采用塑料底网覆盖在铅丝上，能有效防止胸囊种的发生
骨折（胫骨和翅膀骨折断）	①饲养方式。笼养肉鸡骨骼的强度比平养鸡要低，其胫骨强度也比平养的要低，故笼养鸡骨折的发生率较高。②管理因素，如捉鸡时动作粗暴	①选择适宜的饲养方式。②为了减少挫伤与骨折，在抓鸡、装笼与卸车时，对笼养鸡一定要轻抓轻放，在运输过程中要尽量防止颠簸和急刹车
软腿症（由于关节、肌肉或腱发生异常出现的。一般从2周龄开始发生，4周龄大量出现。开始时成X形或O形腿，活动出现障碍。待症状加剧，起身困难，用膝行走，严重者影响采食和增重。软腿症还易导致胸囊种）	①遗传因素；疾病性因素，如传染性关节炎，葡萄球菌引起的关节炎。此外，马立克病、外伤、骨折和脱臼等也表现出类似的症状，必须注意区分。②管理因素，日粮中的钙、磷、维生素D_3、维生素E、核黄素、胆碱、烟酸、叶酸、泛酸、锰等是否含量不足。③抗营养因子。葡萄糖苷、噁唑烷硫铜、抗胰蛋白酶因子及单宁等	①加强疾病控制。②供给充足的钙、磷、维生素D_3，并保持钙磷平衡。供给充足的铜、锌、镁、锰，避免日粮氯离子含量过高。供给维生素E、核黄素、胆碱、烟酸、叶酸、泛酸等。③菜籽粕中葡萄糖苷、噁唑烷硫铜提高肉鸡腿部变形发病率，应脱毒或控制使用。生大豆或生豆粕中抗胰蛋白酶因子和脲酶可促发肉鸡胫骨发育不良，应加工后使用。高粱中的单宁可使肉鸡腿弯曲和肿胀，应严格控制用量。

续表

影响肉鸡外在质量的因素		控制措施
皮肤损伤（由于摩擦或冲撞等引起的肉鸡肤体的变化或损伤，使屠体降级，造成经济损失）	①饲养管理因素　饲养密度过大，活动面积不足，群鸡拥挤、相互践踏而引起皮肤损伤。饮水采食空间不足鸡群发生哄抢、啄斗、践踏而导致相互间抓伤。温度低，鸡群打堆，导致皮肤抓伤；没有适时进行公母分养也容易引起皮肤撕裂。②环境因素　炎热的天气，使鸡群应激，鸡群活跃易动，增强了皮肤撕裂的机会。③饲养设备不合适。④应激因素。应激引起群鸡飞舞，惊叫跳动，造成跌伤、撞伤，或者群鸡向一个方向移动、拥挤、打堆，造成踏伤、压伤或啄伤等意外损伤。特别在笼养肉鸡中发生较多。⑤营养因素。饲料中能量物质较高，使鸡沉积更多的脂肪，导致皮肤脆性增加和容易破裂。饲料中含硫氨酸（半胱氨酸和蛋氨酸）的含量过高或过低均可导致肉鸡神经质和羽毛生长缓慢。钠含量过低则可提高鸡群的神经质。⑥疾病因素。大肠杆菌和假单胞菌属的细菌感染肉鸡皮肤、MD和IBD等免疫抑制病可降低肉鸡抗感染的能力而容易造成慢性皮肤感染、啄癖以及体外寄生虫病等。⑦运输和加工因素	①加强饲养管理，做好鸡群的分栏工作，严格控制饲养密度。对于笼养肉鸡，要控制好单个笼位中的鸡只数量，最好为2只/笼，防止鸡只应激时互相践踏。做好鸡群的保温通风工作，防止鸡群打堆。准备充足的饮水器、料槽，给鸡群提供足够的饮水及饲料。工作流程相对稳定，减少各种应激的发生，为鸡群提供安静的生长环境。②合理的饲料配方，高能高蛋白物质及钠要适宜均衡。③为了防止挫伤要定期调整料槽的高度，使其边缘高出鸡背约2厘米。④制订合理的免疫程序，防止IBD、MD等免疫抑制病的发生。⑤搞好鸡舍及周围环境的卫生；定期进行带鸡消毒防止体外寄生虫、大肠杆菌病的发生。⑥捉鸡前移走或升高所有的设备等均能显著地减少各种挫伤的发生；肉鸡出栏时抓鸡、装鸡要轻抓轻放；屠宰加工时，仔细检查加工器械，针对鸡只个体的大小调整好脱毛机的宽度
胴体颜色（是吸引消费者的一个重要质量指标）	品种因素。我国优质地方品种胴体颜色较好。饲料中叶黄素、着色剂含量及使用时间，如饲喂白玉米的肉鸡胴体颜色淡；营养因素，营养不平衡影响叶黄素在肠道的吸收，导致皮肤苍白综合征。饲料中蛋白质、氨基酸、胆碱、微量元素及能量水平不当会造成着色不良。饲料中盐分和硝酸盐过高也会影响着色；维生素A、维生素E含量不足影响色素吸收。钙和叶黄素在肠道吸收存在竞争，钙水平过高着色效果差；黄曲霉毒素可引起肉鸡苍白皮肤综合征。肉鸡采食霉变饲料，皮肤色泽会逐渐褪去	根据市场情况选择适宜的品种。日粮中含丰富的叶黄素、类胡萝卜素等着色物质的饲料（如黄玉米、苜蓿等）或添加着色剂，如苜蓿粉、松针粉、刺槐粉（均为5%）、柿子粉、胡萝卜、柑橘皮粉（均为2%～5%）、红辣椒粉、万寿菊粉（为0.3%）、金盏花瓣粉（0.5%～0.7%）以及螺旋藻（2%～5%），并注意饲料加工过程中避免温度过高而破坏；保持饲料中能量、蛋白质和氨基酸的平衡，供给充足的维生素A、维生素E和胆碱。避免盐分、硝酸盐和钙含量过高；避免饲料霉变，不饲喂发霉变质的饲料。在出售前的21天开始在饲料中添加3毫克/千克角黄素（是一种带橙红色的类胡萝卜素色素），可以使腿脚颜色由淡黄色加深到鲜艳的橘色

续表

影响肉鸡外在质量的因素		控制措施
羽毛脱落	疾病。鸡群发生痛风病、黄曲霉毒素中毒、碳酸氢钠中毒、肉毒梭菌毒素中毒、慢性传染病、肿瘤病等均可以引起脱羽，但体外寄生虫引起的脱羽最为常见	加强管理，制订科学合理的免疫程序并切实有效地执行，可有效地预防慢性传染病和中毒病发生。加强卫生防疫工作，定期消毒，不仅对舍外进行每周一次消毒，而且要坚持每周两次的带鸡消毒，这对环境的净化和体外寄生虫的防治具有很大的作用
	长时间断水应激下发生脱羽；或光照太强，密度、湿度过大等均可引起鸡只啄食自体或其他鸡体的羽毛，从而致使严重的啄癖现象发生，常见于尾部和背部的羽毛脱落	保证充足饮水；保持适宜的环境条件，减少应激发生；避免过度拥挤
	维生素和微量元素缺乏	满足营养需要，特别是维生素、矿物质等微量元素的营养平衡，确保饲料营养能全面满足鸡只的需要

（二）内在质量控制

近些年来的发展，我国成为肉鸡大国，但我国肉鸡出口比例很低，或经常被国外叫停出口。其原因主要是质量问题，给我国的肉鸡业造成了巨大打击。要维持肉鸡业健康稳定发展，必须加强内在质量控制。影响内在品质的因素及控制措施见表 6-2。

表 6-2　影响肉鸡内在品质的因素及控制措施

影响内在质量的因素		控制措施
肌肉风味	遗传因素，不同的品种肌肉风味有差异	选择适宜的品种。小型品种的肉品质优于大型品种，地方品种优于外来品种
	饲料组成，饲料原料中鱼粉、鱼油及鱼肉中腐烂物的含量与鱼腥味有关。饲料本身含有有害因子而未被正确处理，它们所含有毒物质影响肉鸡生长，使鸡肉产生腥味	适当控制鱼粉的用量，避免使用腐烂变质的鱼粉或鱼油；棉籽饼和菜籽饼必须进行脱毒处理，并控制用量；饲喂牧草、蔬菜和土壤表层腐叶，可以使肉鸡的风味更好。用全麦和绿色蔬菜喂鸡，其肠道中大肠杆菌和粪链球菌以及其他菌类的菌数较高，得到的鸡肉风味更浓
	应激因素。肉鸡发生应激时，机体氧化能力增强，引起脂质氧化	饲料中添加维生素 E(100～200 毫克 / 千克)、矿物质、α- 胡萝卜素、3% 的绿茶粉等能增强机体抗氧化能力，减少脂质氧化，改善鸡肉风味

续表

影响内在质量的因素		控制措施
肌肉风味	香味物质不足。饲料中缺乏一些构成肌肉香味的主要成分或香味物质，影响肉质风味	添加含有香味成分或物质的添加剂。如每吨饲料添加250克大蒜素、出栏前4周在饲料添加3%的桑叶粉可明显提高肉质和改善肉味。屠宰前3～4周，饲料中添加丁香、胡椒、生姜、甜辣椒等调味香料可明显增加肉香
	抗生素的使用，通过饮水给鸡补充抗生素影响肉鸡的风味	出栏前一段时间避免抗生素饮水
药物残留	饲料中使用药物添加剂。饲料厂家在饲料中添加药物添加剂或饲养者在饲料中长期添加抗生素和抗球虫药物	严格执行《药物饲料添加剂使用规范》。少用或不用抗生素；使用绿色添加剂来防治疾病。一是使用微生态制剂。微生态制剂能有效补充禽肠道内的有益微生物，改善消化道的菌群平衡，迅速提高机体抗病能力、代谢能力和饲料的吸收利用能力，从而达到防病治病，提高饲料利用率，提高动物生产性能的作用，并且具有无毒、无害、无残留、无污染等优点，克服了抗生素所产生的菌群失调、二重感染和耐药性等缺点，是理想的饲料添加剂。微生态制剂用于肉鸡，可提高日增重和饲料转化率，减少疾病，已有很多报道。二是使用中药添加剂。它是天然药物添加剂，中药添加剂在配方、炮制和使用时，注重整体观念、阴阳平衡、扶正祛邪等中兽医辨证理论，以求调动动物机体内的积极因素，提高免疫力，增强抗病能力，提高生产性能。三是使用海洋活性物质。如使用GD生命素、海生素、N6生命素、海富康等系列产品，可以完全代替抗生素
	不按规定使用药物，滥用抗生素和抗球虫药物。没有按照休药期停药	25～30日龄可用复方敌菌净（DVD＋SMD）、复方新诺明（SMZ），但30日龄后禁用；宰前7～14天根据病情可继续选用土霉素、强力霉素、北里霉素、红霉素、恩诺沙星（普杀平、百病消）、环丙沙星、氧氟杀星、泰乐菌素、氟哌酸，其药量按规定要求使用。送宰前14天禁用青霉素、卡那霉素、氯霉素、链霉素、庆大霉素、新霉素、痢特灵。送宰前7天停用一切药物，最后一周所用饲料必须不含任何药物。预防球虫药可选用二硝托胺（球痢灵）、氯苯胍、沙利霉素（球安）、马杜拉霉素（加福、球杀死）、甲基三嗪酮（百球清），宰前7天停药。临近出栏时，如果对个别散发病鸡给予药物治疗，会引起药物残留。出售时再混入鸡群中，从而影响全群产品质量。对这样的病鸡要淘汰或病鸡康复后过了休药期（药残安全期）再出售
	非法使用违禁药物	整个饲养期禁止使用克球粉、球虫净、氨丙啉、枝原净、喹乙醇、螺旋霉素、四环素、磺胺嘧啶、磺胺二甲嘧啶、磺胺二甲氧嘧啶（SDM）、磺胺喹噁啉；禁止使用所有激素类及有激素类作用的药物。另外，对于出口到日本、欧盟的肉鸡，在整个饲养期还应禁用痢特灵、磺胺-6-甲氧嘧啶（SMM）及其钠盐、磺胺二甲基 异噁 唑及其钠盐、四环素族（四环素、土霉素、金霉素）、甲砜霉素、庆大霉素、氯霉素、伊维菌素、阿维菌素等

续表

影响内在质量的因素		控制措施
药物残留	疾病发生时盲目大量使用药物	一是在肉鸡整个饲养过程中，要科学管理，注意通风、温度、湿度等，创造一个肉鸡适宜的生长环境；二是建立合理的免疫程序和消毒制度，尽量减少疾病的发生，减少因病突发用药；三是可根据实际情况制订一个合理的用药保健程序，减少抗生素的使用，确保出栏时无药残。①刚进鸡时，用乳酸氧氟杀星或速达菌毒清对鸡群净化。② 5 ～ 25 日龄，用康壮素保护肠黏膜，提高消化吸收能力，促进生长。③ 1 ～ 25 日龄，用 N6 生命素（海洋活性物质）可防治疾病，促进生长。④接种疫苗后，用强力呼吸清和严迪强（或罗红霉素）控制慢性呼吸道病。⑤天气变化或应激时，用氨舒林和强力呼吸清，并在水中添加电解多维，防治大肠杆菌病和慢性呼吸道病，降低应激。⑥在 14 日龄、22 日龄、30 日龄左右，用百球冲剂或球消微粉或球痢灵，控制球虫病。⑦ 35 日龄左右，用肠乐微粉防治大肠杆菌病等肠道疾病，促进消化吸收。⑧ 26 日龄一出栏，用普乐宝（微生态制），可防治疾病，促进生长
有毒有害物质残留	饲料在自然界的生长过程中受到各种农药、杀虫剂、除草剂、消毒剂、清洁剂以及工矿企业所排放的“三废”污染；新开发利用的石油酵母饲料、污水处理池中的沉淀物饲料与制革业下脚料等蛋白饲料中也往往会含有对人类危害性很强的致癌物质；夏季饲料场在肉鸡后期料中加入肉渣，肉渣酸败和被微生物污染等	严把饲料原料质量，保证原料无污染；对动物性饲料要采用先进技术进行彻底无菌处理；对有毒的饲料要严格脱毒并控制用量。完善法律法规，规范饲料生产管理，建立完善的饲料质量卫生监测体系，杜绝一切不合格的饲料上市

续表

影响内在质量的因素		控制措施
有毒有害物质残留	配合饲料在加工调制与储运过程中，加热、化学处理等不当，导致饲料氧化变质和酸败，特别是一些含油脂较高的饲料，如玉米、花生饼、肉骨粉等，酸败饲料易产生有毒物质；饲料霉变产生的黄曲霉毒素可以残留肉鸡体内等。香味剂因含有易氧化的醚、醛、酯等物质可加快饲料的酸败	科学合理地加工保存饲料；饲料中添加抗氧化剂和防霉剂防止饲料氧化和霉变（如已证明霉菌毒素次生代谢产物AFT的毒性很强，致癌强度是“六六六”的二万倍）；慎用香味剂
	饮用水被有害有毒物质污染，如被重金属污染，农药污染	注意水源选择和保护，保证饮用水符合标准。定期检测水质，避免水受到污染，肉鸡饮用后在体内残留
	肉鸡临近出栏时，用敌百虫、敌敌畏等有机磷类药物灭蝇	出栏前禁用敌百虫、敌敌畏等有机磷类药物灭蝇，避免药物残留
微生物污染	饲料污染。利用屠宰场下脚料生产动物蛋白粉的过程中，如果这些动物本身就存在严重的病原微生物污染，则病原微生物就会通过动物蛋白粉、骨粉等进入新的动物体内，继而传染给人；饲料场为提高饲料能量，在后期料中添加动物肉渣，特别是在夏季很容易出现微生物污染；配合饲料在加工调制与储运过程中，处理不当，会导致饲料被微生物污染，如霉菌污染	选择优质的无污染的饲料（避免被大肠杆菌、葡萄球菌、沙门菌、结核杆菌、禽流感病毒等污染）；使用的肉渣和鱼粉要严格检疫，避免微生物含量超标；配合饲料科学处理
	饮用水污染，饮用水被生活污水、禽产品加工厂和医院、兽医院和病禽隔离区污水污染等	注意水源选择和保护，保证饮用水符合标准。定期检测水质，避免水受到污染
	饲养过程污染，如饲养环境差、空气微粒和微生物含量超标	加强环境消毒、卫生，保持洁净的环境和清新的空气
	疫病，如沙门菌、大肠杆菌、马立克病毒、禽流感病毒感染发病而导致污染	加强种禽的检疫；加强肉鸡场的隔离、消毒、卫生和免疫接种

二、提高副产品价值

蛋鸡粪便是主要的副产品，将粪便进行无害化处理变成饲料或有机肥，不仅会提高其利用价值，而且可以减少对环境的污染。

（一）生产饲料

鸡粪含有丰富的营养成分，开发利用鸡粪饲料具有非常广阔的应用前景。国内外试验结果均表明，鸡粪不仅是反刍动物良好的蛋白质补充料，也是单胃动物及鱼类良好的饲料蛋白来源。鸡粪饲料资源化的处理方法有直接饲喂、干燥处理（自然干燥、微波干燥和其他机械干燥）、发酵处理、青贮及膨化制粒等。

1. 高温处理

（1）高温快速干燥　利用机械干燥设备将新鲜鸡粪（70％以上）脱水干燥，可使其含水量达到15％以下。减少了鸡粪的体积和重量，便于包装、运输和应用；另一方面也可有效地抑制鸡粪中微生物的生长繁殖，从而减少了营养成分特别是蛋白质的损失。

利用高温回转炉可在10分钟左右将含水量70％的湿鸡粪迅速干燥成含水量仅为10％～15％的鸡粪加工品。烘干温度适宜的范围在300～900℃。

高温快速干燥不受季节、天气的限制，可连续生产，设备占地面积比较小，烘干的鸡粪营养损失量小于6％，并能达到消毒、灭菌、除臭的目的，可直接变成产品以及作为生产配合饲料和有机无机复合肥的原料。但耗能较高，尾气和烘干后的鸡粪均存在不同程度的二次污染问题，对含水量大于75％的湿鸡粪，烘干成本较高，而且一次性投资较大。

（2）膨化　将含水量小于25％的鸡粪与精饲料混合后加入膨化机，经机内螺杆粉碎、压缩与摩擦，物料迅速升温呈糊状，经机头的模孔射出。由于机腔内、外压力相差很大，物料迅速膨胀，水分蒸发，比重变小，冷却后含水量可降至13％～14％。膨化后的鸡粪膨松适口，具有芳香气味，有机质消化率提高10％左右，并可消灭病原菌，杀死虫卵，而且有利于长期储存和运输。但入料的含水量要求小于25％，故需要配备专门干燥设备才能保证连续生产，且耗电较高，生产率低，一般适合于小型养鸡场。

2. 发酵

利用各种微生物的活动来分解鸡粪中的有机成分，从而有效地提高有机物质的利用率。发酵过程中形成的特殊理化环境可以抑制和杀灭鸡粪中的病原体，同时还可以提高粗蛋白含量并起到除臭效果。但作为饲料进行发酵的鸡粪必须新鲜。

（1）自然厌氧发酵　发酵前应先将鸡粪适当干燥，使其水分保持在32%～38%，然后装入用混凝土筑成的圆筒或方形水泥池内，装满压实后用塑料膜封好，留一小透气孔，以便让发酵产生的废气逸出。发酵时间随季节而定，春秋季一般3个月，冬季4个月，夏季1个月左右即可。由于细菌活动产热，刚开始温度逐渐上升，内部温度达到83℃左右时即开始下降，当其内部温度与外界温度相等时，说明发酵停止，即可取出鸡粪按适当比例直接混入其他饲料内喂食。

（2）充氧动态发酵　鸡粪中含有大量的微生物，如酵母菌、乳酸菌等，在适宜的温度（10℃左右）与湿度（含水分45%左右）及氧气充足的条件下，好氧菌迅速繁殖，将鸡粪中的有机物质大量分解成易被消化吸收的物质，同时释放出硫化氢、氨气等。鸡粪在45～55℃下处理12小时左右，即可获得除臭、灭菌的优质有机肥料和再生饲料。充氧动态发酵发酵效率高，速度快，鸡粪中营养损失少，杀虫灭菌彻底且利用率高。但须先经过预处理，且产品中水分含量较高，不宜长期储存。

（3）青贮发酵　将含水量60%～70%的鸡粪与一定比例铡碎的玉米秸秆、青草等混合，再加入10%～15%的糠麸或草粉、0.5%食盐，混匀后装入青贮池或窖内，踏实封严，经30～50天后即可使用。青贮发酵后的鸡粪粗蛋白可达18%，且具有清香气味，适口性增强，是牛羊的理想饲料，可直接饲喂反刍动物。

（4）酒糟发酵　在鲜鸡粪中加入适量的糠麸，再加入10%酒糟和10%的水，搅拌混匀后，装入发酵池或缸中发酵10～12小时，再经100℃蒸汽灭菌后即可利用。发酵后的鸡粪适口性提高，具有酒香味，而且发酵时间短，处理成本低，但处理后的鸡粪不利于长期储存，应现用现配。

（5）糖化处理　在经过去杂、干燥、粉碎后的鸡粪中，加入清水，搅拌均匀（加入水量以手握鸡粪呈团状不滴水为宜），与洗净切碎的

青菜或青草充分混合，装缸压紧后，撒上3厘米左右厚的麦麸或米糠，缸口用塑料薄膜覆盖扎紧，用泥封严。夏季放在阴凉处，冬季放在室内，10天后就可糖化，处理后的鸡粪养分含量提高，无异味而且适口性增强。

3. 生产动物蛋白

利用粪便生产蝇蛆、蚯蚓等优质高蛋白物质，既减少了污染，又提高了鸡粪的使用价值，但缺点是劳动力投入大，操作不便。近年来，美国科学家已成功在可溶性粪肥营养成分中培养出单细胞蛋白。家禽粪便中含有矿物质营养，啤酒糟中含有一定的碳水化合物，而部分微生物能够以这些营养物质为食。俄研究人员发现一种拟内孢霉属的细菌和一种假丝酵母菌能吃下上述物质产生细菌蛋白，这些蛋白可用于制造动物饲料。

（二）生产有机肥料

鸡粪是优质的有机肥，经过堆积腐熟或高温、发酵干燥处理后，体积变小、松软、无臭味，不带病原微生物，常用于果林、蔬菜、瓜类和花卉等经济作物，也用于无土栽培和生产绿色食品。资料表明，施用烘干鸡粪的瓜类和番茄等蔬菜，其亩产明显高于混合肥和复合营养液的对照组，且瓜菜中的可溶性固形物糖酸和维生素C的含量也有极大提高。

1. 堆肥法

堆粪法是一种简单实用的处理方法，在距农牧场100～200米或以外的地方设一个堆粪场，在地面挖一浅沟，深约20厘米，宽1.5～2米，长度不限，随粪便多少确定。先将非传染性粪便或垫草等堆至厚25厘米，其上堆放欲消毒的粪便、垫草等，高达1.5～2米，然后在粪堆外再铺上厚10厘米的非传染性的粪便或垫草，并覆盖厚10厘米的沙子或土，如此堆放3周至3个月，即可用以肥田，如图6-1。当粪便较稀时，应加些杂草，太干时倒入稀粪或加水，使其不稀不干，以促进迅速发酵。

2. 干燥处理

利用自然干燥或机械干燥设备将鸡粪干燥处理。

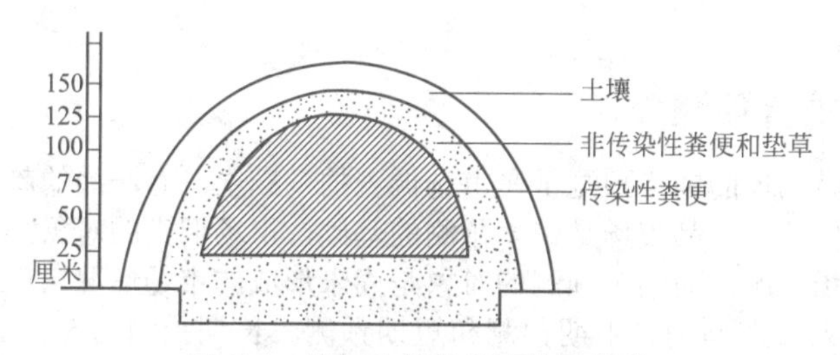

图 6-1　粪便生物热消毒的堆粪法

（1）太阳能自然干燥　采用塑料大棚中形成的“温室效应”，充分利用太阳能来对鸡粪进行干燥处理。专用的塑料大棚长度可达 60 ～ 90 米，内有混凝土槽，两侧为导轨，在导轨上安装有搅拌装置。湿鸡粪装入混凝土槽，搅拌装置沿着导轨在大棚内反复进行，并通过搅拌板的正反向转动来捣碎、翻动和推动鸡粪。

利用大棚内积蓄的太阳能量可使鸡粪中的水分蒸发，并通过强制通风散湿气，从而达到干燥鸡粪的目的。在夏季，只需一周左右的时间即可使鸡粪水分降到 10%左右。充分利用太阳能辐射热，辅之以机械通风，降水效果较好，而且节省能源，设备投资少，处理成本低。一定程度上受气候影响，一年四季不易实现均衡生产，而且灭菌和熟化均不彻底。

（2）自然干燥法　将鸡粪晾晒在场地上，利用自然光照和气流等温热因素进行干燥。投资小，成本低，操作方法简单，但易受天气影响，不能彻底杀死病原体，从而易于导致疾病的发生和流行。只适合于无疾病发生的小型鸡场鸡粪的处理。

（三）生产沼气

鸡粪是沼气发酵的优质原料之一，尤其是高水分的鸡粪。鸡粪和草或秸秆以（2 ～ 3）：1 的比例，在碳氮比（13 ～ 30）：1，pH 值为 6.8 ～ 7.4 的条件下，利用微生物进行厌氧发酵，产生可燃性气体。每千克鸡粪产生 0.08 ～ 0.09 米^3 的可燃性气体，发热值 4187 ～ 4605 兆焦 / 米^3。发酵后的沼渣可用于养鱼、养殖蚯蚓、栽培食用菌、生产优质的有机肥和土壤改良剂。

三、加强产品的销售管理

（一）销售预测

规模鸡场的销售预测是在市场调查的基础上，对产品的趋势做出正确的估计。产品市场是销售预测的基础，市场调查的对象是已经存在的市场情况，而销售预测的对象是尚未形成的市场情况。产品销售预测分为长期预测、中期预测和短期预测。长期预测指 5 ～ 10 年的预测；中期预测一般指 2 ～ 3 年的预测；短期预测一般为每年内各季度月份的预测，主要用于指导短期生产活动。进行预测时可采用定性预测和定量预测两种方法，定性预测是指对对象未来发展的性质方向进行判断性、经验性的预测，定量预测是通过定量分析对预测对象及其影响因素之间的密切程度进行预测。两种方法各有所长，应从当前实际情况出发，结合使用。肉鸡场的产品虽然只有肉鸡和雏鸡，但其产品可以有多种定位，如绿色、有机和一般肉鸡，要根据市场需要和销售价格，结合本场情况有目的地进行生产，以获得更好的效益。

（二）销售决策

影响企业销售规模的因素有两个：一是市场需求；二是鸡场的销售能力。市场需求是外因，是鸡场外部环境对企业产品销售提供的机会；销售能力是内因，是鸡场内部自身可控制的因素。对具有较高市场开发潜力，但目前在市场上占有率低的产品，应加强产品的销售推广宣传工作，尽力扩大市场占有率；对具有较高的市场开发潜力，且在市场有较高占有率的产品应有足够的投资维持市场占有率。但由于其成长期潜力有限，过多投资则无益；对那些市场开发潜力小，市场占有率低的产品，应考虑调整企业产品组合。

（三）销售计划

鸡产品的销售计划是鸡场经营计划的重要组成部分，科学地制订产品销售计划，是做好销售工作的必要条件，也是科学地制订鸡场生产经营计划的前提。主要内容包括销售量、销售额、销售费用、销售利润等。制订销售计划的中心问题是要完成企业的销售管理任务，能够在最短的时间内销售产品，争取到理想的价格，及时收回贷款，取

得较好的经济效益。

（四）销售形式

销售形式是指产品从生产领域进入消费领域，由生产单位传送到消费者手中所经过的途径和采取的购销形式。依据不同服务领域和收购部门经销范围的不同而各有不同，主要包括国家预购、国家订购、外贸流通、鸡场自行销售、联合销售、合同销售6种形式。合理的销售形式可以加速产品的传送过程，节约流通费用，减少流通过程的消耗，更好地提高产品的价值。目前，鸡场自行销售已经成为主要的渠道，自行销售可直销，销售价格高，但销量有限；也可以选择一些大型的商场或大的消费单位进行销售。

（五）销售管理

鸡场销售管理包括销售市场调查、营销策略及计划的制订、促销措施的落实、市场的开拓、产品售后服务等。市场营销需要研究消费者的需求状况及其变化趋势。在保证产品质量并不断提高的前提下，利用各种机会、各种渠道刺激消费、推销产品，做好以下三个方面工作。

1. 加强宣传、树立品牌

有了优质产品，还需要加强宣传，将产品推销出去。广告是被市场经济所证实的一种良好的促销手段，应很好的利用。一个好企业，首先必须对企业形象及其产品包装（含有形和无形）进行策划设计，并借助广播电视、报刊等各种媒体做广告宣传，以提高企业及产品的知名度，在社会上树立起良好的形象，创造产品品牌，从而促进产品的销售。

2. 加强营销队伍建设

一是要根据销售服务和劳动定额，合理增加促销人员，加强促销力量，不断扩大促销辐射面，使促销人员无所不及；二是要努力提高促销人员业务素质。促销人员的素质高低，直接影响着产品的销售。因此，要经常对促销人员进行业务知识的培训和职业道德、敬业精神的教育，使他们以良好的素质和精神面貌出现在用户面前，为用户提供满意的服务。

3. 积极做好售后服务

售后服务是企业争取用户信任，巩固老市场，开拓新市场的关键。因此，种鸡场要高度重视，扎实认真地做好此项工作。要学习“海尔”集团的管理经验，打服务牌。在服务上，一是要建立售后服务组织，经常深入用户做好技术咨询服务；二是对出售的种鸡等提供防疫、驱虫程序及饲养管理等相关技术资料和服务跟踪卡，规范售后服务，并及时通过用户反馈的信息，改进鸡场的工作，加快发展速度。

第七招 注意细节管理

【核心提示】

古人云：天下难事，必做于易；天下大事，必作于细。要做好种鸡饲养管理工作就要从饲养管理的细节入手，夯实工作之基础才是饲养管理的关键。

一、肉鸡场设计建设中的细节

1. 做好前期调研和论证

建设鸡场前要进行前期调研，了解肉鸡生产状况、销售情况和市场行情，做到有的放矢，心中有数。然后对肉鸡场的性质、规模、占地面积、饲养方式、鸡舍形式、设备以及投入等进行论证，避免盲目上马。

2. 做好鸡场场址选择和规划

首先考虑电、水、路等是否顺畅、符合要求，增加开通网络、有线电视，进出鸡场的道路要平坦，着重考虑雨雪天气等影响因素；鸡场要求远离交通要道1000米以上，远离工矿企业、村镇、学校，尤其要远离屠宰场、垃圾场和污水沟2～3千米以上；鸡场南北向200～300米，东西向160米，建设6～10栋/场，规模10万羽左右为宜，鸡舍间距10米左右；按照国家的法律规定，办理有关手续，条件具备最好签定10年以上有效的土地租赁或承包合同。

3. 鸡场地势要高燥、排水良好

如果鸡场建在一个地势较为低洼的地方，生产过程中的污水就难以顺利排放，雨后的积水时间会很长，而且周围水流向鸡场。长期积水易造成鸡场场地污染，鸡舍地基松软，导致舍内湿度过高。所以，一定要将鸡场建在地势高燥、排水良好的地方。

4. 鸡场要避开西北方向的谷底或山口

西北方向的谷底或山口容易聚风引起冬季风力过大，不利于鸡场或鸡舍温热环境的维持。特别是育雏舍或育雏场，一定要注意，否则，冬季育雏时，场区风力很大，影响育雏温度的上升和维持，导致育雏效果差，甚至会由于温度的不稳定而诱发鸡马立克病的爆发。

5. 鸡场与村庄、主干道和其他养殖场保持一定距离

村庄、主干道和集市人员和车辆来往比较多，而人员和车辆都是病原的携带者，靠这些地方太近，则人员和车辆携带病原容易侵入鸡场，危害鸡群健康。其他养殖场也是污染严重的场所，而且养殖过程中会产生传染病，如果相距太近，病原容易通过空气、飞鸟、啮齿类动物、落叶和粉尘等进入本场，威胁鸡群安全。

6. 注意肉鸡舍布局

鸡舍设计要求长不超过120米、宽度12米内较好，每栋鸡舍规模不超过2万羽。鸡舍间距问题，如果考虑到侧向通风，鸡舍间距相对大一些好。如果是联体鸡舍或没有侧向通风的情况下，鸡舍间距4米左右就可以。

按照国家商检局要求进行设计，如兽医工作室、焚烧炉、沉淀池、粪场等；生产生活区分开，中间设置隔离区，二道门（场内二次消毒）。对于冲刷鸡舍的污水要统一流入沉淀池消毒后再排放或重复利用。

7. 注重绿化

养鸡场周围可以栽植花椒等代替围墙，场内空闲地栽植树木，如

速生杨、梧桐、法桐等，用于遮阴、遮挡风沙、净化空气等，养鸡期间不能喷施有害鸡群或有农药残留的药物。

生活区周围空闲地可以种植多种蔬菜、水果以改善员工生活；对于土建以后定点取土的地方经过处理后建设成鱼塘，栽藕养鱼。

8. 注重鸡舍的保温隔热设计

鸡舍保温隔热设计符合标准，可能会增加一次性投资，但由于冬季保温和夏季隔热，避免舍内温度过低或过高而对生产性能的影响。节省的燃料费和电费，增加的产品产量和减少的死亡淘汰等效益要远远大于投入，可以说是“一劳永逸”。

9. 鸡舍环境控制设备要配套，科学安装，并注意设备选型

蛋鸡舍内高密度笼养，饲养密度高，对环境要求条件也高，必须配套安装环境控制设备，以保证舍内适宜的温度、湿度、光照、气流和空气新鲜，特别是极端寒冷的冬季和炎热的夏季，环境控制设备更加重要。如果环境控制设备不配套，或者虽有各种设备，但安装不科学，都会影响其控制效果，则鸡舍内的环境条件就不能满足鸡的要求，就会影响鸡的生长和生产。设备选型时，应注意选择效率高和噪声低的设备。

10. 新建鸡舍不能立即进鸡

刚建好的鸡舍不能立即进鸡，应该等墙体、地面干燥和水泥完全凝固后，用酸性消毒液消毒两次再进鸡。倘若急着进鸡，由于墙体和地面没有干燥，舍内温度升高时，墙体和地面的水分就会逸出，使舍内湿度过大，特别是冬季鸡舍密封严密或育雏舍温度过高时，更为明显。一方面影响鸡舍的保温隔热性能和墙体寿命，另一方面不利于舍内有害气体排出。

二、仔鸡引进的细节

1. 了解肉鸡品种的概况和市场需求

选择品种时，要了解本地区消费特点、消费习惯、市场需求、发展趋势以及本场饲养条件等，选择适销对路的适宜品种。

2. 掌握供种单位情况

同样的品种，供种单位不同，其品质、价格等可能都有较大差异。所以，在引进仔鸡时，要全面了解掌握供种单位的情况，如供种单位的设施条件、饲料质量、管理水平、隔离卫生和防疫情况以及引种渠道等，选择饲养条件好，隔离卫生好，引种渠道正规的，信誉高、服务质量好的供种单位引种。

3. 按照生产计划订购肉鸡

肉鸡的种蛋从入孵到出雏需要21天的时间（鸡的孵化期为21天），所有要按照生产计划提前安排雏鸡。自己孵化可以按照饲养时间提前21天上蛋孵化；外购雏鸡应按照饲养时间提前1个月订购雏鸡，如果是在雏鸡供应紧张的情况下，应更早订购，否则可能订购不到或供雏时间推迟而影响生产计划。

到有种禽种蛋经营许可证，信誉度高的肉用种鸡场或孵化厂订购雏鸡，并要签订购雏合同（合同形式见表7-1）。

表7-1　禽产品购销合同范本

甲方（购买方）：________ 乙方（销售方）：________ 为保证购销双方利益，经甲乙双方充分协商，特订立本合同，以便双方共同遵守。 1. 产品的名称和品种________；数量________（必须明确规定产品的计量单位和计量方法）。 2. 产品的等级和质量：________（产品的等级和质量，国家有关部门有明确规定的，按规定标准确定产品的等级和质量；国家有关部门无明文规定的，由双方当事人协商确定）；产品的检疫办法：________（国家或地方主管部门有卫生检疫规定的，按国家或地方主管部门规定进行检疫；国家或地方主管部门无检疫规定的，由双方当事人协商检疫办法）。 3. 产品的价格（单价）；________总货款；________货款结算办法________。 4. 交货期限、地点和方式________。 5. 甲方的违约责任 （1）甲方未按合同收购或在合同期中退货的，应按未收或退货部分货款总值的____%（5%～25%的幅度），向乙方偿付违约金。 （2）甲方如需提前收购，商得乙方同意变更合同的，甲方应给乙方提前收购货款总值________%的补偿，甲方因特殊原因必须逾期收购的，除按逾期收购部分货款总值计算向

续表

<table>
<tr><td>
乙方偿付违约金外，还应承担供方在此期间所支付的保管费或饲养费，并承担因此而造成的其他实际损失。
（3）对通过银行结算而未按期付款的，应按中国人民银行有关延期付款的规定，向乙方偿付延期付款的违约金。
（4）乙方按合同规定交货，甲方无正当理由拒收的，除按拒收部分货款总值的 _____%（5%～25%的幅度）向乙方偿付违约金外，还应承担乙方因此而造成的实际损失和费用。
6. 乙方的违约责任
（1）乙方逾期交货或交货少于合同规定的，如甲方仍然需要的，乙方应如数补交，并应向甲方偿付逾期不交或少交部分货物总值 _____%（由甲乙方商定）的违约金；如甲方不需要的，乙方应按逾期或应交部分货款总值的 ______%（1%～20%的幅度）付违约金。
（2）乙方交货时间比合同规定提前，经有关部门证明理由正当的，甲方可考虑同意接收，并按合同规定付款；乙方无正当理由提前交货的，甲方有权拒收。
（3）乙方交售的产品规格、卫生质量标准与合同规定不符时，甲方可以拒收。乙方如经有关部门证明确有正当理由，甲方仍然需要乙方交货的，乙方可以延迟交货，不按违约处理。
7. 不可抗力　合同执行期内，如发生自然灾害或其他不可抗力的原因，致使当事人一方不能履行、不能完全履行或不能适当履行合同的，应向对方当事人通报理由，经有关主管部门证实后，不负违约责任，并允许变更或解除合同。
8. 解决合同纠纷的方式　执行本合同发生争议，由当事人双方协商解决。协商不成，双方同意由 ______ 仲裁委员会仲裁（当事人双方不在本合同中约定仲裁机构，事后又没有达成书面仲裁协议的，可向人民法院起诉）。
9. 其他 ____________。
当事人一方要求变更或解除合同，应提前通知对方，并采用书面形式由当事人双方达成协议。接到要求变更或解除合同通知的一方，应在七天之内作出答复（当事人另有约定的，从约定），逾期不答复的，视为默认。
违约金、赔偿金应在有关部门确定责任后十天内（当事人有约定的，从约定）偿付，否则按逾期付款处理，任何一方不得自行用扣付货款来充抵。
本合同如有未尽事宜，须经甲乙双方共同协商，作出补充规定，补充规定与本合同具有同等效力。
本合同正本一式三份，甲乙双方各执一份，主管部门保存一份。
甲方：___________（公章）；代表人：____________（盖章）
乙方：___________（公章）；代表人：____________（盖章）
______年________月________日订
</td></tr>
</table>

4. 加强仔鸡选择

雏鸡选择直接关系到雏鸡的成活率和生长发育。雏鸡出壳后总会

有一部分属于弱雏，这些弱雏无论是由于病原体感染造成的或是孵化不良，种蛋质量不好造成的都属于先天性缺陷，这些弱雏都应该淘汰处理，坚决不能购买和饲养。

选择雏鸡时：一要注意品种，具有生长速度快的潜力；二要注意雏鸡来源，来源于信誉高、质量好的种鸡场或孵化场，批次的孵化率和健雏率要高；三是雏鸡的品质优良，雏鸡应由经过净化的相同日龄和品系的种鸡所产的且大小一致的种蛋孵化出来，保证统一雏鸡体重（较高的均匀度）、统一抗体水平（提高特异性免疫力）、统一健康状况和统一品种品系。

5. 加强运输管理

雏鸡的运输是一项技术性较强的工作，雏鸡运输要求迅速及时，安全舒适。稍有不慎将会造成巨大损失。新乡一鸡场就发生了由于运输问题而引起雏鸡较多伤亡的情况。

（1）发生情况　1995 年 9 月，从北京西郊农场引进雏鸡 10000 只，下午 5 点从北京出发，由于国道邯郸到安阳段发生堵车，结果到达新乡已经是第二天的上午 10 点多，比原计划时间整整延后了 5 个小时。雏鸡入舍后第 1 周，死亡 600 多只，第 2 周死亡 300 多只，造成几千元的损失。

（2）原因　经过细致观察和解剖检查，雏鸡脱水严重，没有发现传染病。确定为雏鸡路途运输时间过长导致脱水和严重应激引起的。雏鸡出壳后虽然可以 72 小时不吃不喝，但饮水和开食时间越晚，其成活率和生长速度会越差。一般要求雏鸡应在 24 小时内饮水和开食，最好不要超过 48 小时。孵化场孵化过程中，从开始出壳到出壳结束，需要 24 ～ 36 小时，然后经过雏鸡分级、免疫接种等环节，已经超过 36 小时。路途运输时间又长达 18 小时，这样先出壳的雏鸡入舍时间已经超过 50 小时，脱水严重，加之路途疲劳，导致雏鸡干瘪，瘦弱，适应能力和采食饮水能力差，最后死亡。

（3）建议　仔鸡饮水、开食时间越早，越有利于仔鸡学会饮水和采食，越有利于仔鸡饮水和采食，越有利于仔鸡体质健壮和生长发育。目前资料显示，早期饲喂（24 小时以内饲喂）可以提高肉鸡的免疫能力，促进肉鸡肠道发育，提高增重率和成活率。

如果本场或就近接触，应在雏鸡羽毛干燥后开始，至出壳 36 小时结束，可以根据出雏情况分批接触，分批开食和饮水；如果远距

离运输，要选择好运输线路和运输工具，提前装车运输，路途不能休息，最好在出壳时间不超过48小时到达育雏舍进行饮水开食，以减少路途脱水和死亡。

三、饮水的细节管理

（一）饮水的质量

在选择场地时要进行水质监测，保证水源的水质达到标准，使用过程中，饮用水容易被污染，也要时刻关注饮水质量。生产中常见问题。一是饮水中细菌总数超标。原因是水源被污染或供水系统污染、或饮水系统卫生条件差等，鸡饮用污染的水容易发生腹泻，使用抗生素治疗后有所好转，停药后几天又开始腹泻，形成顽固性腹泻。二是水质混浊。水井壁和底部处理不好或深度不够导致水质混浊，容易在水管内形成沉积或水垢，影响乳头饮水器的出水。三是矿物质含量高。水中矿物质含量高不仅容易生成水垢和影响水阀的密闭性，而且影响蛋鸡产蛋和蛋壳质量。保证良好水质，其措施：一是使用深井水；二是定期检测水质，每个1个月检测一次，有问题及时解决；三是在水管上安装过滤器，将水中杂质过滤；四是消毒处理。供水系统必须定期清洗消毒，防止藻类和细菌滋生，饮水定期消毒。

（二）饮水卫生

在养鸡生产中，饮水是一个非常重要的环节。俗话说“病从口入”，经过调查，有一半以上的疫病都是由于饮水不洁而引起的，鸡场饲养员对水槽一般都擦得很干净，但在水槽的上边缘和水槽开头处却是易被遗忘的角落，成了细菌附着的好场所。因此，对水槽的各个角落都要擦净，并且要进行定期消毒。封闭的饮水系统要注意定期进行消毒。

（三）饮水控制

1. 饮水的卫生、消毒

保证饮水器具清洁卫生，注意冲水线，刷水球；饮水加氯或抑菌酸化剂可以有效控制大肠杆菌等病菌。

2. 注意观察饮水情况

饮水器具的高度、压力及布局合理，要定期检查、调整饮水器高度和压力，逐个检查水线乳头，保证100%水线乳头不漏水；每天注意观察饮水情况和记录饮水量，出现异常情况时查明原因，并要采取纠正和预防措施。饮水中不混入饲料，饲料中不混入饮水。

3. 保证鸡群饮水的工作要求

按照鸡场的要求调整水线高度；检查水线减压阀开关放置位置是否正确；检查水线减压阀压力是否合适；检查水线乳头状况并及时修复漏水的水线乳头；检查水线压力指示开关和排气开关放置位置是否正确；每天定时记录水表读数，计算当日饮水量，发现饮水量不正常时首先复查读数是否正确，进一步查找原因，预防下次再发生类似情况；按照鸡场要求，对鸡群饮水进行消毒；按照鸡场要求，通过饮水给鸡群投药。每次投药后立即冲洗、检查水线供水情况。

4. 育雏期饮水管理

饮水预温；全部雏鸡都要诱导饮水；饮水器放置均匀；及时调整饮水器高度，饮水器水量要合适；渐进性更换饮水器；保证饮水与饮水器卫生；饮水器在保温伞四周分布均匀，离开热源；对于钟形饮水器，至少要1天彻底清洗1次；水箱应该盖上盖子，避免水受到污染；脏水不要倒在垫料上或大门口；慎重对待限水计划。

四、鸡群饲养的细节管理

（一）注意饲料选择和加工

1. 不使用发霉变质的饲料

霉变的饲料饲喂鸡，可以引起曲霉菌病或霉菌毒素中毒，轻者影响肉鸡的生长和生产，严重者危害健康而起死亡。肉鸡饲料配制过程中使用的饲料原料容易发霉变质的是玉米、花生饼等，要严格注意其质量变化。被霉菌污染、发霉变质后不要使用，如使用，要进行彻底的除霉脱毒处理。

2. 注意非常规饲料原料的用量

目前，饲料原料价格较高，特别是豆粕、鱼粉等优质蛋白质饲料原料价格，许多养殖场户和饲料厂家为降低饲料成本，大量使用非常规饲料原料，如棉籽粕、菜籽粕、蓖麻粕、芝麻粕、羽毛粉、制革粉等，严重影响饲料质量和饲养效果。在配制饲料时，要注意非常规饲料原料的用量，可以适当使用，但不能过量使用。

（二）饲喂控制

1. 料位合适

料位应合适，过多或过少的料位会降低均匀度。随着周龄增加逐渐增加料位（母鸡开产时不少于 12 厘米 / 只的料位）。管理人员要坚持每天观察鸡群采食情况。

2. 科学使用料线

料线运行以转整圈为原则，起始时间固定；定时转料；料箱出口大小一致；喂料完毕，巡视鸡群状况，检查喂料系统。自 10 ～ 18 天开始使用料线，第一次使用时，料线放到最低点。育雏、育成舍自始至终不安装防栖栅。料线高度要适宜，鸡只可以从料线下自由穿过。产蛋期料线的高度，以地板至料线上沿 32 ～ 34 厘米为佳。

3. 坚持 – 三准原则 –

“三准原则”即：鸡数准、称料喂料准、称重准。

（三）换料的处理

肉鸡采食某种饲料（包括单一饲料和配合饲料）习惯之后，突然改变饲料，会导致消化功能紊乱，轻则引起短时的食欲不振、消化不良、粪便失常，严重者造成腹泻或肠炎，甚至造成死亡，饲料更换是生产中不可避免的事情，处理不当造成对生产的损失也是屡见不鲜的。

保持饲料的相对稳定是饲养管理的基本原则之一。由于肉鸡肠道内存在大量的微生物，其菌群的稳定是保证肉鸡消化道功能正常的关键。一种饲料饲喂肉鸡，会在肠道中产生相对适应的微生物菌群。当饲料改变之后，会造成消化道内环境的变化，肠道菌群生存条件改变，导致菌群失调而诱发疾病。

为了避免由于改变饲料造成的菌群失调，应采取逐渐过渡的办法。即利用 5 ～ 7 天的时间将饲料改变过来，以使胃肠和微生物逐渐适应改变的饲料。过渡方法：第一天，4/5 老饲料＋ 1/5 新饲料；第二天，3/5 老饲料＋ 2/5 新饲料；第三天，2/5 老饲料＋ 3/5 新饲料；第四天，1/5 老饲料＋ 4/5 新饲料；第五天以后全部换成新饲料。

如果出现饲料更换突然而发生的消化功能紊乱，应采取紧急措施：一是停止更换饲料；二是在每千克饲料中添加酵母片（0.5 克 / 片）10 片、维生素 C 片（0.1 克 / 片）10 片和土霉素（0.5 克 / 片）4 片，连续饲喂 5 天，调节胃肠功能，促进胃肠蠕动，缓解换料应激。

（四）料线常见故障的处理

料线常见故障的处理见表 7-2。

表 7-2　料线常见故障的处理

故障	原因及处理
打开总开关电源指示灯不亮	电源总闸断路，合上总闸修理
打开总开关电源指示灯亮，1 号或 2 号料线指示灯不亮且不下料	移动控制器料满，将移动控制器及附近 3 个料盘中的料倒出；移动控制器里面卡料，用手拍打移动控制器附近几下；控制开关坏了，更换控制开关；最常见的问题是移动控制器短路，将移动控制器电源线接通
打开总开关电源指示灯亮，1 号或 2 号料线指示灯亮但不下料	相序保护器安装松弛或电机线断了，应该检查保护器或接上电机线
料线不会停止	卡料，清理卡住的饲料；移动控制器短路，修复移动控制器；料盘脱落出现撒料情况，尽快修理料盘

五、饲养管理过程中的细节

（一）育雏期间的细节

1. 育雏期的温度管理

进鸡前一天升高舍温至 26 ～ 28℃。调好保温伞高度及保证其牢固性，放鸡后尽快将鸡体水平的温度调整至 32 ～ 34℃，随时观察鸡群表现以确定温度是否合适，应根据鸡只的表现和实际温度，随时调整保温伞高度和围栏大小，在保温的前提下，适当换气，风速不宜过大。防贼风，保温伞下与鸡舍环境应有温差，鸡舍要有高低温报警

装置。

2. 育雏扩栏管理

围栏做得稍大些，方便鸡只活动。扩围栏的同时要翻动垫料。将弱雏、小雏挑出进行单独饲养。根据雏鸡生长情况及环境条件扩栏。

3. 断喙的管理

断喙好能减少饲料的浪费、减少啄羽现象的发生及有利公鸡交配。刀片的颜色为深红色，灼烫的效果较好；刀片与孔板的间隙及孔径的使用要合适，断喙器刀片注意冷却，定数更换刀片。断喙必须由经过统一培训并操作熟练的技术人员来完成。管理人员应随时检查断喙质量，随时将不合格雏鸡重新断喙，饲料加厚和饮水中加入维生素。

（二）育肥期间的细节管理

1. 注意酸碱平衡和胴体质量

通过饲料控制腹水症、猝死症、腿病等。通过饲料控制腹水症的关键技术在于日粮的离子平衡，主要是 Na^+、K^+，Cl^-，同时降低粗蛋白质浓度；添加维生素 C 可有效降低腹水症发生率。日粮对肉鸡胴体质量有重要影响，设计肉鸡饲料配方时必须要考虑。

2. 注意鸡群的均匀性

肉鸡只育雏结束，生长速度明显加快，应随时进行强弱、大小、公母分群。分群最好在夜间或早晨进行，并在饮水中加入多维素以防产生应激，并保持适宜的饲养密度，使鸡群生长发育均匀整齐，提高商品价值。

3. 加强夏季和冬季管理

夏季管理的要紧事就是防暑降温。在育肥期，如果温度超过27℃，则鸡的采食量下降。可在原来日粮营养水平的基础上，把蛋白质含量提高 1%～2%，多维素增加 30%～50%，适当添加脂肪，并保证日粮新鲜。在料型上最好采用颗粒料，以增加适口性。将饲喂时间尽量安排在早晚凉爽时，每日 4～6 次，并供给充足的凉水。为减轻热应激，可在饲料中适当添加抗应激药物，在饮水中加入适量维生素C，或0.3%小苏打，或0.5%氯化铵，或0.1%氯化钾等。

冬季管理的关键是防寒保暖，正确通风，降低湿度和有害气体含量。舍顶隔热差时要加盖稻草或塑料薄膜，窗户用塑料膜封严，调节好通风换气口。在温度低时要人工供温。肉鸡伏卧在潮湿的地面上会增加体热的散发，因此要经常更换和添加垫料，确保干燥。由于冬季鸡的维持需要增加，因此必须适当提高日粮的能量水平。在采用分次饲喂时，要尽量缩短鸡群寒夜空腹的时间。要经常检修烟道，防止煤气中毒和失火。

（三）肉用种鸡的细节管理

1. 公鸡的管理

育成期公母鸡分饲；公鸡早于母鸡5～7天转入产蛋舍，建立公鸡优势；根据实际采食情况，调整公鸡料桶或公鸡料线的高度；母鸡有接受同一只公鸡授精的习惯，要随时淘汰病、弱、发生脚垫的公鸡，宁缺毋滥；公鸡在35周龄后，要适当增加饲料，保持公鸡的体重稳定，后期不能让公鸡体重下降。如果公鸡喂料不够，公鸡的受精频率下降，体重反而增长，降低受精率，死淘也高。如果公鸡安装鼻棍，公鸡料应适当增加。父系比母系公鸡料应适当高一些。公鸡在同母鸡混群之前需要选种，除了考虑体重及骨架外（选留体重较大、体型高大及胸肉结实的公鸡），应对一些发育不良的个体进行剔除，如鸡断喙不良、喙弯曲、扭转、颈部弯曲、拱背、胸骨发育不良、畸形腿、脚趾弯曲、掌部肿胀或细菌感染，胸肌和同群鸡相比明显发育不良者均应剔除，建议公母比例为1：（8.5～9）。公鸡在母鸡开产之前需要再次选种，重点考虑性成熟情况，淘汰性成熟不好和雄性特征不强的公鸡，建议公母比例为1：（10～11），而对于好斗的公鸡群建议公母比例调整为1：（11～12）。公鸡料位要适宜，一般7～8只/公鸡料桶。料位过于宽松，母鸡会偷吃饲料，同时公鸡缺少竞争意识，雄性本能退化；料桶高度适宜，使公鸡稍微扦脚吃料，不断地锻炼公鸡的腿部肌肉，有利于成功交配；在育成期，特别是25周龄前，应逐栏淘汰假母鸡，避免给商品配套造成不良影响。

2. 垫料的管理

（1）注意垫料要经过彻底的消毒才能投入使用。

（2）地面的垫料管理　垫料厚度不少于5厘米。育雏育成期采用地面铺厚垫料平养，腿病和死淘较低，无结块、无杂物（尤其是塑料带）、不发霉、湿度不宜过大或过小。每天尽量彻底翻垫料一次。翻垫料时，要拣出垫料中的杂物。产蛋期要及时拣出床蛋。育雏期球虫免疫后第三天垫料上要洒水，注意保持垫料湿度。水料线两侧尽可能保持有垫料。

（3）产蛋窝的垫料管理每次集蛋发现粘有鸡粪、破蛋的垫料时，要及时清出蛋窝，并及时补充缺少垫料的蛋窝。每周三、周日逐个蛋窝补充垫料一次。每月更换蛋窝垫料或清洁蛋窝草垫一次。蛋窝垫料保持在蛋窝高度的1/3～2/3。开产前期产蛋窝内要放引蛋，以吸引母鸡在产蛋窝内下蛋。开产时不要在地面上添加新的垫料，新鲜垫料只应加在产蛋箱内；厚而干燥的垫料会吸引母鸡产床蛋，同时造成灰尘过大。

3. 光照管理

每次安装灯泡前，认真核对灯泡上标识的瓦数与实际要求是否相符；灯泡分布均匀，定期擦拭，坏的灯泡要及时更换；每日检查校正光照定时钟一次；密闭鸡舍育成期不能增加光照强度；密闭鸡舍遮黑良好，要封好漏光处；光刺激后不能减少光照强度和时间；加光时间，母鸡能量累计28000千卡以上；胸肉发育由钟形到U形；耻骨间距达到1.5～2指宽；耻骨处有脂肪沉积；主翼羽已换7～8根，只剩下2～3根；鸡群抽样3%～5%，其中应有85%以上符合以上要求时加光。种鸡体重不达标、能量累积不够或发育不整齐应推迟光刺激时间。

4. 肉种鸡的温度控制

种鸡理想环境温度为18～24℃，种鸡环境温度、冬季控制温度不低于16℃，夏季控制温度不高于32℃为宜。不要迷信仪表数字，要随时观察鸡群表现以确定合适的环境情况。

5. 体重控制

体重控制的基础是鸡数准、称重准、称料喂料准；7日龄母鸡体重达到1日龄的4倍；28日龄累计蛋白摄入量不小于180g／只；0～5周龄使体重保持在标准的上限或者超过标准；6～14周龄时，使体重逐步控制在标准的下限；15～20周龄时，使体重逐步控制在标准

的上限；21周至开产，使体重控制不超过标准；产蛋期要根据实际产蛋率增长或下降情况不断修正涨降料模式，防止影响产蛋或体重失控。称重要求：采取定点随机围圈，剔除鉴别错误和残鸡后，全称剩下鸡只，称鸡时坚持“同一时间、同一地点、同一衡器、同一人员读数”的原则。每次抽测不得少于30只。如果鸡群均匀度太差（低于70%），就应重称；合适的限饲方式的使用、排栏及调鸡工作等有助于体重控制。但均匀度好的鸡是“养”出来的，不是“调”出来的。体重高于标准曲线时，不要急于压体重，应保持每周其体重有一定的涨幅；体重低于标准曲线时，可稍加料量直至鸡只体重达到体重标准。调群后被调鸡只不要“恶补”或“恶限”，无论大、中、小鸡都要保证每周的体重增幅达到生理要求，防止出现生长停滞或快速催肥的现象；育成期间防止鸡只偷吃料；密切注意饲养面积、饮水位置及采食位置等，如果这些条件不合适，将不利于体重控制。

6. 设备管理

（1）地板与隔断　安装牢靠；清除地板上的铁钉、铁丝，防止铁丝头剐鸡；地板边网不要高过地板；固定地板边网的铁钉或铁丝不能剐鸡；地板和隔断安装完毕后，主管要亲自检查设备状况。

（2）产蛋箱

① 人工产蛋箱　悬吊平直，安装牢靠，安放位置正常。及时更换坏的产蛋箱踏板和清除窝内鸡粪，加强窝内垫料管理。

② 自动产蛋箱　自动产蛋箱底垫定期冲洗消毒，传送带经常运转，避免过冷或过热。安放位置及使用状况正常，传送带的运转速度必须允许收蛋工人可以舒服地工作，不能过快。自动集蛋系统应在鸡群转入时或加光时尽快运行，并且不少于正常集蛋运行的次数，使鸡只在开产前能够更好地适应输送带所发出的噪声。要根据自己的人力资源、设备情况和实际效果来决定使用自动产蛋箱还是人工产蛋箱。产蛋箱安装好后，对鸡群进行训练。保持产蛋箱的通风透气良好。

（3）料线　料线要平、直。将主料箱和辅料箱的入口及出口处的盖板盖好，防止鸡只偷吃饲料。使用料线前要调试好，确保料线能正常运行。料线高度要合适，确保鸡只能正常吃料和活动。料线里不要有结块饲料、木块等杂物。做好料线的日常维护工作。

（4）水线　水线要平直、高度合适，压力适当，静电发生器要正常工作，不要关闭排气阀，按要求进行水线消毒与冲洗，线乳头不

漏水，几个水线乳头有水不代表全部水线乳头有水，某时间段内水线压力合适不代表24小时内其压力合适，慎重对待限水计划。

（5）排风扇　排风扇按组设置，排风扇皮带不要松，防止通风短路，舍内静态压力合适，必须实测排风扇的排风效率，必须保证第一组排风扇能正常工作，要安装排风扇不能正常工作的报警装置。

（6）水帘　在起用前要进行维护（管道、水箱和水帘先用清水冲洗，然后用消毒液消毒），不要频繁启动或长时间运行水帘，水帘使用期间不能有通风短路，渐进式降温，循环水要定期更换和消毒，日常维护后必须检查上水节门和电源是否复原，注意舍内湿度。

（7）种蛋熏蒸柜　使用前设定好参数，不要在使用过程中调整熏蒸时间，熏蒸柜要密闭，排风扇要正常工作，按要求进行种蛋熏蒸，熏蒸消毒后立即排气，种蛋不要在种蛋熏蒸柜过夜或长时间存放。

7. 饲养密度与分栏

饲养密度与料位和水位密切相关，固定安装的设备要随着实际饲养密度进行调整；密度不要太大，要根据实际饲养水平来决定密度大小；鸡群越大，鸡只之间的竞争压力越强，其均匀度的控制越难。育雏育成期合适的鸡群大小500～800只/栏；来源于不同种鸡群的鸡苗在育雏期不能混群饲养；不同栏的鸡在体型、体重、性成熟一致时混群；5～7日龄开始将小鸡挑出，给予更多照顾。4～6周全群称重分大中小饲养。20周根据鸡只体型、体重、性成熟度分群。分栏后，大、小鸡饲料量差异不要过大。无论大、中、小鸡都要保证每周的体重涨幅达到生理要求，防止出现生长停滞和快速催肥的现象。

8. 鸡场记录管理

一是书写规范。用笔正确，写字仔细、认真，卷面整洁。二是记录内容全面详实。如报表要记录存栏、死淘、高低温度、水表数、饮水量、免疫用药情况、光照、饲料、鸡群批次与周龄、主要工作及报告人等。日期填写正确。记录人签字要签全名。记录内容如有更改，更改人要签名确认。三是注意记录的保存。每位员工都有义务保护鸡场的记录。各种有记录的表格不能随意撕毁或挪作他用。

（四）种蛋管理的细节

对于家禽养殖产业链中的孵化环节来讲，生产健康、活泼、优质鸡苗至关重要。通过细节控制是获得优质肉用雏鸡的重要手段。

1. 种蛋生产过程中的细节

（1）要加强对产蛋箱的管理，配备充足产蛋箱，放置在较为阴暗的地方，产蛋箱内铺设垫草。

（2）拣鸡蛋后及时熏蒸。

（3）训练母鸡在产蛋箱内产蛋　开产前和产蛋高峰前加强鸡舍巡视和走动，必要时每小时强制哄鸡上地板，消除鸡只认为 - 到处 - 都安全的心理。巡视时，及时发现在垫料上做窝的鸡只，驱赶鸡只远离墙边和角落，若发现母鸡在鸡舍角落或公鸡料桶下刨坑产蛋，就要抱起母鸡把其关闭在产蛋箱里面直至产出鸡蛋来。见第一枚蛋后5～7天的鸡蛋有必要标记后分散放入产蛋窝中，诱惑母鸡进入产蛋箱产蛋。同样的，窝外蛋也有示范作用，巡视时要及时捡起来。

（4）根据季节及人员设备情况制订合理的拣蛋程序表，要求每日的拣蛋次数为6～7次，拣蛋前要准备好消毒过的蛋盘，饲养员洗手消毒后开始拣蛋，拣蛋动作要轻，尤其产蛋窝内有鸡时，尽量减少对鸡的应激。

（5）种蛋存储及运输条件合适。

（6）种蛋消毒的问题　种蛋福尔马林熏蒸药物用量：21克高锰酸钾、42毫升福尔马林、42毫升水 / 米^3；温度不低于21.1℃；湿度70%；时间20分钟。熏蒸时间达到要求后，排出反应室的气体；清洁用于熏蒸反应的容器；福尔马林保存温度不低于11℃；降低应激对鸡群的影响。

2. 种蛋孵化中的细节

（1）种蛋运输过程中温湿度的控制　正常来讲，种蛋运输车应该配备空调和温控仪，温度控制在19～22℃即可，同时应该保证种蛋由种鸡场到达蛋库的温度曲线保持“V”形，而不是“W”形或者其他形，如果采用不带空调的运输车来运输种蛋，则运输温度难以保证，会造成冬天温度很低，夏季温度很高，极易造成由于温差较大而导致种蛋出汗，增加污染。

（2）种蛋接收口温湿度的控制　正常来讲，孵化场应设种蛋专用接收通道，通道口装有防护门，当运蛋车驶入种蛋接收通道后，通道口处防护门应该自动关闭，保证通道口处温湿度不受外界温湿度的干扰，同时应该保证接蛋口的温湿度应与种蛋库的温湿度相同或者处于运输车与种蛋库的温湿度之间的范围，这样可以缩小温差，而避免

种蛋出汗现象发生。一般的公司在接蛋口处都没有设置保温和防辐射设施，与外界息息相通，尤其是在炎热的夏季和寒冷的冬季，再加上外界如果刮大风、下大雨或者下大雪，极易造成由于温差较大而导致种蛋出汗，同时由于温湿度波动较大，增加种蛋发育时的早死率和晚死率。

（3）种蛋熏蒸条件的控制　正常来讲，种蛋是在一定的条件下（温度 24 ～ 25℃、相对湿度 50%～ 60%、良好的通风环境）熏蒸效果最佳，熏蒸时间为 20 分钟，排风 30 分钟即可，可是在一般的公司都是在达不到熏蒸条件或者根本就没有熏蒸条件的情况下进行熏蒸的，不但达不到熏蒸效果，而且还浪费了人力、物力和财力，同时还让种蛋储存在不良的环境中，继而增加种蛋的早死率和晚死率。

（4）种蛋选蛋间温湿度的控制　正常来讲，选蛋间的温湿度应该与蛋库储存室的温湿度一致，但是如果忽视选蛋间的温湿度管理，导致选蛋间的温湿度过高或者过低，如果与种蛋储存室之间的温差较大的话，会人为造成种蛋出汗，增加种蛋污染机会。

（5）种蛋储存间温湿度的控制　正常来讲，种蛋储存间应该装备最基本的制冷设备、加湿设备和通风设备以及空气净化设备等，如果忽视种蛋储存间的温湿度管理，导致种蛋储存间的温湿度不是很高就是很低，严重影响产品质量。如果温度过低，会造成种蛋在孵化前期失水困难，增加早死和晚死概率；如果温度过高，超越种蛋储存临界温度，导致胚胎在不良的环境中过早发育而增加早死或者中死概率，另外由于种蛋库没有通风设备或者均温设备，导致种蛋库内各个点的温湿度不一样，最终会出现出雏均匀度较差的现象，影响产品质量。

（6）种蛋库存时间的控制　正常情况下，种蛋在良好的储存环境中储存 3 ～ 5 天孵化效果最佳，但是如果受到过节、产量和市场的影响，导致种蛋库存时间延长，孵化性能就会逐渐下降，种蛋的早死率和晚死率逐渐增加，产品质量随之逐渐下降。综上所述，孵化场为了提高和稳定产品质量，应建立完善的孵化硬件配套设施，以满足种蛋运输、接收、熏蒸、选择、储存之需要，同时建立完善的种蛋管理制度，为生产健康、活泼、优良的种雏提供有力保障。

六、卫生防疫工作的细节

1. 鸡群疫苗接种

死苗使用前需预温到 28 ～ 30℃，使用时要摇匀；每 500 只鸡更

换一个针头；免疫时，尽量将鸡群的应激降至最低；疫苗保存在厂家建议的温度条件下，勿冰冻，避免直接暴露在热源及太阳光照底下；禽痘免疫后要检查免疫效果。饮水高峰时做饮水免疫或饮水加药。

疫苗接种注意事项：一是同一栋的鸡应同时接种；二是同一区不同栋的鸡舍人员，从已接种传染性喉气管炎疫苗的鸡舍到未接种疫苗的鸡舍之前，必须洗澡更衣；三是鸡群接种传染性喉气管炎疫苗后要加强管理；四是晚上要听鸡群呼吸道音。

2. 鸡舍的卫生消毒

鸡群淘汰前一个月将所有鸡舍冲洗清理所需的设备准备好；淘鸡时鸡舍内、外投放老鼠药，出鸡粪前鸡舍要灭虫；针对上批鸡群在饲养过程中存在的不足之处进行维修和改造；清理干净鸡场的垃圾和鸡毛；封堵好鸡舍窟窿、关好门、鸡舍没有积水，这有利于控制苍蝇、鼠类和野鸟以及鸡舍内环境条件；用高压水枪冲洗地面、墙体和顶棚；用消毒液喷洒操作间地面；进行熏蒸消毒；检查冲洗质量、消毒过程、设备状况和进鸡前鸡场整体状况，保证接鸡时没有福尔马林气味。

3. 合理用药

药物使用关系到疾病控制和产品安全，使用药物必须慎重。生产中用药方面存在一些细节问题影响用药效果。①如对抗生素过分依赖。很多养殖户误以为抗生素“包治百病”，还能作为预防性用药，在饲养过程中经常使用抗生素和激素，以达到增强鸡抗病能力、提高增重率的目的。②有些鸡场不敢停药，怕一停药鸡就会闹病，殊不知是药三分毒，用多了也会有副作用，应该有规律地定期投药。③盲目认为抗生素越新越好、越贵越好、越高级越好，殊不知各种抗生素都有各自的特点，优势也各不相同。其实抗生素并无高级与低级、新和旧之分，要做到正确诊断禽的疾病，对症下药，就要从思想上彻底否定“以价格判断药物的好坏、高级与低级”的错误想法。④未用够疗程就换药。不管用什么药物，不论见效或不见效，通通用两天就停药，这对治疗鸡病极为不利。⑤不适时更换新药。许多饲养户用某种药物治愈了疾病后，就对这种药物反复使用，而忽略了病原对药物的敏感性。此外一种药物的预防量和治疗量是有区别的，不能某种用量一用到底。⑥用药量不足或加大用量。现在许多兽药厂生产的

兽药，其说明书上的用量用法大部分是按每袋拌多少公斤料或兑多少水。有些饲养户忽视了鸡发病后采食量、饮水量要下降，如果不按下降后的日采食量计算药量，就人为造成用药量不足，不仅达不到治疗效果，而且容易导致病原的耐药性增强。另一种错误做法是无论什么药物，按照厂家产品说明书，通通加倍用药。⑦盲目搭配用药。不论什么疾病，不清楚药理药效，多种药物胡乱搭配使用。⑧盲目使用原粉。每一种成品药都经过了科学的加工，大部分由主药、增效剂、助溶剂、稳定剂组成，使用效果较好。而现在五花八门的原粉摆上了商家的柜台，并误导饲养户说“原粉纯度高，效果好”。原粉多无使用说明，饲养户对其用途不很明确，这样会造成原粉滥用现象。另外现在一些兽药厂家为了赶潮流，其产品主要成分的说明中不用中文而仅用英文，饲养户懂英文者甚少，常常造成同类药物重复使用，这样不仅用药浪费，而且常出现药物中毒。⑨益生素和抗生素一同使用。益生素是活菌，会被抗生素杀死，造成两种药效果都不好。

七、经营管理的细节

1. 树立科学的观念

树立科学的观念至关重要。只有树立科学观念，才能注重自身的学习和提高，才能乐于接受新事物、新知识和新技术。传统庭院小规模生产对知识和技术要求较低，而规模化生产对知识和技术要求更高（如场址选择、规划布局、隔离卫生、环境控制、废弃物处理以及经营管理等知识和技术）；传统庭院小规模生产和规模化生产疾病防治策略的不同（传统疾病防治方法是免疫、药物防治，现代疾病防治方法是生物安全措施）。所以，规模化肉鸡场仍然固守传统的观念，不能树立科学观念，必然会严重影响养殖场的发展和效益提高。

2. 正确决策

肉鸡场需要决策的事情很多，大的方面如鸡场性质、规模大小、类型用途、产品档次以及品种选择，小的方面如饲料选择、人员安排、制度执行、工作程序等，如果关键的事情能够进行正确的决策就可能带来较大效益。否则，就可能带来巨大损失，甚至倒闭。但正确决策需要对市场进行大量调查。

3. 周密制订和落实全场生产计划

制订鸡苗采购计划和宰杀合同计划，相应的大宗物资如煤炭、垫料等也要有明确的采购计划；根据鸡场需要，制订详细的人员岗位职责和管理方面培训计划；制订全年的养鸡计划，一般每年 5 ～ 6 批。如是8栋鸡舍的养殖场，存栏在12万只左右，最多3天进完,3天出栏，养殖周期从进雏到出完按照 42 ＋ 3 ＝ 45 天周转，2 天清理鸡舍，3 天冲刷鸡舍，8 ～ 10 天消毒和设备维修等，共计 60 天，特殊情况下会有相应的变动；鸡场计划的制订、修订、落实都要非常准确，否则计划就会落空或拖延，甚至影响到以后其他计划的进行。

4. 保证肉鸡场人员的稳定性

随着肉鸡业集约化程度越来越高，肉鸡场现有管理技术人员及饲养员的能力与现代化肉鸡养殖需求之间的差距逐步暴露出来，因此肉鸡场人员的地位、工资福利待遇及技术培训也受到越来越多的关注。由于肉鸡场存在封闭式管理环境、高养殖技术等特殊需求，因此要建立和完善一整套合理的薪酬激励机制，实施人性化管理措施，稳定肉鸡场人员，保持良好的爱岗敬业精神和工作热情。

5. 增强饲养管理人员的责任心

责任心是干好任何事的前提，有了责任心才会想到该想到的，做到该做到的。责任心的增强来源于爱。有了责任心才能用心，才能想到各个细节。饲养员的责任心体现应是爱动物，应是保质保量地完成各项任务，尽到自己应尽的责任。管理人员和领导的责任心的体现：一是爱护饲养员，给职工提供舒心的工作空间，并注意加强人文关怀（你敬人一尺，人敬你一仗）；二是给动物提供舒适的生存场所。

6. 员工的培训为成功插上翅膀

员工的素质和技能水平直接关系到养殖场的生产水平。职工中能力差的人是弱者，肉鸡场职工并不是清一色的优秀员工，体力不足的有，责任心不足的有，技术不足更是养殖场职工的通病，这些人都可以称为弱者，他们的生产成绩将整个养殖场拉了下来，我们就要培训这一部分员工或按其所能放到合适的岗位。养殖场不注重培训的原因：一是有些养殖场认识不到提高素质和技能的重要性，不注重培训；二是有的养殖场怕为人家做嫁衣裳，培训好的员工被其他养殖

场挖走；三是有的养殖场舍不得增加培训投入。

7. 关注生产指标对利润的影响

肉鸡场的主要盈利途径是降低成本，企业的成本控制除平常所说的饲料、兽药、人工、工具等直观成本之外，对于肉鸡场的管理还应该注意到影响肉鸡养殖成本的另一个重要因素——生产指标。例如要降低每头出栏肉鸡承担的固定资产折旧费用，需要通过提高肉鸡成活率、增加日增重以及减少饲料消耗来解决。影响肉鸡群单位增重饲料成本的指标有：料肉比、饲料单价、成活率等，需要优化饲料配方和科学饲养管理来实现。肉鸡场管理者要从经营的角度来看待研究生产指标，对肉鸡场进行数字化、精细化管理，才能取得长期的、稳定的、丰厚的利润。

8. 舍得淘汰

生产过程中，肉鸡群体内总会出现一些没有生产价值的个体或一些病弱个体，这些个体不能创造效益，要及时淘汰，减少饲料、人力和设备等消耗，降低生产成本，提高养殖效益。生产中有的养殖场舍不得淘汰或管理不到位而忽视淘汰，虽然存栏数量不少，但养殖效益不仅不高，反而降低。

第八招 注重常见问题处理

【提示】

肉鸡生产过程中，在雏鸡引进、肉鸡场建设、饲料配制、饲养管理、防疫消毒和疾病防制等方面都存在一些问题，影响到肉鸡的生产潜力发挥和生产性能提高，必须注重这些问题的解决。

一、雏鸡引进的常见问题处理

（一）盲目选择品种

1. 盲目引进父母代鸡种

肉鸡父母代种鸡是用来生产商品鸡苗的，有的饲养者不考虑生产鸡苗的类型（如快大型、优质型、土鸡等）、市场需求以及鸡种的适应性而盲目引进，或引种渠道不正规等，导致生产的产品不能适销对路和产品质量差，严重影响生产效益，甚至出现亏本倒闭。

【处理措施】选择父母代肉种鸡时，必须注意如下问题。一要根据

市场需要确定饲养种鸡的类型。这主要由商品代肉鸡的羽色、体型、生长速度、饲料报酬和群体的整齐度决定。如是生产快大型白羽商品肉鸡苗的，应该选择罗斯308、爱拔益加、艾维茵等品种，如是生产有色羽快大型肉鸡苗的，可以选择安卡红、红波罗等。如果生产优质商品肉鸡苗的，必须选择我国培育的优质黄羽肉鸡品种。二是考虑种鸡的生产性能。选择要求是种鸡的成活率、存活率和留种率高，生产的合格种蛋数多，种蛋的孵化率和健雏率高，饲料消耗少和体格健壮等。三是品种的适应性。选择能够适应本地区和本场条件的优良品种。我国引进国外许多品种，但能够在我国扎根的品种较少，很大原因就是有些品种不能适应我国或某些地区的环境或饲养条件。四是到信誉高、质量好的祖代场引种。

2. 盲目引进商品肉仔鸡

商品代肉鸡的饲养直接关系到养殖效益，如果类型、品种选择不当，就可能导致饲养失败。有的饲养者不了解肉鸡的类型、肉鸡品种特点和适应性，盲目引进商品代肉鸡，结果引进的或品种不优良、或适应性不好、或不是自己想饲养的品种及引进的品种与自己的饲养条件不符合，影响饲养效果。

【处理措施】引进商品肉仔鸡时，必须注意如下问题。一是了解饲养肉鸡的类型。肉鸡可以分为快大型肉鸡、优质黄羽肉鸡、肉杂鸡和土鸡等，不同类型有不同的特点，市场上也有不同的消费区域和群体。根据市场需求和饲养条件首先确定饲养的肉鸡类型。二是了解肉鸡的品种特点。肉鸡品种较多，不同品种有不同的特点，其生产指标和实际表现各有不同。只有了解肉鸡品种特点，才能有的放矢地选择品种，一般应选择生长速度快、饲料转化率高、适应能力强、疾病较少的品种。三是尽量不要选择其他场（户）或自己没有饲养过的品种。有些新的品种虽然资料介绍的很好，但实际表现不一定好，不要把自己鸡场变成试验场而饲养没有把握的品种。四是选择信誉高、质量好的父母代种鸡场或孵化场订购商品代肉鸡，并按照自己需要的品种签订订购合同。

（二）购买鸡苗贪图方便和便宜

目前，我国种鸡场和孵化场较多，管理不完善。种鸡场和孵化场有的规模较大，也有的规模较小，有的是经过有关部门检查、验收

合格、审批并颁发有《种禽种蛋经营许可证》的，有的是没有经过有关部门检查验收无证经营的，有的孵化场孵化自己种鸡场的种蛋，有的孵化场没有种鸡场需要外购种蛋。这样就导致孵化出的商品肉仔鸡品种鱼目混珠，质量参差不齐。

即使是同一鸡种，由于引种渠道、种鸡场的设置（如场址选择、规划布局、鸡舍条件、设施设备等）、种鸡群的管理（如健康状况、免疫接种、日粮营养、日龄、环境、卫生、饲养技术和应激情况等）、孵化（孵化条件、孵化技术、雏鸡处理等）和售后服务（如运输）等，初生雏鸡（鸡苗）的质量也有很大的差异。有的种鸡场引种渠道正常，设备设施完善，饲养管理严格，孵化技术水平高，生产的肉用仔鸡内在质量高。而有的种鸡场引种渠道不正常，环境条件差（特别是父母代场，场址选择不当、规划布局不合理、种鸡舍保温性能差、隔离防疫设施不完善、环境控制能力弱而造成温热环境不稳定、病原污染严重）、管理不严格（一些种鸡场卫生防疫制度不健全，饲养管理制度和种蛋、雏鸡生产程序不规范，或不能严格按照制度和规程来执行，管理混乱，种鸡和种蛋、雏鸡的质量难以保证）、净化不力（种鸡场应该对沙门菌、支原体等特定病原进行严格净化，淘汰阳性鸡，并维持鸡群阴性，农业部畜牧兽医局严格规定了切实有效净化养鸡场沙门菌的综合措施，但少数种鸡场不认真执行国家规定，不进行或不严格进行鸡的沙门菌检验，也不淘汰沙门菌检验阳性的母鸡，致使种蛋带菌，并呈现从祖代—父母代—商品代愈来愈多的放大现象，使商品肉仔鸡污染严重；鸡支原体病已成为危害生产的重要疾病，我国商品鸡群支原体感染率较高与种鸡场的污染密不可分，严重影响了商品鸡群生产潜力的发挥，极大增加了养鸡业的成本）、孵化场卫生条件差等，生产的雏鸡质量差。

有些养殖户（场）缺乏科技专业知识和技术指导，观念和认识有偏差，不注重经济核算，考虑眼前利益多，考虑长远利益少，或贪图方便（就近订购）和便宜（中小型种鸡场和孵化场肉用雏鸡价格较低），到不符合要求的，鸡场和孵化场环境条件极差，管理水平极低，甚至就没有登记注册，没有种禽种蛋经营许可证（即使有也是含有“水分”）的中小型种鸡场和孵化场订购肉用雏鸡，结果是“捡了个芝麻，丢了个西瓜”。

【处理措施】选购肉用仔鸡，必须注意如下问题。一是要咨询了解。咨询有关专家和技术人员，或其他有经验的肉鸡养殖人员，了

解肉鸡的鸡苗价格和生产厂家的具体情况，做到心中有数。二是到大型的、有种禽种蛋经营许可证的、饲养管理规范和信誉度高的肉用种鸡场订购肉用仔鸡，他们出售的肉雏鸡质量较高，售后服务也好。虽然其价格高一些，但肉用仔鸡清洁卫生，品质优良，生长速度快一些，饲料消耗少一些，疾病死亡少一些，增加的收入要远远多于购买肉用雏鸡的支出。另外选购的品种也有保证。如辉县一个肉鸡养殖户，到一个小型孵化场买鸡苗，订购的是罗斯308肉鸡，鸡苗买回来后生长速度很慢，饲养到20多天体重只有600多克，采食量也达不到要求。实际提供的不是罗斯308品种，而是一般的肉杂鸡，养殖户遭受了较大的损失。三是要签订购销合同，以便以后有问题和争议时有据可查。

（三）购买肉仔鸡时不签订合同或不注意保存合同和发票

现在是市场经济，肉用雏鸡也是商品，在订购肉用雏鸡时必须要签订订购合同，以规定交易双方的责任和权力。但生产中，有的养殖户在购买肉用雏鸡时不注意签订合同，或虽然签订有合同，但雏鸡购回后不注意保存而遗失，购买肉用雏鸡的交款发票也不注意索要和保存，结果等到有问题或争议时没有证据，不利于问题的解决和处理，给自己造成一定的损失。

【处理措施】订购肉用仔鸡时，一是注意提前订购肉用雏鸡。据自己鸡场生产计划安排，选择管理严格、信誉高、有种蛋种禽生产经营许可证和肉用雏鸡质量好的厂家定购。二是注意签订定购合同。合同内容应包括肉鸡的品种、数量、日龄、供货时间、价格、付款和供货方式、肉用仔鸡的质量要求、违约赔付等内容，这样可保证养殖户按时、按量、按质地获得肉用雏鸡。无论购销双方是初次交易，还是多次配合默契的交易，每次交易都要签订合同。这样可避免出现问题时责任不明。三是注意交纳鸡款时应索要发票，既可以减少国家税款流失，又有利于保护自己的权益，并注意保存合同和发票。四是注意饲养过程中出现问题，要及早诊断。如果是自己的饲养管理问题，应尽快采取措施纠正解决，减少损失。如找不到原因或怀疑是育成鸡本身的问题，可到一些权威机构进行必要的实验室诊断、化验，确诊问题症结所在。如是肉用雏鸡的问题，可以通过协商或起诉方式进行必要索赔，降低损失程度。

二、肉鸡场建设中的问题处理

（一）场址选择、规划布局中存在的问题处理

1. 忽视肉鸡场址选择，认为只要有个地方就能饲养肉鸡

场地状况直接关系到肉鸡场隔离、卫生、安全和周边关系。生产中由于有的场户忽视场地选择，选择的场地不当，导致一系列问题，严重影响生产。如有的场地距离居民点过近，甚至有的养殖户在村庄内或在生活区内养鸡，结果产生的粪污和臭气影响到居民的生活质量，引起居民的反感，出现纠纷，不仅影响生产，甚至收到环境部门的叫停通知，造成较大损失；选择场地时不注意水源选择，选择的场地水源质量差或水量不足，投产后给生产带来不便或增加生产成本；选择的场地低洼积水，常年潮湿污浊，或噪声大的企业、厂矿，鸡群经常遭受应激，或靠近污染源，疫病不断发生。

【处理措施】选择场址时，一要提高认识，必须充分认识到场址对安全高效肉鸡生产的重大影响。二要科学选择场址。地势要高燥，背风向阳，朝南或朝东南，最好有一定的坡度，以利光照、通风和排水。鸡场用水要考虑水量和水质，水源最好是地下水，水质清洁，符合饮水卫生要求。与居民点、村庄保持 500 ～ 1000 米距离，远离兽医站、医院、屠宰场、养殖场等污染源和交通干道、工矿企业等。

2. 不重视规划布局，场内各类区域或建筑物混杂一起

规划布局合理与否直接影响场区的隔离和疫病控制。有的养殖场（户）不重视或不知道规划布局，不分生产区、管理区、隔离区，或生产区、管理区、隔离区没有隔离设施，人员相互乱窜，设备不经处理随意共用。鸡舍之间间距过小，影响通风、采光和卫生。储粪场靠近鸡舍，甚至设在生产区内。没有隔离卫生设施等，有的养殖小区缺乏科学规划，区内不同建筑物分布不合理，养殖户各自为政等，使养殖场或小区不能进行有效隔离，病原相互传播，疫病频繁发生。

【处理措施】一是要了解掌握有关知识，树立科学观念。二是要进行科学规划布局。规划布局时注意：①鸡场、孵化场、饲料厂等要严格地分区设立；②要实行“全进全出制”的饲养方式；③生产区的布置必须严格按照卫生防疫要求进行；④生产区应在隔离区的上风处

或地势较高地段；⑤生产区内净道与污道不应交叉或共用；⑥生产区内鸡舍间的距离应是鸡舍高度的3倍以上；⑦生产区应远离禽类屠宰加工厂、禽产品加工厂、化工厂等易造成环境污染的企业。

3. 认为绿化是增加投入，没有多大用处

肉鸡场的绿化需要增加场地面积和资金投入，由于对绿化的重要性缺乏认识，许多肉鸡场认为绿化只是美化一下环境，没有什么实际意义，还需要增加投入、占用场地等，设计时缺乏绿化设计的内容，或即使有设计为减少投入不进行绿化，或场地小没有绿化的空间等，导致肉鸡场光秃秃，夏季太阳辐射强度大，冬季风沙大，场区小气候环境差。

【处理措施】一是高度认识绿化的作用。绿化不仅能够改变自然面貌，改善和美化环境，还可以减少污染，保护环境，为饲养管理人员创造一个良好的工作环境，为禽创造一个适宜的生产环境。良好的绿化可以明显改善肉鸡场的温热、湿度和气流等状况。夏季能够降低环境温度。因为：①植物的叶面面积较大，如草地上草叶面积是草地面积的25～35倍，树林的树叶面积是树林的种植面积的75倍，这些比绿化面积大几十倍的叶面面积通过蒸腾作用和光合作用可吸收大量的太阳辐射热，从而显著降低空气温度；②植物的根部能保持大量的水分，也可从地面吸收大量热能；③绿化可以遮阳，减少太阳的辐射热。茂盛的树木能挡住50%～90%太阳辐射热。在鸡舍的西侧和南侧搭架种植爬蔓植物，在南墙窗口和屋顶上形成绿荫棚，可以挡住阳光进入舍内。一般绿地夏季气温比非绿地低3～5℃，草地的地温比空旷裸露地表温度低得多。冬季可以降低冬季严寒时的温度日较差、昼夜气温变化小。另外，绿化林带对风速有明显的减弱作用，因气流在穿过树木时被阻截、摩擦和过筛等，气流将分成许多小涡流，这些小涡流方向不一，彼此摩擦可消耗气流的能量，故可降低风速，冬季能降低风速20%，其他季节可达50%～80%，场区北侧的绿化可以降低寒风的风力，减少寒风的侵袭，这些都有利于鸡场温热环境的稳定。良好的绿化可以净化空气。绿色植物等进行光合作用，吸收大量的二氧化碳，同时又放出氧气，如每公顷阔叶林，在生长季节，每天可以吸收约1000千克的二氧化碳，生产约730千克的氧；许多植物如玉米、大豆、棉花或向日葵等能从大气中吸收氨而促其生长，这些被吸收的氨占生长中的植物所需总氮量的10%～20%，可以有效地降低大气中的氨浓度，减少对植物的施肥量；有些植物尚能吸收

空气二氧化硫、氟化氢等，这些都可使空气中的有害气体大量减少，使场区和禽舍的空气新鲜洁净。另外，植物叶子表面粗糙不平，多绒毛，有些植物的叶子还能分泌油脂或黏液，能滞留或吸附空气中的大量微粒。当含微粒量很大的气流通过林带时，由于风速的降低，可使较大的微粒下降，其余的粉尘和飘尘可为树木的枝叶滞留或黏液物质及树脂吸附，使大气中的微粒量减少，使细菌因失去附着物也相应减少。在夏季，空气穿过林带，微粒量下降35.2%～66.5%，微生物减少21.7%～79.3%。树木总叶面积大，吸滞烟尘的能力很大，好像是空气的天然滤尘器；草地除可吸附空气中的微粒外，还能固定地面的尘土，不使其飞扬。同时，某些植物的花和叶能分泌一种芳香物质，可杀死细菌和真菌等。含有大肠杆菌的污水经过30～40米的林带流过，细菌数量可减少为原有的1／18。场区周围的绿化还可以起到隔离卫生作用。二是留有充足的绿化空间。在保证生产用地的情况下要适当留下绿化隔离用地。三是科学绿化。①场界林带设置。在场界周边种植乔木和灌木混合林带，乔木如杨树、柳树、松树等，灌木如刺槐、榆叶梅等。特别是场界的西侧和北侧，种植混合林带宽度应在10米以上，以起到防风阻砂的作用。②场区隔离林带设置。主要用以分隔场区和防火。常用杨树、槐树、柳树等，两侧种以灌木，总宽度为3～5米。③场内外道路两旁的绿化。常用树冠整齐的乔木和亚乔木以及某些树冠呈锥形、枝条开阔、整齐的树种。需根据道路宽度选择树种的高矮。在建筑物的采光地段，不应种植枝叶过密、过于高大的树种，以免影响自然采光。④遮阴林的设置。在鸡舍的南侧和西侧，应设1～2行遮阴林。多选枝叶开阔、生长势强、冬季落叶后枝条稀疏的树种，如杨树、槐树、枫树等。

（二）鸡舍建设常见问题处理

1. 肉鸡舍过于简陋，不能有效地保温和隔热，舍内环境不易控制

目前肉鸡饲养多采用舍内高密度饲养，舍内环境成为制约肉鸡生长发育和健康的最重要条件，舍内环境优劣与肉鸡舍有密切关系。由于观念、资金等条件的制约，人们没有充分认识到鸡舍的作用，忽视肉鸡舍建设，不舍得在鸡舍建设中多投入，鸡舍过于简陋（如有些鸡场鸡舍的屋顶只有一层石棉瓦），保温隔热性能差，舍内温度不易维持，肉鸡遭

受的应激多。冬天舍内热量容易散失，舍内温度低，肉鸡采食量多，饲料报酬差。要维持较高的温度，采暖的成本极大增加；夏天外界太阳辐射热容易通过屋顶进入舍内，舍内温度高，肉鸡采食量少，生长慢，要降低温度，需要较多的能源消耗，也增加了生产成本。

【处理措施】一是科学设计，根据不同地区的气候特点选择不同材料和不同结构，设计符合保温隔热要求的肉鸡舍；二是严格施工，设计良好的肉鸡舍如果施工不好也会严重影响其设计目标。严格选用设计所选的材料，按照设计的构造进行建设，不偷工减料；肉鸡舍的各部分或各结构之间不留缝隙，屋顶要严密，墙体的灰缝要饱满。

2. 忽视通风换气系统的设置，舍内通风换气不良

舍内空气质量直接影响肉鸡的健康和生长，生产中许多肉鸡舍不注重通风换气系统的设计，如没有专门通风系统，只是依靠门窗通风换气，保温舍内换气不足，空气污浊或通风过度造成温度下降或出现“贼风”，冷风直吹肉鸡引起伤风感冒等；夏季通风不足，舍内气流速度慢，肉鸡热应激严重等。

【处理措施】一是要科学设计通风换气系统。冬季由于内外温差大，可以利用自然通风换气系统。设计自然通风换气系统时需注意进风口设置在窗户上面，排气口设置的屋顶，这样冷空气进入舍内下沉温暖后在通过屋顶的排气口排出，可以保证换气充分，避免冷风直吹鸡体。排风口面积要能够满足冬季通风量的需要。夏季由于内外温差小，完全依赖自然通风效果较差，最好设置湿帘—通风换气系统，安装湿帘和风机进行强制通风。二要加强通风换气系统的管理，保证换气系统正常运行，保证设备、设施清洁卫生。最好能够在进风口安装过滤清洁设备，以使进入舍内的空气更加洁净。安装风机时，每个风机上都要安装控制装置，根据不同的季节或不同的环境温度开启不同数量的风机。如夏季可以开启所有的风机，其他季节可以开启部分风机，温度适宜时可以不开风机（能够进行自然通风的鸡舍）。负压通风肉鸡舍要保证鸡舍具有较好的密闭性。

3. 忽视鸡舍的防潮设计和管理

湿度常与温度、气流等综合作用对肉鸡产生影响。低温高湿加剧肉鸡冷应激，高温高湿加剧肉鸡的热应激。生产中人们较多关注温度，而忽视舍内的湿度对肉鸡的影响。不注重肉鸡舍的防潮设计和防潮管理，舍内排水系统不畅通，特别是冬季肉鸡舍封闭严密，导致

舍内湿度过高，影响肉鸡的健康和生长。

【处理措施】一是提高认识。充分认识湿度，特别是高湿度对肉鸡的影响。二是加强肉鸡舍的防潮设计。如选择高燥的地方建设肉鸡舍，基础设置防潮层以及其他部位的防潮处理等，舍内排水系统畅通等。三是加强防潮管理。四是保持适量通风等（详见前面舍内湿度控制内容）。

4. 忽视肉鸡舍内表面的处理，内表面粗糙不光滑

肉鸡生长速度快，饲养密度高，疫病容易发生，肉鸡舍的卫生管理就显得尤为重要。肉鸡饲养中，要不断对肉鸡舍进行清洁消毒，肉鸡出售后的间歇，更要对肉鸡舍进行清扫、冲洗和消毒，所以，建设肉鸡舍时，舍内表面结构要简单，平整光滑，具有一定耐水性，这样容易冲洗和清洁消毒。生产中，有的肉鸡场的肉鸡舍，为了降低建设投入，对肉鸡舍不进行必要处理，如内墙面不摸面，裸露的砖墙粗糙、凸凹不平，屋顶内层使用苇笆或秸秆，地面不进行硬化等，一方面影响到舍内的清洁消毒，另一方面也影响到肉鸡舍的防潮和保温隔热。

【处理措施】一是屋顶处理，根据屋顶形式和材料结构进行处理，如混凝土、砖结构平顶、拱形屋顶或人字形屋顶，使用水泥砂浆将内表现抹光滑即可。如果屋顶是苇笆、秸秆、泡沫塑料等不耐水的材料，可以使用石膏板、彩条布等作为内衬，既光滑平整，又有利于冲洗和清洁消毒。二是墙体处理，墙体的内表面要用防水材料（如混凝土）抹面。三是地面处理，地面要硬化。

5. 为减少投入或增加肉鸡饲养数量，鸡舍面积过小，饲养密度过高

鸡舍建筑费用在肉鸡场建设中占有很高的比例，由于资金受到限制而又想增加养殖数量，获得更多收入，建筑的肉鸡舍面积过小，饲养的肉鸡数量多，饲养密度高，采食空间严重不足，舍内环境质量差，肉鸡生长发育不良。虽然养殖数量增加了，结果养殖效益降低了，适得其反。

【处理措施】一是科学计算鸡舍面积。肉鸡日龄不同、饲养方式不同，饲养密度不同，占用鸡舍的面积也不同。养殖数量确定后，根据选定的饲养方式确定适宜的饲养密度（出栏时的密度要求），然后

可以确定肉鸡舍面积。如饲养5000只商品肉鸡，采用网上平养，饲养到6周龄，饲养密度为15只（夏季），则需要鸡舍面积约为334米^2，加上值班间25米^2，需要360米^{2}左右。如果是笼养肉鸡，笼的排列形式为纵向双列，每个笼长宽高分别为1米×0.8米×1.6米，四层重叠式，每层饲养肉鸡15只，每组共饲养肉鸡60只，需要84组笼，则每列笼的总长为42米。走道宽度1.5米，鸡舍净宽为6.5(3×1.5＋2×1.0）米，鸡舍面积为273米^2，一侧留个值班间，则总面积需要285米^{2}左右。二是如果鸡舍面积是确定的，应根据不同饲养方式要求的饲养密度安排肉鸡数量。三是不要随意扩大饲养数量和缩小鸡舍面积，同时，要保证充足的采食和饮水位置，否则，饲养密度过大或采食、饮水位置不足必然会影响肉鸡的生长发育和群体均匀。

（三）废弃物处理的常见问题处理

1. 不重视废弃物的储放和处理，随处堆放和不进行无害化处理

肉鸡场的废弃物主要有粪便和死鸡。废弃物内含有大量的病原微生物，是最大的污染源，但生产中许多养殖场不重视废弃物的储放和处理，如没有合理的规划和设置粪污存放区和处理区，随便堆放，也不进行无害化处理，结果是场区空气质量差，有害气体含量高，尘埃飞扬，污水横流，蛆爬蝇叮，臭不可闻，土壤、水源严重污染，细菌、病毒、寄生虫卵和媒介虫类大量滋生传播，肉鸡场和周边相互污染；如病死鸡随处乱扔，有的在鸡舍内，有的在鸡舍外，有的在道路旁，没有集中的堆放区。病死鸡不进行无害化处理，有的卖给鸡贩子，有的甚至鸡场人员自己食用等，导致病死鸡的病原到处散播。

【处理措施】一是树立正确的观念，高度重视废弃物的处理。有的人认为废弃物处理需要投入，是增加自己的负担，病死鸡直接出售还有部分收入等，这是极其错误的。粪便和病死鸡是最大的污染源，处理不善不仅会严重污染周边环境和危害公共安全，更关系到自己鸡场的兴衰，同时病死禽不进行无害化处理而出售也是违法的。二是科学规划废弃物存放和处理区。三是设置处理设施并进行处理。

2. 认为污水不处理无关紧要，随处排放

有的肉鸡场认为污水不处理无关紧要或污水处理投入大，建场时，

不考虑污水的处理问题，有的场只是随便在排水沟的下游挖个大坑，谈不上几级过滤沉淀，有时遇到连续雨天，沟满坑溢，污水四处流淌，或直接排放到肉鸡场周围的小渠、河流或湖泊内，严重污染水源和场区及周边环境，也影响到本场肉鸡的健康。

【处理措施】一是肉鸡场要建立各自独立的雨水和污水排水系统，雨水可以直接排放，污水要进入污水处理系统。二是采用干清粪工艺，干清粪工艺可以减少污水的排放量。三是加强污水处理，要建立污水处理系统，污水处理设施要远离肉鸡场的水源，进入污水池中的污水经处理达标后才能排放。如按污水收集沉淀池→多级化粪池或沼气→处理后的污水或沼液→外排或排入鱼塘的途径设计，既变废为宝［沼气、沼液（渣）］，又实现立体养殖增效。

三、饲料选择和配制的常见问题处理

（一）选择饲料原料时的问题处理

饲料原料质量直接关系到配制的全价饲料质量，同样一种饲料原料的质量可能有很大差异，配制出的全价饲料饲养效果就很不同。有的养殖户在选择饲料原料时存在注重饲料原料的数量而忽视质量，甚至有的为图便宜或害怕浪费，将发霉变质、污染严重或掺杂使假的饲料原料配制成全价饲料，结果是严重影响全价饲料的质量和饲养效果，甚至危害肉鸡的健康。

【处理措施】在配制全价饲料选择饲料原料时，一要注意饲料原料的质量。要选择优质的、不掺杂使假、没有发霉变质的饲料原料。以各种饲料原料的质量指标及等级作为选择的参考，常见的饲料原料质量指标和等级如下。

1. 玉米

要求籽粒整齐、均匀，色泽呈黄色或白色，无发酵、霉变、结块及异味异臭。一般地区玉米水分不得超过14.0%，东北、内蒙古、新疆等地区不得超过18.0%。不得掺入玉米以外的物质（杂质总量不超过1%）。玉米质量控制指标及等级标准见表8-1。

表 8-1　玉米的质量控制指标及等级标准　　单位：%

质量指标	一级（优等）	二级（中等）	三级
粗蛋白质≥	9.0	8.0	7.0
粗纤维＜	1.5	2.0	2.5
粗灰分＜	2.3	2.6	3.0

注：玉米各项质量指标含量均以86%干物质为基础。低于三级者为等外品。

2. 小麦

我国国家饲用小麦质量指标分为三级（NY/T 117—1989）。见表 8-2。

表 8-2　饲料用小麦质量标准　　单位：%

质量指标	一级	二级	三级
粗蛋白质	≥ 14	≥ 12	≥ 10
粗纤维	＜ 2	＜ 3	＜ 3.5
粗灰分	＜ 2	＜ 2	＜ 3

注：小麦各项质量指标含量均以87%干物质为基础。低于三级者为等外品。

3. 小麦麸

小麦麸呈细碎屑状，色泽新鲜一致，无发酵、霉变、结块及异味异臭。水分含量不得超过 13.0%。不得掺入小麦麸以外的物质。质量指标及等级标准见表 8-3。

表 8-3　小麦麸的质量指标及等级标准　　单位：%

质量指标	一级	二级	三级
粗蛋白质≥	15.0	13.0	11.0
粗纤维＜	9.0	10.0	11.0
粗灰分＜	6.0	6.0	6.0

注：小麦麸各项质量指标含量均以86%干物质为基础。低于三级者为等外品。

4. 鱼粉

特等品色泽黄棕色、黄褐色等，组织蓬松，纤维状组织明显，无结块，无霉变，气味有鱼香味，无焦灼味和油脂酸败味。一级品色泽黄棕色、黄褐色等，较膨松，纤维状组织较明显，无结块，无霉变，气味有鱼香味，无焦灼味和油脂酸败味。二级和三级品呈松软粉状物，无结块，无霉变，具有鱼腥正常气味，无异臭、无焦灼味。鱼粉中不允许添加非鱼粉原料的含氮物质，诸如植物油饼粕、皮革粉、羽毛粉、尿素、血粉等。亦不允许添加加工鱼粉后的废渣。鱼粉的卫生指标应符合GB13078（饲料卫生标准）的规定，鱼粉中不得有寄生虫。鱼粉中金属铬（以6价铬计）允许量小于10毫克 / 千克。鱼粉等级标准见表8-4。

表8-4 鱼粉质量指标及等级标准 单位：%

质量指标	特级品	一级品	二级品	三级品
粗蛋白质≥	60	55	50	45
粗脂肪≤	10	10	12	12
水分≤	10	10	10	12
灰分≤	15	20	25	25
沙分≤	2	3	3	4
盐分≤	2	3	3	4
粉碎粒度	至少98%能通过筛孔为2.80毫米的标准筛			

5. 大豆粕

呈黄褐色或淡黄色不规则的碎片状（饼呈黄褐色饼状或小片状），色泽一致，无发酵、霉变、结块及异味异臭。水分含量不得超过13.0%。不得掺入大豆粕（饼）以外的物质，若加入抗氧化剂、防霉剂等添加剂时，应做相应的说明。大豆粕（饼）质量指标及等级标准见表8-5。

表8-5 大豆粕（饼）质量指标及等级标准 单位：%

质量指标	一级	二级	三级
粗蛋白质≥	44.0（41.0）	42.0（39.0）	40.0（37.0）
粗纤维＜	5.0（5.0）	6.0（6.0）	7.0（7.0）
粗灰分＜	6.0（6.0）	7.0（7.0）	8.0（8.0）
粗脂肪＜	（8.0）	（8.0）	（8.0）

注：大豆粕（饼）各项质量指标含量均以87%干物质为基础。低于三级者为等外品；表中括号内的数据为大豆饼的指标。

6. 菜籽粕

呈黄色或浅褐色，碎片或粗粉状，具有菜籽粕油香味，无发酵、霉变、结块及异味异臭（饼呈褐色，小瓦片状、片状或饼状）。水分含量不得超过12.0%。不得掺入菜籽粕以外的物质。菜籽粕（饼）质量指标及等级标准见表8-6。

表8-6　菜籽粕（饼）质量指标及等级标准　　单位：%

质量指标	一级	二级	三级
粗蛋白质	≥ 40.0（37.0）	≥ 37.0（34.0）	≥ 33.0（30.0）
粗纤维	＜ 14.0（14.0）	＜ 14.0（14.0）	＜ 14.0（14.0）
粗灰分	＜ 8.0（12.0）	＜ 8.0（12.0）	＜ 8.0（12.0）
粗脂肪	＜（10.0）	＜（10.0）	＜（10.0）

注：菜籽粕（饼）各项质量指标含量均以87%干物质为基础。低于三级者为等外品；括号中的数据为菜籽饼的指标。

7. 花生粕（饼）

以脱壳花生果为原料经预压浸提或压榨浸提法取油后的所得花生粕（饼）。花生粕呈色泽新鲜一致的黄褐色或浅褐色碎屑状（饼呈小瓦片状或圆扁块状），色泽一致，无发酵、霉变、结块及异味异臭。水分含量不得超过12.0%。不得掺入花生粕（饼）以外的物质。花生粕（饼）质量指标及等级标准见表8-7。

表8-7　花生粕（饼）质量指标及等级标准　　单位：%

质量指标	一级	二级	三级
粗蛋白质	≥ 51.0（48.0）	≥ 42.0（40.0）	≥ 37.0（36.0）
粗纤维	＜ 7.0（7.0）	＜ 9.0（9.0）	＜ 11.0（11.0）
粗灰分	＜ 6.0（6.0）	＜ 7.0（7.0）	＜ 8.0（8.0）

注：花生粕（饼）各项质量指标含量均以88%干物质为基础。低于三级者为等外品。表中括号内指标是饼的质量指标。

8. 棉籽粕（饼）

棉籽粕呈色泽新鲜一致的黄褐色，棉籽饼呈小瓦片状或圆扁块状，色泽一致，无发酵、霉变、结块及异味异臭。水分含量不得超过12.0%。不得掺入棉籽粕（饼）以外的物质，若加入抗氧化剂、防霉剂等添加剂时，应做相应的说明。质量指标及分级标准见表8-8。

表 8-8 棉籽粕（饼）质量指标及等级标准 单位：%

质量指标	一级（优等）	二级（中等）	三级
粗蛋白质	≥ 51.0（40.0）	≥ 42.0（36.0）	≥ 37.0（32.0）
粗纤维	＜ 7.0（10.0）	＜ 9.0（12.0）	＜ 11.0（14.0）
粗灰分	＜ 6.0（6.0）	＜ 7.0（7.0）	＜ 8.0（8.0）

注：棉籽粕（饼）各项质量指标含量均以88%干物质为基础。低于三级者为等外品。表中括号内数据是饼的质量指标。

9. 食盐

含钠 39%，含氯 60%。不得含有杂质或其他污染物，纯度应在 95%以上，含水量不超过 0.5%，应全部通过 30 目筛孔。

10. 石粉

饲用石粉要求含钙量不得低于 33%，镁元素不高于 0.5%，铅含量 10 毫克 / 千克以下，砷含量 10 毫克 / 千克以下，汞含量 2 毫克 / 千克以下。禽用石粉的粒度为 26 ～ 28 目。

11. 磷酸氢钙

饲料级的磷酸氢钙，国家质量标准（NY 50—1987），见表 8-9。

表 8-9 饲料级磷酸氢钙国家质量标准

指标名称	指标	指标名称	指标
磷含量 / %	≥ 16	重金属（以铅计） / %	≤ 0.002
钙含量 / %	≥ 21	氟（以 F 计） / %	≤ 0.18
砷含量 / %	≤ 0.003	细度（通过 W = 400 微米试验筛）	≥ 95

要注意各种饲料原料在饲粮中的适宜比重。各种饲料在家禽日粮中的用量见表 8-10。

表 8-10 各种饲料在家禽日粮中的用量

饲料种类	比例 / %
谷物饲料（玉米、小麦、大麦、高粱）	40 ～ 60
糠麸类	10 ～ 30
植物性蛋白饲料（豆粕、菜籽粕）	15 ～ 25
动物性蛋白饲料（鱼粉、肉骨粉等）	3 ～ 10

续表

饲料种类	比例 / %
矿物质饲料（食盐、石粉、骨粉）	3 ～ 7
干草粉	2 ～ 5
微量元素及维生素添加剂	0.05 ～ 0.5
青饲料（按精料总量添加，用维生素添加剂时可不用）	30 ～ 35

（二）肉鸡添加维生素的问题处理

维生素是一组化学结构不同，营养作用、生理功能各异的低分子有机化合物，维持机体生命活动过程中不可缺少的一类有机物质，包括脂溶性维生素（如维生素 A、维生素 D、维生素 E 及维生素 K 等）和水溶性维生素（如 B 族维生素和维生素 C 等），它的主要生理功能是调节机体的物质和能量代谢，参与氧化还原反应。另外，许多维生素是酶和辅酶的主要成分。青饲料中含有大量维生素，散放饲养条件下，鸡可以自由采食青菜、树叶、青草等青饲料，一般不易缺乏，规模化舍内饲养，青饲料供应成为问题，人们多以添加人工合成的多种维生素来满足肉鸡需要。但在添加使用中存在一些问题。

（1）选购不当　市场上维生素品种繁多，质量参差不齐，价格也有高有低。饲养者缺乏相关知识，不了解生产厂家状况和产品质量，选择了质量差或含量低的多种维生素制品，影响了饲养效果。

（2）使用不当

① 添加剂量不适宜　有的过量添加，增加饲养成本，有的添加剂量不足，影响饲养效果，有的不了解使用对象或不按照维生素生产厂家的添加要求盲目添加等。

② 饲料混合不均匀　维生素添加量很少，都是比较细的物质，有的饲养者不能按照逐渐混合的混合方法混合饲料，结果混合不均匀。

③ 不注意配伍禁忌　在肉鸡发病时经常会使用几种药物和维生素混合饮水使用。添加维生素时不注意维生素之间及在其他药物或矿物质间的拮抗作用，如 B 族维生素与氨丙啉不能混用，链霉素与维生素 C 不能混用等，影响使用效果。

④ 不能按照不同阶段肉鸡特点和不同维生素特性正确合理的添加。

【处理措施】（1）选择适当的维生素制剂　不同的维生素制剂产品其剂型、质量、效价、价格等均有差异，在选择产品的时候要特别注意和区分。对于维生素单体要选择较稳定的制剂和剂型；对于复合多维产品，由于检测成本的关系，很难在使用前对每种单体维生素含量进行检测，因此在选择时应选择有质量保证和信誉好的产品。同时还应注意产品的出厂日期，以近期内出厂的产品为佳。

（2）正确把握肉鸡对维生素的需要量　肉鸡的种类、性质、品种以及饲养阶段不同，对各类维生素的需要量就不同。饲料中多种维生素的添加量可在生产厂家要求的添加量的基础上增加10%～15%的安全裕量（在使用和生产维生素添加剂时，考虑到加工、储藏过程中所造成的损失以及其他各种影响维生素效价的因素，应当在肉鸡需要量的基础上，适当超量应用维生素，以确保肉鸡生产的最佳效果）。另外，肉鸡的健康状况及各种环境因素的刺激也会影响肉鸡对维生素的需要量。一般在应激情况下，肉鸡对某些维生素的需要量将会提高。如在接种疫苗、感染球虫病以及发生呼吸道疾病时，各种维生素的补充均显得十分重要。在高温季节，要适当增加脂溶性维生素和B族维生素的用量，尤其要注意对维生素C的补充。肉种鸡在产蛋后期应注意补充维生素A、维生素D和维生素C的用量。如开食到一周龄期间的雏鸡胆小，抵抗力弱。外界环境任何微小的变化都可能使其产生应激反应，同时也极容易受到外界各种有害生物的侵袭而感染疾病。所以在育雏前期添加维生素C对雏鸡而言是极为有益的。雏鸡在2～6周龄期间生长发育快，代谢旺盛，需要大量的酶参与。因此，作为酶的重要组成部分的B族维生素的需要量应同时增大。此时需根据实际情况额外补充一些B族维生素。当鸡群发生疾病时，添加维生素作为治疗的辅助措施具有十分重要的作用，特别是添加维生素A、维生素C、维生素K。有研究表明，维生素E、维生素C能增强机体的免疫功能，提高鸡体对各种应激的耐受力，促进病后恢复和生长发育。维生素K能缩短凝血时间，减少失血，因此对一些有出血症状的疾病能起到减轻症状，减少死亡的作用。

（3）注意维生素的理化特性，防止配伍禁忌　使用维生素添加剂时，应注意了解各种维生素的理化特性，重视饲料原料的搭配，防止各饲料成分间的相互拮抗，如抗球虫药物与维生素B_1、有机酸防霉剂与多种维生素、氯化胆碱与其他维生素等之间均应避免配伍禁忌。氯化胆碱有极强的吸湿性，特别是与微量元素铁、铜、锰共存时，会大大影响维生素的生理效价。所以在生产维生素预混料时，如加氯化胆碱则须单独分装。

（4）正确使用与储藏　维生素添加剂要与饲料充分混匀，浓缩制剂不宜直接加入配合饲料中，而是先扩大预混后再添加。市售的一些维生素添加剂一般都已经加有载体而进行了预配稀释。选用复合维生素制剂时，要十分注意其含有的维生素种类，千万不要盲目使用。购进的维生素制剂应尽快用完，不宜储藏太久。一般添加剂预混料要求在 1 ～ 2 个月用完，最长不得超过 6 个月。储藏维生素添加剂应在干燥、密闭、避光、低温的环境中。

（5）采用适当的措施防止霉菌污染　在高温高湿地区，霉菌及其毒素的侵害是普遍问题。饲料中霉菌及其毒素不仅危害畜禽健康，而且破坏饲料中的维生素。但如果为了控制霉菌而在饲料中使用一些有机酸类饲料防霉剂，则将导致天然维生素含量的大幅度降低。

（三）选用饲料添加剂时的问题处理

饲料添加剂具有完善日粮的全价性，提高饲料利用率，促进肉鸡生长发育，防治某些疾病，减少饲料储藏期间营养物质的损失或改进产品品质等作用。添加剂可以分为营养性添加剂和非营养性添加剂。营养性添加剂除维生素、微量元素添加剂外，还有氨基酸添加剂；非营养性添加剂有抗生素和中草药添加剂、酶制剂、微生态制剂、酸制剂、寡聚糖、驱虫剂、防霉剂、保鲜剂以及调味剂等。但在使用饲料添加剂时，也存在一些问题：一是不了解饲料添加剂的性质特点盲目选择和使用；二是不按照使用规范使用；三是搅拌不匀；四是不注意配伍禁忌，影响使用效果。

【处理措施】（1）正确选择　目前饲料添加剂的种类很多，每种添加剂都有自己的用途和特点。因此，使用前应充分了解它们的性能，然后结合饲养目的、饲养条件、鸡的品种及健康状况等选择使用，选择国家允许使用的添加剂。

（2）用量适当　用量少，达不到目的，用量过多会引起中毒，增加饲养成本。用量多少应严格遵照生产厂家在包装上所注的说明或实际情况确定。

（3）搅拌均匀　搅拌均匀程度与饲喂效果直接相关。具体做法是先确定用量，将所需添加剂加入少量的饲料中，拌和均匀，即为第一层次预混料；然后再把第一层次预混料掺到一定量（饲料总量的 1/5 ～ 1/3）饲料上，再充分搅拌均匀，即为第二层次预混料；最后再次把第二层次预混料掺到剩余的饲料上，拌匀即可。这种方法称为饲料三层次分级拌合法。由于添加剂的用量很少，只有多层分级搅拌才能混均。如果搅拌不均匀，即使是按规定的量饲用，也往往起不到作用，甚至会出现中毒现象。

（4）混于干饲料中　饲料添加剂只能混于干饲料（粉料）中，短时间储存待用才能发挥它的作用。不能混于加水的饲料和发酵的饲料中，更不能与饲料一起加工或煮沸使用。

（5）注意配伍禁忌　多种维生素最好不要直接接触微量元素和氯化胆碱，以免降低药效。在同时饲用两种以上的添加剂时，应考虑有无拮抗、抑制作用，是否会产生化学反应等。

（6）储存时间不宜过长　大部分添加剂不宜久放，特别是营养添加剂、特效添加剂，久放后易受潮发霉变质或氧化还原而失去作用，如维生素添加剂、抗生素添加剂等。

（四）预混料选用的问题处理

预混料是由一种或多种营养物质补充料（如氨基酸、维生素、微量元素）和添加剂（如促生长剂、驱虫剂、抗氧化剂、防腐剂、着色剂等）与某种载体或稀释剂，按配方要求比例均匀配制的混合料。添加剂预混料是一种半成品，可供配饲料工厂生产全价配合饲料或浓缩料，也可供有条件的养鸡户配料使用。在配合饲料中添加量为0.5%～3%。养殖户可根据预混料厂家提供的参考配方，利用自家的能量饲料、蛋白质补充料和预混料配合成全价饲料，饲料成本比使用全价成品料和浓缩料都低一些。预混料是肉鸡饲料的核心，用量小，作用大，直接影响到饲料的全价性和饲养效果。但在选择和使用预混料存在一些误区。

（1）缺乏相关知识，盲目选择　目前市场上的预混料生产厂家多，品牌多，品种繁多，质量参差不齐，由于缺乏相关知识，盲目选择，结果选择的预混料质量差，影响饲养效果。

（2）过分贪图便宜购买质量不符合要求的产品　俗话说“一分价钱一分货”，这是有一定道理的。产品质量好的饲料，由于货真价实，往往价钱高，价钱低的产品也往往质量差。

（3）过分注重外在质量而忽视内在品质。产品质量是产品内在质量和外在质量的综合反映。产品的内在质量是指产品的营养指标，如产品的可靠性、经济性等；产品的外在质量是指产品的外形、颜色、气味等。有部分养殖户在选择饲料产品时，往往偏重于看饲料的

外观、包装如何，其次是看色、香、味。由于饲料市场竞争激烈，部分商家想方设法在外包装和产品的色、香、味上下功夫，但产品内在质量却未能提高，养殖户不了解，往往上当。

（4）不能按照预混料的配方要求来配制饲料，随意改变配方　各类预混料都有各自经过测算的推荐配方，这些配方一般都是科学合理的，不能随意改变。例如，豆粕不能换成菜籽粕或者棉粕，玉米也不能换成小麦，更不能随意增减豆粕的用量，造成蛋白质含量过高或不足，影响生长发育，降低经济效益。

（5）混合均匀度差　目前，农村大部分养殖户在配制饲料时都是采用人工搅拌。人工搅拌，均匀度达不到要求，严重影响了预混料的使用效果。

（6）使用方式和方法欠妥　如不按照生产厂家的要求添加，要么添加多，要么添加少，有的不看适用对象，随意使用，或其他饲料原料粒度过大等，影响使用效果。

【处理措施】（1）正确选择　根据不同的使用对象，如不同类型的肉鸡或不同阶段的肉鸡正确选用不同的预混料品种。选择质量合格产品。根据国家对饲料产品质量监督管理的要求，凡质量合格的产品应符合如下条件：①要有产品标签，标签内容包括产品名称、饲用对象、批准文号、营养成分保证值、用法、用量、净重、生产日期、厂名、厂址；②要有产品说明书；③要有产品合格证；④要有注册商标。

（2）选择规模大、信誉度高的厂家生产的质量合格、价格适中的产品　不要一味考虑价格，更要注重品质。长期饲喂营养含量不足或质量低劣的预混料，禽会出现腹泻现象，这样既阻碍禽的正常生长，又要花费医药费，反而增加了养殖成本，检了“芝麻”，丢了“西瓜”，得不偿失。

（3）正确使用　按照要求的比例准确添加，按照预混料生产厂家提供的配方配制饲料，不要有过大改变。用量小不能起到应有的作用，用量大饲料成本提高，甚至可能引起中毒。饲料粒度粉碎合适（雏鸡饲料粒度为1毫米以下，中鸡饲料粒度为1～2毫米，成鸡饲料粒度为2～2.5毫米）。

（4）搅拌均匀　添加剂用量微小，在没有高效搅拌机的情况下，应采取多次稀释的方法，使之与其他饲料充分混匀。如1千克添加剂加100千克配合饲料时，应将1千克添加剂先与1～2千克饲料充分

拌匀后，再加 2～4 千克饲料拌匀，这样少量多次混合，直到全部拌匀为止。

（5）妥善保管　添加剂预混料应存放于低温、干燥和避光处，与耐酸、碱性物质放在一起。包装要密封，启封后要尽快用完，注意有效期，以免失效。储放时间不宜过长，时间一长，预混料就会分解变质，色味全变。一般有效期为夏季最多 3 天，其他季节不得超过 6 天。

（五）饲料配制的问题处理

饲养营养是保证肉鸡快速生长的基础，配方设计合理与否直接关系到日粮的质量。肉鸡配合饲料配方设计中存在一些问题。

（1）不考虑肉鸡营养特点进行配制日粮。

（2）注重蛋白质水平而忽视能量水平。由于蛋白质是肉鸡营养中的重要组成部分，蛋白质不足影响肉鸡生产性能，一些饲养者只求满足粗蛋白的要求，而忽视能量水平。另外，蛋白质是国家饲料质量检测的重要指标，出售饲料的企业都不敢在蛋白质上做文章，蛋白质基本能达到国家要求。但出于降低成本需要，能量往往不足。结果导致肉鸡采食量增大，摄入蛋白质过多，由于蛋白质代谢增加鸡的负担，另外产生热增耗，夏天加剧热应激，因而低能高蛋白饲料对肉鸡反而不利。

（3）注重蛋白质含量，忽视蛋白质质量。现代动物营养技术表明，蛋白质的营养就是氨基酸营养，因而添加蛋白质饲料是要满足氨基酸需要，而不是单单满足粗蛋白需要。在有些地区，由于受到饲料原料来源限制的影响，因而往往过多地使用单一原料，造成氨基酸不平衡，影响肉鸡生产水平。忽视蛋白质的质量问题表现在不注重氨基酸平衡性和不考虑氨基酸消化率两个方面。很多饲料原料蛋白质含量很高，如羽毛粉、皮革粉、血粉等，但氨基酸消化率低，影响家禽消化吸收。

（4）忽视配合饲料原料的消化率　由于鱼粉、豆粕、花生粕等优质蛋白质饲料价格过高，为了降低饲料价格，大量使用一些非常规饲料原料，影响饲料的消化吸收率。

（5）饲料配方计算不准确，各种饲料原料的比例随意性大。

【处理措施】（1）根据肉鸡的营养特点配制日粮　设计饲料配方和配制饲料时必须充分考虑和利用肉鸡的营养特点，以最少的饲料消

耗获得更多的增重。

（2）保持适宜的蛋白能量比，适当使用油脂油脂　饲料包括动物油和植物油。动物油如猪油、牛油、鱼油等代谢能在33.5兆焦／千克以上，植物油如菜籽油、棉籽油、玉米油等代谢能较低，也有29.3兆焦／千克。为了达到饲养标准规定的营养浓度，通常在肉鸡配合饲料中添加动、植物油脂，前期加0.5%，后期加5%～6%。动物油脂如牛羊脂的饱和脂肪酸含量高，雏鸡不能很好地消化吸收，如果同时使用1%的大豆油或5%全脂大豆粉作为替代物，则可有效提高脂肪的消化率。若不添加油脂，能量指标达不到饲养标准，就需降低饲养标准，以求营养平衡。否则，若只有能量与饲养标准相差很多，蛋白质等指标满足饲养标准，则不仅蛋白质做能源浪费，而且还会因尿酸盐产生过多，肾脏负担过重，造成肾肿和尿酸盐沉积。

（3）考虑饲料中可利用氨基酸的含量和各种氨基酸的比例。

（4）注意饲料原料的选择，减少不易消化利用的非常规饲料原料的用量。肉用仔鸡消化道容积小，肠道短，消化功能较为软弱，但生长速度快，所以要求饲料营养浓度高，各种养分平衡、充足，而且易消化。所以生产上应多用优质饲料原料如黄玉米、豆粕、优质鱼粉等，不用或少用劣质杂粕（如棉籽饼、菜粕、蓖麻粕等）、粗纤维含量高的稻谷、糠麸以及非常规饲料原料（药渣、皮毛粉等）。如果原料价格太高，则少量使用其他谷物和植物蛋白饲料原料，例如次粉、杂粮等。肉用仔鸡日粮中大豆饼、粕用量可达到30%以上，玉米用量可达50%左右，油脂用量可达5%，鱼粉用量在3%就行了。在鸡配合饲料中使用小麦会增大粉尘，并且易塞满鸡的下喙，所以常常限制小麦在鸡日粮中的使用；实践中可采用粗磨或压扁等以对付这种缺点，并且可以加小麦专用酶。当优质鱼粉（含粗蛋白65%）的价格等于或略高于豆粕（含蛋白质48%）价格的1.5倍时，可把鱼粉的用量增加到上限。肉骨粉和鱼粉，单独或两者配合，但要注意磷过量问题。磷用量过大有害于幼龄肉鸡生长，并且有可能产生股骨短粗病。生长鸡可耐受的有效磷最高水平为0.75%，如果采用这个水平，应当增加钙的水平以保持钙磷比例为2∶1。利用其他的动物副产品饲料原料时也应考虑到有效磷问题。

（5）合理选用添加剂　肉鸡配合饲料中必须使用饲用添加剂才能达到较好效果，使用各种国家允许使用的添加剂都有很好效果，但要注意按照国家有关规定使用。如肉鸡日粮中添加酸化剂可提高生产性能。例如添加柠檬酸0.5%，可使日增重提高6.1%，使成活率提高8.6%；添加延胡索酸0.15%，可使日增重提高5.35%，成活率提高10%，饲料消耗降低62%。为了防止球虫病的发生，饲料中使用抗球虫药物。0～42日龄肉鸡的日粮中一般都应当使用抗球虫药物，使用较多的抗球虫药物有马杜拉霉素、克球粉、有机砷等。马杜拉霉素的用量：在有效含量为$4\times10^{-6}\sim7\times10^{-6}$的范围内都有效，而一般推荐量为$5\times10^{-6}$。需要强调的是，在有效浓度超过$9\times10^{-6}$时就可引起中毒。实践表明，在这期间多种抗球虫药物交替使用比始终使用一种药物要好。使用药物要注意停药期。在上市前5～7天，饲料中应禁用药物添加剂，以免药物残留。

四、卫生管理中问题的处理

（一）饲养密度高使肉鸡处于亚健康状态

为减少投入，增加饲养数量，不按照环境卫生学参数要求，盲目地增大单位面积的饲养数量，在较少的鸡舍内放养较多的鸡只，饲养密度过高，导致肉鸡生长发育不良、均匀度低，体质弱，死亡淘汰率升高。高密度饲养，鸡只占有的面积和空间小，拥挤，活动范围受到严重限制，没有自由，其各种行为不能正常表现，严重影响鸡的正常行为表达，产生许多恶习，极大增多了鸡群的不良刺激，降低了机体的抵抗力，使鸡群经常处于亚健康状态，较易发生应激反应，提高了疾病的发生率，严重影响生产性能的发挥等。

【处理措施】根据不同阶段鸡对饲养空间的要求保证适宜的饲养密度，保证充足的料线、水线长度。

（二）不注重休整期的清洁

现在的鸡场是谈疫色变，而且多发生在后期。可能许多人都能说出许多原因来，但有一个原因是不容忽视的，上批鸡淘汰后清理不够彻底，间隔期不够长。空舍期清洁不彻底。

现在人们最关心的病是禽流感，都知道它的病原毒株极易变异，在清理过程中稍有不彻底之处，则会给下批肉鸡饲养带来灭顶之灾。目前在肉鸡场清理消毒过程中，很多场只重视了舍内清理工作，往往忽视舍外的清理。舍外清理也是绝对不能忽视的。

整理工作要求做到冲洗全面干净、消毒彻底完全；淘汰鸡后的消

毒与隔离要从清理、冲洗和消毒三方面去下工夫整理才能做到所要求的目的。清理起到决定性的作用，做到以下几点才能保证肉鸡生长生产安全。

（1）淘汰完鸡到进鸡要间隔15天以上。

（2）5天内舍内完全冲洗干净，舍内干燥期不低于7天。任何病原体在干燥情况下都很难存活，最少也能明显减少病原体存活时间。

（3）舍内墙壁、地面冲洗干净，空舍7天以后，再用20%生石灰水刷地面与墙壁。管理重点是生石灰水刷得均匀一致。

（4）对刷过生石灰水的鸡舍，所有消毒（包括甲醛熏蒸消毒在内）重点都放在屋顶上，这样效果会更加明显。

（5）舍外要铺撒生石灰。舍外的土地面污染过，要清理污染的表层，露出新土后铺撒生石灰。舍外地面未被污染，清理洁净后要撒上生石灰。

（6）舍外水泥路面冲洗干净后，水泥路面洒20%生石灰水和5%火碱水各1次。若是土地面，应铺1米宽砖路供育雏舍内人员行走。把育雏期间的煤渣垫路并撒上生石灰碾平（不用上批煤渣），以杜绝上批鸡饲养过程中对地面的污染传给本批肉鸡。

（7）通风开始到接雏鸡后20天注意进风口每天定时消毒，确保接雏20天内进入舍内的鞋底不接触到土地面。

（8）育雏期间水泥路面洒20%生石灰水，每天早上吃饭前进行，可以和火碱水交替进行。这样做既可以起到很好的消毒作用又可以保持路面洁净美观，人们也不忍心去污染它，万一污染了也会迫使当事者立即清理干净。

（三）卫生管理不善导致疾病不断发生

肉鸡无胸隔膜，有九个气囊分布于胸腹腔内并与气管相通，这一独特的解剖特点，为病原的侵入提供了一定的条件，加之肉鸡体小质弱、高密度集中饲养及固定在较小的范围内，如果卫生管理不善，必然增加疾病的发生机会。生产中由于卫生管理不善而导致疾病发生的实例屡见不鲜。

【处理措施】改善环境卫生条件是减少肉鸡场疾病最重要的手段。改善环境卫生条件需要采取综合措施。

（1）做好肉鸡场的隔离工作　肉鸡场要选在地势高燥处，远离居民点、村庄、化工厂、畜产品加工厂和其他畜牧场，最好周围有农田、果园、苗圃和鱼塘。禽场周围设置隔离墙或防疫沟，场门口有消毒设施，避免闲杂人员和其他动物进入；场地要分区规划，生产区、管理区和病禽隔离区严格隔离。场地周围建筑隔离墙。布局建筑物时切勿拥挤，要保持 15 ～ 20 米的卫生间距，以利于通风、采光和禽场空气质量良好。注重绿化和粪便处理和利用设计，避免环境污染。

（2）采用全进全出的饲养制度，保持一定间歇时间，对肉鸡场进行彻底的清洁消毒。

（3）强消毒　隔离可以避免或减少病原进入禽场和禽体，减少传染病的流行，消毒可以杀死病原微生物，减少环境和禽体中的病原微生物，减少疾病的发生。目前我国的饲养条件下，消毒工作显得更加重要。注意做好进入肉鸡场人员和设备用具的消毒、肉鸡舍消毒、带鸡消毒、环境消毒、饮水消毒等。

（4）加强卫生管理　保持舍内空气清洁，进行适量通风，过滤和消毒空气，及时清除舍内的粪尿和污染的垫草并进行无害化处理，保持适宜的湿度。

（5）建立健全各种防疫制度　如制订严格的隔离、消毒、引入家禽隔离检疫、病死禽无害化处理、免疫等制度。

五、肉用种鸡饲养管理中的常见问题处理

（一）育雏期存在的问题及处理

育雏期是肉种鸡一生中的关键时期，饲养管理不善会带来严重后果。人们虽然都很重视育雏期的饲养管理，但有的肉用种鸡场在育雏时也存在一些问题。

1. 雏鸡到达先饮水后开食

习惯认为必须先喝水再吃料，把雏鸡想象得太笨，结果是雏鸡开食推迟，体内营养供给不足（只有卵黄供给），不利于早期发育，同时卵黄中的抗体作为营养被消耗，也影响肉鸡体内抗体水平。

【处理措施】雏鸡到达之前，把充足的水、料都摆放好，入舍后，雏鸡自己选择；雏鸡要提前进入育雏舍或早出雏早入舍早开食。

2. 第一周的“自由采食”就是随便喂、随便吃

对现代肉种鸡的生理特点不够了解，认为雏鸡可以随便喂、随便吃，结果雏鸡体重大小分化明显，严重影响早期发育。

【处理措施】严格有效的管理措施，均匀、定量投放饲料，保证充足的采食空间和饲养空间。

3. 早期公鸡体重不重要

由于对育雏早期小公鸡体重发育不重视，或公鸡早期状况不好，密度、运输以及温度等多方面原因造成从开食就不理想，没有给予特别的照顾，结果早期公鸡饲料摄入不足，第一周体重不理想（公鸡第一周，尤其前三天），导致育成后骨架小、状态不理想，严重影响育成后的种用价值。

【处理措施】准备塑料布或者牛皮纸，撒料在上面给公鸡开食，啄食的“沙沙”声能吸引雏鸡明显提高开食效果；使用湿拌料可以增强适口性，提高采食量。

4. 早期忽视均匀度管理

由于管理工作不完善、不系统，早期似乎顾不上抓均匀度，全部精力只够“确保成活率”和体重发育上，忽视前四周对均匀度的控制。结果是四周末时均匀度很差，体重大和小的鸡只差别很大，影响后面的育成计划。

【处理措施】从第一天开始的前几周，利用一切机会及早挑出小鸡单独放入小栏，给予不同料量，以促进均匀生长。

5. 法氏囊疫苗免疫滴口比饮水效果好

由于担心不均匀，或者没有掌握正确的方法，认为法氏囊疫苗免疫滴口比饮水效果好，这样增加工作人员的工作量，增加鸡群的应激。

【处理措施】制订良好的饮水免疫操作规程并严格执行。

（二）育成期存在的问题及处理

1. 公母鸡可以使用同样饲料设备

公鸡与母鸡在混群前共用料线或者使用相同颜色的料桶或使用母鸡的饲喂设备，使得混群后的相当一段时间内部分公鸡习惯性地去吃母鸡料，造成过肥、钙摄入过多，在45周后衰弱很快。

【处理措施】认真选择公鸡喂料设备，避免与母鸡相同；制订严

格可靠且便于执行的管理措施组织实施，保证分饲确实。

2. 育成期管理不善

肉用种鸡在育成期管理方面存在诸多问题。

（1）注重平均体重而忽视均匀度　想当然地认为平均体重代表了大群情况，不进行均匀度的测定，虽然平均体重符合要求，但种鸡群的均匀整齐度大打折扣，对种鸡生产性能影响很大。

（2）对均匀饲喂认识不够，过分依赖“挑鸡”甚至“全群称重”。由于缺乏对均匀度控制的认识或设备不理想、管理不到位等，导致均匀度差。勤挑鸡虽然改善了均匀度，但挑鸡频繁导致增重不均衡，生产成绩未必理想。

（3）光照强度过低（鸡背高度平均照度低于 3 勒克斯），这样鸡群活动过少，甚至鸡只找到饮水位置都困难，影响发育。

【处理措施】（1）要认识到体重均匀增长的重要性，保持适宜的饲养密度和充足的饲料、饮水空间，进行必要的分群，根据具体情况每群采取不同饲喂模式。

（2）保持适宜的光照强度。鸡背高度的光强一般控制在 5 ～ 10 勒克斯。

3. 忽视育成期的体重管理问题

育成期的体重对于肉用种鸡以后的产蛋和种用性能影响巨大，生产中由于忽视育成期体重管理，导致出现发育过快或过慢、体重过大或过小等问题。

【处理措施】（1）要定期称重，并与标准体重进行对照，如果鸡群平均体重与标准体重相差 90 克以上，应重新抽样称重。如情况属实，应注意纠正（适用于种公鸡和种母鸡）。

（2）注意 15 周龄前体重低于标准问题的处理　15 周龄前体重不足将会导致体重均匀度差，鸡只体型小，16 ～ 22 周龄饲料效率降低。纠正这一问题的措施如下。①延长育雏料的饲喂时间。②立即开始原计划的增加料量，提前增加料直至体重逐渐恢复到体重标准为止。种鸡体重每低 50 克，在恢复到常加料水平之前，每只鸡每天需要额外 13 焦耳的能量，才能在一周内恢复到标重。

（3）15 周龄前体重超过标准问题的处理　15 周龄前鸡群体重超过标准也会导致均匀度差，鸡只体型大，产蛋期饲料效率降低。纠正

这一问题的措施如下。①不可降低日前饲喂料量的水平。②减少下一步所要增加的料量，或推延下一步增加料量的时间。

（三）产蛋期存在的问题及处理

1. 担心减料会影响产蛋而不敢减料

由于担心减料会影响产蛋而不敢减料或管理工作做得不够细致等，肉用种鸡产蛋期减料过迟、幅度过小，造成母鸡超重，甚至严重超重，结果高峰期后母鸡过肥，死淘率高，产蛋亦受到影响。

【处理措施】建立母鸡体重、产蛋率和蛋重等多个评估指标，结合当时的实际情况，评价料量。根据指导手册结合实际情况来控制饲料以保持适宜的鸡体重和蛋重。

2. 在产蛋上升期接种疫苗

各种原因（接种疫苗不及时、重新选择疫苗以及抗体不理想等）造成开产前油苗接种安排得不理想，在高峰期基于“健康才是根本，没有健康就难以保证良好生产”的思想，担心保护力不够，而接种油苗等，导致鸡群的应激，严重影响产蛋率的上升和种蛋质量。

【处理措施】开产前严格计划，认真执行，应在22周前切实完成各种油苗的接种；严格周密的监测程序并认真完成；万一有抗体不理想情况，抓紧时间完成，确保产蛋高峰期间（25～38周）不进行油苗接种。

3. 为提高种蛋受精率，重视公母鸡比例而忽视对公鸡的管理

关于种蛋受精率，更多关心到底多大公母鸡比例合适，而忽视对公鸡的饲养管理。想当然地认为饲喂方面没有问题，认为能够均匀分配饲料，并且认为每只公鸡的状况都是一样的。实际上在公鸡体重增加上，由于饲喂设备的不理想造成了公鸡饲料摄入不均匀，久而久之体况发生分化。部分公鸡体重过轻、营养不良，失去种用价值，部分公鸡体重过大，甚至爪子变形，交配成功率明显降低，且容易过早衰弱。

【处理措施】公鸡的饲喂设备和日常喂料管理上下一些功夫，确实保证整个产蛋期的均匀给料，及时淘汰失去种用价值的公鸡，必要

时补充新公鸡。注意公鸡的保健和腿部健康。

（四）种公鸡饲养管理存在的误区纠错

1. 忽视肉用种公鸡培育期的培育和严格选择

要想使种鸡群有较好的受精率，首先必须要培育出品种优良的种用公鸡。生产中有的肉鸡场认为开始时公鸡的比例较大（通常公母比例为15 ：100），以后总能选出一定数量合格的公鸡，从而忽视对公鸡的培育和严格选育，致使育出的种公鸡质量较差，生产后种蛋的受精率很不稳定。

【处理措施】（1）科学饲喂　肉用种公鸡性成熟的理想体型为腿部较长，胸部肌肉丰满而平坦。培育种公鸡要提供充足的水位、料位空间（公鸡具有好斗性），防止强弱分化；饲喂方式为前五周不限食，以促进骨骼发育，然后采用3/4法限食到16周，以后再用1/6法限食至22周，以后改为每天限食。

（2）加强选育　在育成过程中应当加强对种公鸡的选育，选留发育较好的公鸡。在23周龄时，要按一定比例［平养为100 ：（10 ～ 11）；笼养为100 ：（4 ～ 5）］选留体型好、雄性特征明显的公鸡做种用，将剩余公鸡全部淘汰。

2. 忽视肉用种公鸡生产期的管理

培育出品质优良的种公鸡，为以后种鸡的受精率打下良好基础。但生产期管理不善，也会影响肉鸡的受精率。但生产中有的肉鸡场忽视生产期种公鸡的管理，认为培育出好公鸡就可以一劳永逸。

【处理措施】（1）种公鸡与种母鸡要分槽饲喂，饲喂不同的饲料。

（2）定期称重控制种公鸡体重　采取隔周抽测3%～ 5%种公鸡的体重，根据体重适当调整喂料量。

（3）预防腿病的发生　除控制好体重外，还要保持床面清洁干爽和平整。勤换垫料，加强舍内通风。

（4）做好冬季防寒保暖和夏季防暑降温工作。

（5）要注意淘汰无种用价值的公鸡和补充后备青年公鸡。可采取在45周龄时补充后备青年公鸡，补充公鸡的数量应当不少于公鸡总数的10%，数量过少，补充的公鸡开始较恐惧，在形成新的群序过程中往往变弱或被原来的公鸡啄伤。同时应当注意，后备青年公鸡投放

宜在晚间进行，以减轻恐惧和应激。

（五）种蛋孵化过程中的误区纠错

1. 忽视种蛋选择

种蛋是影响孵化的内因，种蛋质量直接关系到孵化效果。种鸡产的蛋也不全都是符合要求的合格种蛋，应该加强种蛋选择。但有的孵化场（户）忽视种蛋选择，如不管种蛋的大小、不管种蛋洁净与否、不管蛋壳质量好坏以及种蛋的来源等，结果入孵后影响孵化成绩。

【处理措施】（1）注意种蛋要来源　应来源于管理良好、高产且经过净化的种鸡群，同一台孵化器内最好入孵同一批次种鸡群产的种蛋。

（2）加强选择　选择蛋重大小适宜、蛋壳结构良好且表面洁净光滑、蛋形为卵圆形的种蛋。蛋重过大过小、蛋壳过薄过厚、表面污浊且有沙壳的种蛋不能入孵。

（3）种蛋要新鲜　气室不能过大，蛋内无异物等。

2. 忽视“看胎施温”

温度是种蛋孵化的首要条件，直接影响到孵化成绩。肉用种蛋孵化需要适宜的温度，但影响孵化温度的因素较多，如季节、孵化器类型、种蛋大小、室内温度等，有时候进行微小的调整就可能进一步提高孵化率。但生产中，有些孵化场（户）只是按照一般参考的适宜温度标准来控制温度，结果孵化成绩不能达到最好。

【处理措施】不同季节、不同孵化器类型、不同孵化室温度以及来源于不同批次和蛋重大小不同的种蛋，其胚胎发育要求的最适温度都有差异。孵化过程中，必须看胎施温，即根据胚胎发育情况合理地确定和调整温度以达到最适的孵化温度，获得最好的孵化效果。

3. 忽视通风换气

温度是种蛋孵化的首要条件，人们较为重视。但胚胎发育不仅需要温度，也需要新鲜的空气。生产中由于主观因素，如不注意通风换气或客观原因，如孵化条件差，孵化室温度不易控制等，导致通风换气不良而使胚胎死亡，影响孵化率。如一孵化户采用上面孵化下面出雏的孵化器，由于孵化器紧靠孵化室的一侧墙，且墙也没有窗户，结果出雏时靠墙一侧出雏率很低，而另一侧由于靠近门，出雏率高，差异极大。

【处理措施】（1）注意孵化后期的通风　孵化前10天，胚胎代谢率低，需氧量少，排出的二氧化碳也少，不需要太多的通风量，如果通风量过大，不利于温度控制。但后期在保证温度的前提下一定要加强通风，保证孵化器内空气新鲜。

（2）孵化室空气要新鲜　只有孵化室内空气新鲜，才能保证孵化器通风时获得新鲜空气。

（3）保证孵化室内温度适宜　孵化室温度过低，通风换气可能影响孵化器内的孵化温度，为保温会减少换气量。

4. 忽视孵化过程中的卫生管理

孵化场的卫生现在也列为孵化的条件之一，特别是规模化孵化场，卫生管理尤为重要。生产中有这样的奇怪现象，开始孵化技术不行但孵化成绩也不太差，但随着孵化时间延长，孵化技术水平不断提高反而孵化成绩变差，其原因就是卫生条件越来越差。一些孵化场（户）不重视卫生管理，隔离不好、消毒不严格、污染严重等，使孵化的雏鸡质量差。

【处理措施】（1）加强孵化场的隔离，合理规划孵化场的各个区间，避免闲杂人员和其他动物的进入等。

（2）保持孵化场和孵化器的清洁。

（3）严格消毒　①孵化开始前对孵化器、孵化室和孵化场区彻底消毒。②加强出雏间隔对孵化器、出雏器以及孵化室、出雏室的彻底消毒。③注意孵化过程中的消毒。④雏鸡出售或运入育雏舍后对出雏区域进行全面消毒。过去有的孵化场对出壳雏鸡进行福尔马林熏蒸消毒是不可取的，这样会损害雏鸡黏膜，甚至引起结膜炎、角膜炎，影响开食饮水。

六、肉仔鸡饲养过程中常见问题处理

（一）忽视鸡舍的清洁

肉鸡入舍前对鸡舍进行清洁存在误区：①用火碱刷网子后不用清水清洗，如果网子上还残留着火碱，由于湿度大，雏鸡入舍后很容易烧伤爪子；②进鸡前对鸡舍烟熏后没有及时通风换气，对雏鸡的呼吸

道黏膜刺激较大，易继发慢性呼吸道病。

【处理措施】火碱刷过的网子再用清水冲洗一遍，防止残留的火碱烧伤鸡雏的爪子；熏蒸后的肉鸡舍要通风换气1～2天，使鸡舍空气清新。

（二）忽视入舍后的饮水管理

雏鸡入舍后饮水方面存在的问题如下。

（1）饮水不及时 有些饲养户在雏鸡到场后控水3～5小时后才给雏鸡饮水，并且以为给水早了会影响雏鸡卵黄吸收。

（2）饮水水位不足 有的饲养户在雏鸡开口时使用的水罐数量不足，一般每个水罐供应100只雏鸡。这样会有一部分雏鸡因不能及时抢到水而脱水，从而影响雏鸡的成活率和正常生长。

（3）饮水器使用不当 如有些饲养户在给雏鸡开口时使用中号或大号的水罐给雏鸡饮水，由于雏鸡较多，过于拥挤，会有部分雏鸡被挤到水罐内，造成洗澡，对雏鸡来说是种应激。有的饲养户将水线的高度调得很低。在雏鸡入舍3天以后就可以给雏鸡使用乳头饮水器供水了，怕雏鸡喝不到水就将水线的高度调得很低，这样雏鸡就得歪头啄乳头，会造成部分水落到地面增加鸡舍湿度，使湿度过大，如果用药或做苗会造成药物的浪费，影响药物疗效或免疫效果。

【处理措施】雏鸡到场后立刻给水，因为雏鸡从出壳到运送到育雏舍可能长达48～72小时，这期间并没有给雏鸡饮水，而育雏舍内温度一般在32～35℃，如果到场后要控水3～5小时后才给雏鸡饮水，会使鸡雏在高温条件下脱水，影响雏鸡的成活率和正常生长；尽量提供给雏鸡足够的饮水水位，每个水罐供应60只以内雏鸡。这样雏鸡会有充足的水位，绝大多数雏鸡都能饮到足够的水。给雏鸡开口时最好选用足够量的专用小号水罐，这样可以减少雏鸡洗澡的机会。水线高度应提高到鸡嘴呈45°能接触到乳头为准，雏鸡就会轻松地喝到水而不会造成浪费了。

（三）育雏温度问题导致雏鸡的死亡

育雏温度是育雏成败的关键因素，生产中由于育雏温度不适宜而导致较大损失的例子也不少见。

【实例一】2002年辉县一养鸡专业户，引进雏鸡2100只，饲养方式为地面饲养，火炉加温。主诉饲养第1周，雏鸡精神不振，食欲

不好，死亡较多。腹部卵黄不吸收，腹部硬，颜色绿色。养殖户一直怀疑是雏鸡孵化不好。细致了解发现养殖户将温度计挂在一侧的墙上，距离地面高度达到1.6米，虽然也保持了33℃，但由于热空气上升，地面育雏区温度与温度计显示的温度可能出现较大差异，最后确定为育雏温度过低引起。

让养殖户将温度计挂在距离地面6厘米处，然后保持到32℃以上，结果1周后，雏鸡群精神状态正常，几乎没有死亡，腹部变得柔软。

【实例二】2000年辉县一个蚕场由于行情不好，想转行养鸡。采用炕上育雏，炕面下放置火炉，使炕面温度达到育雏温度。进鸡前进行试温，温度最高时只能达到28℃，曾让其增加火炉提高温度，结果没有在意。进鸡1800只，育雏1周，鸡群出现精神不好，食欲差，瘦弱鸡多，死亡率高达6.1%。腹部卵黄不吸收，腹部硬，颜色绿色。负责人找到作者，说明情况后，认为还是温度问题。建议赶紧在炕下增加火炉，炕面上方1.8米处用塑料布设置1个棚，形成一个小空间，使温度达到32℃以上。后负责人按照要求进行了处理，提高育雏温度，雏鸡状况慢慢好转，1周后恢复正常。

【实例三】2001年，辉县一养殖专业户，肉鸡场建在一个太行山脚下山口的一个狭长谷地，冬季风力特大。采用地下火道加温方式，10月份建设好后进行试温，温度可以达到34℃。12月初进鸡5000只，雏鸡入舍后，经常刮风。无风时温度正常，一刮风温度骤然下降。结果育雏期间温度忽高忽低，造成较多的死亡。

育雏期间温度忽高忽低，不稳定，对雏鸡的生理活动影响很大。育雏温度的骤然下降雏鸡会发生严重的血管反应，循环衰竭，窒息死亡；育雏温度的骤然升高，雏鸡体表血管充血，加强散热消耗大量的能量，抵抗力明显降低。忽冷忽热，雏鸡很难适应，不仅影响生长发育，而且影响抗体水平，抵抗力差，易发生疾病，2月后可能引起马立克病的发生。

（四）肉仔鸡入舍后不采食的处理

肉鸡入舍后要尽快学会饮水、采食，否则学会采食的时间越久，对生长发育危害就越严重。生产中会出现雏鸡入舍后不采食。

1. 发生原因

一是环境温度不适宜，特别是环境温度过低，雏鸡畏寒怕冷，不

愿采食；二是长途运输，雏鸡脱水严重，疲劳和软弱；三是眼睛出现问题。如有的孵化场对刚出壳的雏鸡进行福尔马林熏蒸不当导致雏鸡结膜炎和角膜炎等。

2. 处理措施

注意观察雏鸡状态，寻找影响因素，采取不同措施。如雏鸡拥挤叠堆，靠近热源，可能是温度问题，提高舍内温度。雏鸡能在舍内均匀分布，正常活动是温度适宜的标志。如是长途运输时间过长，雏鸡干瘪严重，可能是运输问题。要让雏鸡饮用添加葡萄糖、维生素C或电解多维的营养水，保证每只鸡都充分饮到水。不饮水或饮水少的要人工诱导或滴服，使雏鸡体质恢复；如果雏鸡不活动、缩颈眼睛不睁开，不饮不吃，可能是发生眼病，要细致检查。使用滴管，每只鸡每天2～3次滴服营养水，每次2～3毫升。将饲料拌湿黏成小团喂服3～5次，并在饮水或饲料中添加抗生素，经过2～3天，雏鸡可以饮水采食正常饲喂。

（五）忽视肉仔鸡采食量达标管理

肉鸡生长速度快，需要的营养物质多，所以采食量也高。如果采食量达不到标准，摄取的营养物质不足，必然影响肉鸡生长速度，延长出栏时间，降低生产效益。所以保证肉鸡的采食量符合标准要求至关重要。但生产中有的养殖场（户）忽视肉仔鸡的采食量，甚至认为吃料少降低饲料成本，结果肉鸡采食不达标而影响生长。肉鸡采食不达标的可能原因如下。

（1）料桶不足，采食很不方便，对饲养后期的肉鸡影响明显。在饲养前期，应让肉鸡在步行1米之内能找到饮水和饲料。

（2）饮水不足、饮水器缺水或不足、饮水不便或水质不良影响饮水量。

（3）饲料的更换不当，饲料适口性不强，或有霉变等质量问题。

（4）肉鸡误食过多的垫料，在育雏的第一周需要特别注意。

（5）喂料不足或料桶吊得过高。

（6）密度过大，鸡舍混乱。

（7）鸡舍环境恶劣、环境温度过高、光照时间不足等，影响到鸡的正常生理活动。

（8）鸡群感染疾病，处于亚临床症状。

【处理措施】（1）正确认识采食量对肉鸡生长的影响　肉鸡采食量不足，摄取的营养物质多用于维持需要，用于生长的少，反之采食量多，用于生长的就多，有利于生长。

（2）查找原因，加以解决。①如保持适宜的温、湿度，后期温度控制在24℃以下。②光照时间要长，照度要适宜，光线要均匀。③舍内空气良好。④饲料质量和适口性要好，饲料更换要有过渡期，避免有霉变和异味，必要时可以添加香味剂。后期饲喂颗粒饲料。⑤料桶数量充足，高度要适宜。⑥饲养密度不能过大。⑦饮水充足，且水质良好。⑧按时饲喂，每天空槽。

（3）增强肉鸡的食欲　每千克饲料中添加维生素C 100毫克、维生素B_2 100毫克、土霉素1250毫克和酵母粉2000毫克，连续饲喂5～7天，可以起到健胃促进消化的作用，增强肉鸡食欲，提高采食量。

（六）肉鸡开食过晚

肉鸡出壳后腹腔内存有7～8克卵黄可以满足前几天的营养供给，所以雏鸡可以不吃不喝维持3天之久。但开食过晚，由于营养的供给不足会严重影响肉鸡的早期生长。另外，卵黄中大部分物质是免疫球蛋白，作为能量供给会影响雏鸡早期的抗体生成，影响雏鸡的抗病力。但生产中，人们往往忽视这一点。从第一只雏鸡破壳到全部出壳，大约需要36小时，甚至更长，加之分级、免疫、运输，到达育雏舍开食饮水，雏鸡出壳时间超过36小时，有的甚至超过48小时，开食时间过晚。资料显示，开食过晚不仅影响生长发育和抗体生成，还影响肠道发育，降低以后的采食量、增重和饲料转化率。

【处理措施】（1）雏鸡出壳后尽早进入育雏舍开食饮水。雏鸡出壳后，简化分级、免疫等程序或加快其处理速度，选择安全快速车辆和畅通的运输道路，缩短运输时间，尽快使雏鸡入舍。入舍后立即开食饮水，或在雏鸡入舍前就在育雏舍内放置好水和饲料，雏鸡一入舍就诱导饮水开食。

（2）分批接雏　早出壳的早入舍开食饮水，晚出壳晚入舍开食饮水，保证雏鸡出壳后24小时内都能开食饮水。

（七）育肥期的温度不适宜

温度是影响肉鸡生长和成活的最重要因素，生产中人们都非常重

视温度，但也存在一些误区，如重视育雏期的温度而忽视育肥期的温度，认为育肥期的肉鸡体温调节功能健全，适应外界能力增强，温度高些或低些对肉鸡影响不大。殊不知，育肥期温度虽然没有育雏期重要，高些和低些也不至于引起肉鸡的死亡，但会严重影响肉鸡的生长发育和饲料转化率。

【处理措施】不仅要保证育雏期有适宜的温度，育肥期（4周龄以后）也要维持适宜的温度。适宜温度范围为18～22℃。4周龄以后的肉鸡体温调节功能已经相对完善，适应的温度范围也较宽。如出栏前的肉鸡（体重2.5千克左右）可适应16～27℃的温度。4周龄以后的环境温度如果在肉鸡适应的范围内，肉鸡的生长速度和饲料转化率都可以达到最佳，可以获得最好的经济效益；如果温度低于适宜温度，肉鸡采食量大，用以维持体温的营养需要增加，饲料转化率降低；反之，高于适应温度时，肉鸡食欲也会大大下降，采食减少，也会降低肉鸡的生长速度和饲料转化率。据资料报道，育肥期环境温度为18～19℃时，肉鸡的生长速度最快，25℃时饲料转化率最高。所以通常育肥期的环境温度控制在21℃左右最好，因为在此温度下肉鸡生产的饲料转化率和生长速度都比较理想。在冬季饲养肉鸡时，增加供暖，会增加成本，但就整个生产的效益来说，用采暖来提高饲料转化率是合算的。

（八）育雏温度突然下降的处理

温度是育雏成败的关键因素。雏鸡对温度比较敏感，温度过低，特别是突然降低，将会严重危害雏鸡正常的生理功能和各种代谢活动，严重者引起疾病和死亡。

1. 主要原因

一是饲养人员的责任心不强或太疲倦，没有及时管理供暖系统导致不能正常供暖，多发生于晚上。二是外界气候的突然变化，如突然的大风、寒流等导致舍内温度的突然下降。

2. 处理措施

一是加强鸡舍的保温隔热，准备好防寒设备，保证供暖系统满足需要；二是密切关注天气变化（特别是冬季），随时进行防寒保温。如遇到寒流、大风要关闭进出气口，用塑料布、草帘等封闭门窗等。

三是安排好值班人员。育雏工作比较辛苦，在提高饲养管理人员责任心的基础上，还要合理安排值班人员或进行轮班，避免人员过度疲劳，维护供暖系统正常。

（九）夏季温度过高的处理

高温季节下饲养肉鸡时，舍内温度容易过高，轻者导致采食量减少，影响生长发育，重者发生热应激死亡。

1. 原因

一是鸡舍隔热性能差，太阳的辐射热大量进入舍内，导致舍内温度过高；二是外界环境温度高、湿度大，饲养密度高，舍内通风换气不良；三是舍内没有降温设备。

2. 处理措施

（1）加强鸡舍隔热　新建鸡舍应该达到隔热要求，特别是鸡舍的屋顶，要选择隔热材料，达到一定的厚度，提高隔热效果。如果是老鸡舍，可以在屋顶铺设一些轻质的材料或将屋顶涂白，增加屋顶的隔热。高温季节到来前，在鸡舍南侧和西侧种植攀爬植物，高温季节可以覆盖屋顶和墙体，增加隔热作用。

（2）每天尽早开动风机和降温设备，打开所有门窗，在鸡只感到过热之前，提高通风量，以尽可能降低禽舍温度。

（3）如果肉鸡舍内装有喷雾系统和降温系统，需要时可早些打开，可预防超温中暑。

（4）确保一切饮水器功能正常　降低饮水器高度，增加饮水器水量并供给凉的清洁饮水。

（5）当鸡群出现应激迹象时，处理方法是人在鸡舍内不断走动，以促进鸡只活动，或适当降低饲养密度。鸡舍内一定要有人，并经常检查饮水器、风扇和其他降温设备以防出现故障。

（6）高温到来前24小时，在饮水中加入维生素C，直至高温过去。在热应激期间及之后不久，饮水中不使用电解质。

（十）雏鸡入舍湿度不适宜的处理

初生雏体含水分75％以上，环境过于干燥，雏鸡体内失水分过多，会影响正常生长发育。如果湿度偏低，腹内剩余卵黄吸收

不良，饮水过多，易发生下痢，绒毛脆弱脱落，脚爪干瘪、绒毛飞扬，易脱水和患呼吸道疾病；湿度过高，羽毛污秽、零乱、食欲差，易得霉菌和消化道疾病。适宜的湿度要求是1～3周60%～70%；4～7周50%以下。

【处理措施】（1）湿度过低时应加湿　①将桶或锅放在火炉上烧水；②地面、墙上喷水；③喷雾消毒。

（2）湿度偏高时应降低湿度　①提高舍内温度1～2℃；②通风换气；③管理好饮水器，避免饮水器漏水；④及时清除网下粪便，保持干燥。

（十一）保温与通风关系处理不善

肉鸡饲养过程中需要适宜的温度，温度是饲养肉鸡成败的最重要条件，应该引起重视。但在注意保温的同时，良好的通风是极为重要的。肉鸡的生命活动离不开氧气，充足的氧气能促进鸡的新陈代谢，保持鸡体健康，提高饲料转化率。肉鸡养殖中许多饲养场（户）存在只重视温度而忽视通风换气的问题，如育雏期为了保温，不敢通风，育肥期通风量不足等，严重危害肉鸡生产。

育雏期通风不良，鸡舍内有害气体严重超标，大量的氨气、硫化氢等有害气体刺激鸡的呼吸道上皮黏膜细胞，使肉鸡的黏膜细胞造成损失。如果因通风换气不足而造成损失，也就是呼吸系统防御系统的大门被敞开了，细菌、病毒会大量复制，通过血液的流动传染给各个器官，使鸡群发生传染病。还有因为呼吸道上皮细胞损失，使疫苗在产生抗体效价时产生免疫抑制，没有好的抗体效价的保护，肉鸡的机体也就降低了对病毒的抵抗力。2周龄、3周龄、4周龄时通风换气不良，有可能增加鸡群慢性呼吸道病和大肠杆菌病的发病率。

育肥期通风不良，由于肉鸡后期体重增大、采食量大、排泄量也增大，肉鸡呼出的二氧化碳、散出的体热、排泄出的水分、舍内累计的鸡粪产生的氨气及舍内空气中浮游的尘埃等，如果不能及时排到舍外，舍内的生存环境就会越来越恶劣，这样不但会严重影响肉鸡的生长速度，而且还会增加腹水征、猝死症以及病毒性疾病的发生率，提高肉鸡的死亡率。

【处理措施】（1）育雏期注意保温，适量通风　育雏期肉鸡对氧气需要量较少，排出的排泄物也少，需要的换气量低，但也要注意定时通风。每天在外界温度较高时可以打开两侧窗户或窗户上方的进气口，让新鲜空气进入舍内，污浊空气通过鸡舍上方的排气口排出，

达到通风换气的目的。通风换气时但要避免贼风，当舍内温度不高时可以提高舍内温度后再进行通风。

（2）育肥期要加大通风量　育肥期肉鸡对氧气的需要量大幅度增加，同时排泄物增多，必须在维持适宜温度的基础上加大通风换气量，此时通风换气是维持舍内正常环境的主要手段。肉鸡舍要安装机械通风系统（常见的是纵向负压通风系统），夏季全部风机开动，结合湿帘装置，既可进行通风换气，又可降低舍内温度；冬季可以利用进出风口和两侧窗户进行通风换气；其他季节可部分开启风机通风。

七、用药常见问题处理

（一）用药不当引起的肾病

鸡的泌尿系统没有肾盂和膀胱，仅由肾脏和两条输尿管构成，由于结构相对简单，而又要承担泌尿和分泌激素的功能，使得鸡的肾脏负担很大，尤其肉鸡，因其生长速度快、饲料中蛋白质含量高、肾脏负荷更大而更容易发生肾脏疾病，而在兽医临床上，由于用药不当导致的肾脏疾病也频频发生。

【实例一】磺胺类药物和乌洛托品联用引起的肾脏病变

2005 年 9 月 22 日，河南新乡某肉鸡养殖专业户共饲养肉鸡 3200 只，30 日龄出现球虫病症状，用磺胺氯吡嗪钠治疗球虫病，为了缓解磺胺类药物的副作用，同时用含有乌洛托品的利肾药物利肾。用药 5 天后，鸡群病死率猛增，达到 3.5%，鸡群有轻微的呼吸道病，拉水样稀便。解剖发现出现花斑肾的鸡只很多，初步怀疑为肾型传支，又增加了抗病毒的中药，效果仍不明显。

根据发病情况、病理变化（除个别鸡肠浆膜有小米样点状出血，肠道出血外，都出现明显的花斑肾症状）和用药情况分析认为，鸡只死亡率增加主要是由药物的配伍不良引起，因为乌洛托品能加重磺胺类药物在肾脏结晶，更容易引发肾脏疾病。

立即停止使用药物，仅用 2% 葡萄糖饮水 1 个晚上，第 2 天上午现场解剖 4 只鸡，发现肾脏的尿酸盐沉积消失，仅见部分鸡有肾肿现象，3 天后，死亡率恢复到正常。根据有关药物禁忌，此病例应是磺胺类药物和乌洛托品联用引起的肾脏疾病。

【实例二】阿米卡星用量过大引起的肾脏病变

2005年7月2日，河南省辉县某肉鸡养殖户饲养的3000只30日龄合同肉鸡死亡率较高，仅1天时间就死亡近100只。

临床表现：大群鸡精神较差，拉水样稀便的较多，由于该户已停水，等待加药，看不到鸡群喝水状况，但该养殖户反映饮水量较大，鸡群拉稀较多。

临床调查：三天前鸡群有精神萎靡、缩颈畏寒的症状，用阿米卡星，每只鸡0.25克饮水，连饮两天，效果不好。16日晚上，又用阿米卡星，每只鸡4万单位肌内注射，注射后死亡剧增。

病理变化：现场共剖检21只病鸡，主要表现为花斑肾严重，每只鸡均有，其他鸡的肺、气囊内有黄色干酪样物，肠道出血，有的腹腔有黄色干酪样物质，通过仔细的剖检分析，发现肺气囊和胸腔内的黄色干酪样物质为注射入内的药物变性所形成。

分析诊断：花斑肾是由于阿米卡星用量过大而引起的副作用；肺或胸腔的异物是由于肌内注射的针头过长，造成药物进入腹腔，成为肺或胸腔的异物，从而引起药物变质、变性。

【处理措施】停止阿米卡星饮水，改用阿莫西林饮水，每天每只鸡30毫克，分2次饮用。中药五皮散用热水浸泡后，用渣拌料，过滤水饮用，按说明用量为每袋加水50千克，同时配合干扰素两瓶进行治疗。

通过以上治疗，从用药1天后，伤亡已减少到40只，3天后鸡群恢复正常，治疗效果较好。本病例提示对氨基糖苷类药物用量应该谨慎，尤其在加大用量时应严格考虑其副作用，同时考虑鸡群健康状况，在刚有病状表现时，体质相对较好，可以加大用量，连续用药时应注意。

【实例三】呋塞米药物和头孢噻呋钠联用引发的肾脏病变

2006年9月10日，河南省新乡养殖户张某饲养肉鸡4000只，11日龄，死亡率突然增加，死亡30多只，但鸡群精神正常。解剖伤亡鸡，发现除肾脏均有尿酸盐沉积病变外，并无别的病变，询问养殖户，正在使用肾肿解毒药物，后该养殖户又说前几天用丁胺卡钠预防大肠杆菌，后来发现鸡只出现轻微肾肿，遂改用头孢噻呋钠，并用利肾药物。

详查利肾药物的详细说明，发现该药物中含有呋塞米成分，于是笔者怀疑利肾药和头孢噻呋钠存在配伍禁忌，由此初步诊断为用药过量。

立即停止使用利肾药和头孢噻呋钠，调整利肾药物用中药五

皮散，2 天后鸡群肾脏病变消失，死亡减少，恢复正常。

（二）磺胺类药物使用不当引起肉鸡死亡

磺胺类药物在生产中较常使用，使用不当可以导致肉鸡中毒死亡。

【实例】 2009 年新乡市郊区一养殖户共饲养艾维茵肉鸡 5800 只，肉鸡 21 日龄时，养殖户在饲料中拌入复方敌菌净喂鸡。用药后 10 小时，鸡开始发生零星死亡，至用药 20 小时时共死亡 40 多只。了解用药情况，按推荐剂量将未碾碎的药片直接加入拌料机内搅拌。

（1）临床表现　病鸡精神沉郁，扎堆；羽毛蓬乱，蹲伏不能站立；采食量减少但不明显，饮水量明显增加；腹泻，无呼吸道症状，未出现痉挛或麻痹等神经症状。

（2）剖检变化　剖检病死鸡可见皮肤、肌肉、内脏器官呈出血性病变；胸部肌肉也有少量的弥漫性出血，大腿内侧斑状出血，心肌有少量出血；肠道黏膜有弥漫性出血斑点；腺胃和肌胃黏膜有少量出血；肾脏明显肿大，输尿管增粗，并充满白色的尿酸盐；肝肿大，呈紫红色，胆囊内充满胆汁。

（3）诊断　无菌取病死鸡的肝、脾，接种于普通培养基和麦康凯培养基，37℃生物培养箱 24 小时培养，培养基上未见细菌生长。根据用药史、临床症状、剖检病变和实验室检验结果，诊断鸡为磺胺类药物中毒。虽然养殖户是按推荐剂量使用复方敌菌净的，但在拌料前未先将药片碾碎进行预混合，而是直接将药片投入饲料搅拌机进行搅拌，从而导致药物在饲料中分布极不均匀而引起部分鸡只采食过量而发生中毒。

（4）处理措施　立即停喂原有的饲料，更换为新鲜、富有营养和不含任何磺胺类药或抗生素的饲料。给予充足的饮水，并在饮水中加入0.05%的食用小苏打和速补 14，促进药物排泄和提高解毒效果。同时，在饲料中添加适量的非磺胺类抗球虫药以防球虫感染。通过连续 4 天的治疗，鸡群逐步恢复正常，饮食量和生长速度达到正常标准。

（三）滥用马杜霉素造成肉鸡中毒死亡

1. 实例

马杜霉素是一种广谱、高效、用量极小的单糖苷聚醚类抗生素型抗球虫药，仅用于肉鸡，全价饲料中推荐剂量为 5 毫克 / 千克，宰前

5日停药。近几年在我国广泛使用，但由于其有效剂量安全范围较窄，与中毒量接近，因此在使用过程中中毒现象屡有发生。

【实例一】2005年6月15日，河南原阳市某肉鸡场饲养的一批2500只肉鸡，发现少量鸡只出现精神倦怠、羽毛松乱、消瘦、鸡冠和腿部皮肤苍白、排肉样粪便和血便、饮水量显著增加等现象，遂用马杜霉素作预防及治疗。给药方法是，把1%马杜霉素预混剂混入饲料中，供鸡只自由采食。17日病鸡临床症状消失，但次日又有新病例出现，表现为发病急、有神经症状、有的突然伏地而死，共死亡52只。取濒死鸡的肝、心血及腹水进行实验室检查。

【实例二】2007年3月5日，河南新乡市某肉鸡场饲养的5000只肉鸡，20日龄早上观察发现鸡群中部分鸡只精神不振，羽毛松乱，食欲减少，沉郁，互相啄羽，遂在饲料中添加2%的石膏粉，结果第22日龄鸡群病情更加严重，脚软无力，行走不稳、喜卧，拉水样粪便，食欲减退，个别出现神经症状。询问养殖户，为了预防球虫病，饮水中按照说明要求使用抗球虫药物“加福”。后观察饲料标签，发现饲料中已经添加了马杜霉素。根据发病情况、临床表现、用药情况和实验室检查，诊断为马杜霉素中毒。

2. 临床表现

突然发病，严重者突然死亡，病鸡脖子后拗转圈，或两腿僵直后退，双翅耷拉，或兴奋亢进、狂蹦狂跳、乱抖乱舞，原地急速打转，然后两腿瘫痪，阵发抽搐且头颈不时上扬，张口呼吸。

3. 剖检病变

胸肌、腿肌不同程度的充血、出血；肝脏肿大，呈紫红色，表面有出血斑点，胆囊充盈；心脏内、外膜及心冠脂肪出血；肠道黏膜充血、出血，特别是十二指肠出血最为严重，嗉囊、肌胃、腺胃及肠道内容物较多，腺胃黏膜易剥离；肾肿，充血或出血，输尿管内有白色尿酸盐沉积；法氏囊肿大。

4. 病理组织学变化

心肌纤维肿胀、断裂，横纹消失，肌浆溶解，心肌变性纤维间有巨噬细胞及异嗜细胞浸润；骨骼肌呈变质性炎，但程度较心肌严重；肾脏内皮细胞和上皮细胞增生，并有浆液纤维素性渗出，间质水肿；肝静脉瘀血，肝细胞肿胀，严重者肝细胞颗粒变性和脂肪变性，局灶

性坏死；脾缺血，淋巴细胞萎缩稀少；法氏囊中淋巴滤泡髓质扩张，皮质部出现巨噬细胞。

5. 实验室检查

取濒死鸡的肝、心血及腹水，接种鲜血琼脂、麦康凯平板，37℃培养 24 ～ 48 小时，结果未见细菌生长；从肠内病变处刮取少量黏膜涂片，加 1 滴蒸馏水搅匀后加盖玻片镜检，未发现寄生虫。

6. 治疗措施

立即停喂含马杜霉素的饲料，更换新饲料；全群交替供饮中牧维得和口服补液盐水（每 1000 毫升水中加氯化钠 2.5 克、氯化钾 1.5 克、碳酸氢钠 2.5 克、葡萄糖 20 克，现配现用）；将病重鸡挑出，单独饲养，口服投药的同时，皮下注射 5 ～ 10 毫升（含 50 毫克）维生素 C，每日 2 次。为了防止鸡中毒后抵抗力下降而发生继发感染，在饮水中添加恩诺沙星，25 ～ 75 毫克 / 升，2 次 / 天，连用 3 ～ 5 天。

7. 体会

经过治疗 3 天后，鸡群基本停止死亡，10 天后回访鸡群恢复正常；一般规定马杜霉素肉鸡混饲浓度为 0.005%，蛋鸡禁用，连续使用不得超过 7 天。如果随意加大用量或使用时间过长，就可能引起中毒。市场上聚醚类抗球虫药较多（如马杜霉素、莫能霉素、盐霉素等），常以不同商品名出现，如含马杜霉素常用商品名有“杀球王”“加福”“杜球”“抗球王”等，如果不了解或不注意药物成分，随意使用就可能出现重复使用而导致中毒。

（四）集中用药引起肉鸡的大批死亡

1. 发生情况

辉县一个肉鸡养殖户，饲养肉鸡 1500 只，13 日龄前鸡群正常，14 日龄为预防大肠杆菌病、慢性呼吸道病和球虫病，集中使用药物。杆净口服液（黄色液体估计是痢菌净）治疗大肠杆菌，说明书要求一瓶兑水 300 千克，实际用法是 1 瓶兑水 50 千克，让鸡集中喝；用泰乐菌素治疗呼吸道病，饲料中添加抗球虫药物防治球虫病，结果用药第 1 天后出现死亡，一天死亡 15 只，死亡的鸡多是体重较大的。大群鸡精神兴奋，尖叫，乱跑，死亡的鸡有翻肚的也有趴着的，鸡爪发干。

2. 诊断

剖解每只鸡都出现不同程度的肾肿胀，有的呈大理石样肿大，输尿管内有白色尿酸盐。有的肾充血呈绯红色肿大，有的输尿管内有黄色物。有3只都出现腺胃壁有大小不等的出血斑块，腺胃乳头之间也有出血。有一只腺胃乳头出血严重，呈绯红样出血。肌胃皱褶有不同程度的出血溃疡，鸡内金有不同程度的糜烂。经大群情况介绍和解剖病变，怀疑治疗大肠杆菌的含有痢菌净，治疗球虫的中药可能还有磺胺类药物或者是马杜拉霉素。初步诊断为药物中毒。

3. 治疗

把所有用的药物立即停用，改用解毒、通肾药。用口服葡萄糖5%饮水配合高档多维素和维生素C白天饮水，晚上用通肾健肾的药物配合口服葡萄糖2%饮水。连用3天。

治疗后第2天，大群病情已经控制，几乎没再死亡。肉鸡用药一定要注意，不能集中用药，不能盲目用药。

（五）饮用高浓度的盐霉素而造成的中毒

盐霉素是一种抗球虫药物，用药浓度过高可以引起中毒。新乡县一肉鸡养殖户的肉鸡由于长时间饮用高浓度的盐霉素而造成中毒，造成较大经济损失。

1. 发生情况

2006年8月10日12：00，一养殖户饲养的6500只38日龄的肉鸡发生球虫病，选用盐霉素可溶性粉，按80毫克/千克水饮用。结果连续饮用24小时后，即到11日中午12：00，发现大批鸡出现精神沉郁、不采食、头拱地的症状，有的鸡出现乱窜、乱跳的神经症状，并且开始出现死亡。立即停止饮用盐霉素，饮水换为5%的葡萄糖溶液，并且加入适量的电解多维，神经症状一直持续到下午4：00多。至14：00，死亡460余只，至14日早又死亡90余只，在以后连续3天内，死亡都在100只以下，然后逐渐缓解。

2. 病理变化

死亡的鸡皮下出现胶样浸润，肌肉呈暗红色，因脱水而干瘪。肺充血水肿，气管环出血。肝脏肿大，呈黄褐色，且有暗红色条纹；胆囊肿大，内充墨绿色胆汁。腺胃乳头水肿，挤压可流出暗红色液体。整个肠道肿胀变粗，肠黏膜脱落，肠壁有点状出血。肾脏出血肿大。腹腔内脂肪红染。

3. 分析

盐霉素预防鸡球虫病的混饲浓度为60毫克 / 千克，如果按照1 ：2的料水比计算，混饮浓度为30毫克 / 千克。而本病例所加的浓度为80毫克 / 千克，远高于正常治疗量，又加上连续24小时长时间饮水，造成盐霉素在鸡体内大量蓄积，引起中毒死亡。

4. 建议

养殖户诊疗或购买兽药要到兽医站等正规部门，并应在专业兽医的指导下用药，不要随意加大药物的用量，以免造成家禽药物中毒而遭受巨大经济损失。

（六）用药方法不正确导致疾病控制困难

现在肉鸡场使用药品多数为成品药，如许多兽药厂家都是这样印的说明书：每瓶兑水150千克，全天使用，最好早上集中在2小时一次饮水。按照说明书的要求，出现两种错误做法：第一种方法，按上面兑水浓度，加入2小时的水量，饮水1次。这样做等于把24小时的药品量，只用了1 / 12，药量过小，达不到防治疾病的效果。第二种做法：就是把一天24小时的用药量集中在2小时饮完，这就是把药品用量扩大12倍，2小时饮水时不能确保每只鸡都饮上水，更不可能保证饮水均匀。在饮水均匀的情况下，到12小时后药品在血液中含量达不到1 / 2，这样药品作用就不大，10倍量以上的饮水，会加速肝脏和肾脏的负担，造成肝脏和肾脏的损伤，甚至导致中毒，这就是多数肉鸡场疾病控制不良的主要原因之一。

正确的用药方法：药品使用时一定要确保鸡只体内24小时内的血液浓度，所以用药一定要均衡；投药的最好办法是全天自由饮水的办法或全天拌料的办法，为了尽快使药品在血液中达到治疗浓度，可以最先4小时按说明书剂量的1.5倍使用，然后按全天量自由饮水就行了，说明书只是参考，应询问药品厂家的建议使用量，但一定要全天使用。或用药4～6小时，停药4小时，按说明书用量的2倍量饮水使用，确保饮够全天水量的1 / 2，也即是把全天用药量按2～3

次用完。这样用药时驱赶鸡群起来活动很重要。

（七）用药失误的问题处理

在肉鸡饲养中，为了防治疾病需要使用药物。但用药不当，如药物选择错误、用药量过大或过小，用药时间过长或过短，用药途径不正确或饲料搅拌不均匀等，都将产生不良后果，甚至造成重大损失。

发现以上失误，应采取紧急措施，尽量将损失降低到最低程度。如果选错药物或饲喂时间过长或添加量过大，应立即停止投药；用药途径不正确应根据药物特性改变途径，并密切观察鸡群表现；饲料中药物搅拌不匀应立即撤出料槽中饲料重新搅拌后再饲喂。

（八）磺胺类药物中毒的处理

1. 发生原因

一是长时间、大剂量使用磺胺类药物防治鸡球虫病、禽霍乱、鸡白痢等疾病；二是在饲料中搅拌不匀；三是由于计算失误，用药量超过规定的剂量；四是用于幼龄或弱质肉鸡，或饲料中缺乏维生素K。

2. 临床症状

雏鸡比成年鸡更易患病，常发生于6周龄以下的肉鸡群。病鸡表现精神委顿、采食量减少、体重减轻或增重减慢，常伴有下痢。由于中毒的程度不同，鸡冠和肉髯先是苍白，继而发生黄疸。

3. 处理措施

一是立即停药，饮1%小苏打水和5%葡萄糖水；二是加大饲料中维生素K和B族维生素的含量；三是早期中毒可用甘草糖水进行一般解毒。

4. 预防措施

①使用磺胺类药物时用量要准确，搅拌要均匀；②用药时间不应过长，一般不超过5天；③雏鸡应用磺胺二甲嘧啶和磺胺喹噁啉时要特别注意；④用药时应提高饲料中维生素K和B族维生素的含量。

（九）呋喃类药物中毒的处理

肉鸡生产中，为了防止白痢发生，有的肉鸡场仍使用呋喃唑酮等呋喃类药物，由于呋喃类药物毒性强，安全范围小，常见到中毒的发生。

1. 发病原因

一是在使用这类药物防治某些鸡病时用量过大或使用时间太长；二是在使用时由于在饲料中或饮水中混合不匀所致。

2. 临床症状

病鸡先是兴奋不安，持续鸣叫，盲目奔走，继而极度沉郁，运动失调，倒地不起，两腿抽搐，角弓反张。

3. 处理措施

一是立即停止使用呋喃类药物；二是灌服0.01%～0.05%的高锰酸钾溶液，以缓解中毒症状。

4. 预防措施

①呋喃类药物在饲料中含量一般不应超过0.02%，同时连续使用不可超过7天。②拌料或饮水时，计算称量要准确无误，搅拌或稀释要均匀。③提高用药量时必须先做小群试验，安全无害方可加量。④雏鸡应慎用本类药物。

八、免疫接种的问题处理

（一）疫苗储存不当或存期过长

我们知道，能用作饮水免疫的疫苗都是冻干的弱毒活疫苗。油佐剂灭活疫苗和氢氧化铝乳胶疫苗必须通过注射免疫。冻干弱毒疫苗应当按照厂家的要求储藏在－20℃或2～4℃冰箱内。常温保存会使得活疫苗很快失效。停电是疫苗贮存的大敌。反复冻融会显著降低弱毒活疫苗的活性。

一次性大量购入疫苗也许能省时省钱，但是，由于疫苗中含有活的病毒，如果你不能及时使用，它们就会失效。要根据养鸡计划来

决定疫苗的采购品种和数量。要切实做好疫苗的进货、储存和使用记录。随时注意冰箱的实际温度和疫苗的有效期。特别要做到疫苗先进先出制度。超过有效期的疫苗应当放弃使用。

疫苗稀释液也非常重要。有些疫苗生产厂家会随疫苗带来特制的专用稀释液，不可随意更换。疫苗稀释液可以在 2 ～ 4℃冰箱保存，也可以在常温下避光保存。但是，绝不可在 0℃以下冻结保存。不论在何种条件下保存的稀释液，临用前必须认真检查其清晰度和容器及其瓶塞的完好性。瓶塞松动脱落，瓶壁有裂纹，稀释液混浊、沉淀或内有絮状物漂浮者，禁止使用。

（二）饮水免疫疫苗稀释不当引起免疫失败

1. 实例

肉鸡生产中，饮水免疫经常使用，但疫苗稀释不当可引起免疫失败或效果不好。

【实例一】一肉鸡养殖户，饲养 2200 只肉鸡，14 日龄法氏囊中毒毒力苗饮水，结果是 20 日龄发生了传染性法氏囊病，死亡 300 多只，损失较大。后来了解到使用的自来水没有进行任何处理，自来水中含有消毒剂，导致免疫失败。

【实例二】一肉鸡养殖户，饲养 1800 只肉鸡，13 日龄法氏囊中毒毒力苗饮水，结果后来发生了传染性法氏囊病，死亡 100 多只。经了解，凉开水稀释疫苗，稀释用水过多，肉鸡 4 个小时还没有饮完，导致免疫效果差。

【实例三】一肉鸡养殖户，饲养 3500 只肉鸡，使用新城疫疫苗和传染性支气管炎联合苗饮水，凉开水稀释疫苗，结果疫苗水在 0.5 小时内就饮完，许多肉鸡仍有渴感。后来出现了零星的新城疫病鸡。这是由于稀释液量太少，有的肉鸡没有饮到疫苗水或饮得太少，不能刺激机体产生有效的抗体。

2. 正确方法

饮水免疫，疫苗稀释至关重要。要选择洁净的、不含有任何消毒剂和有毒有害物质的稀释用水。常用的有凉开水、蒸馏水。

稀释用水多少要根据实际情况确定。鸡只喝水的快慢和饮水量与鸡的日龄成正比。鸡龄越大，喝水越多、越快。小鸡喝水慢，要喝完

饮水器或水线内的全部疫苗溶液，需要的时间比大鸡长。所以，饮水免疫前先要测量一下不同年龄鸡只一次的饮水量，这样就可以避免稀释液多少造成的问题。稀释用水过多，疫苗在病毒死亡之前没有喝完是一种浪费，也会造成部分免疫失败。稀释用水过少，免疫不匀，有的鸡多喝了，有的鸡没有喝到，同样会造成免疫失败。理想的加水量是在开饮后 1 小时左右所有的鸡把全部疫苗水喝完。超过 2 小时就会影响免疫效果，很短时间内饮完可能是稀释液过少，也会影响免疫效果。

饮水免疫前的停水时间依舍温和季节而异，一般以 2 小时为宜。为了更好地了解鸡群的免疫效果，也可以放适量的无害性染料（如 0.1%亚甲蓝溶液）于饮水疫苗中，从鸡舍被浸染的情况来观察水线各个终端疫苗的实际摄入量和鸡群的免疫比例。

（三）免疫接种时消毒和使用抗菌药物的失误

接种疫苗时，传统做法是防疫前后各 3 天不准消毒，接种后不让用抗生素，造成该消毒时不消毒，有病不能治，小病养成了大病。正确做法是：接种前后各 4 小时不能消毒，其他时间不误。疫苗接种后 4 小时可以投抗生素，但禁用抗病毒类药物和清热解毒类中草药。

有些养殖户使用病毒性疫苗对鸡进行滴鼻、点眼、注射、接种免疫时，习惯在稀释疫苗的同时加入抗菌药物，认为抗菌药对病毒没有伤害，还能起到抗菌、抗感染的作用。须知，由于抗菌药物的加入，使稀释液的酸碱度发生变化，引起疫苗病毒失活，效力下降，从而导致免疫失败，因此，不应在稀释疫苗时加入抗菌药物。

（四）盲目联合应用疫苗

多种疫苗同时使用或在相近的时间接种时，应注意疫苗间的相互干扰。因为多种疫苗进入鸡体后，其中的一种或几种抗原所产生的免疫成分，可被另一种抗原性最强的成分产生的免疫反应所遮盖；疫苗病毒进入鸡体内后，在复制过程中会产生相互干扰作用。如同时接种鸡痘疫苗和新城疫疫苗，两者间会相互干扰，导致免疫失败。再如传染性支气管炎病毒对新城疫病毒有干扰作用，若这两种疫苗接种时间安排不合理，会使新城疫疫苗的免疫效果受到影响。

（五）免疫后鸡出现甩鼻反应的处理

有些鸡群在免疫后，因鸡群体质、免疫应激、天气变化等原因出现不同程度的呼吸道症状，鼻子中发出“嗤嗤”声，不断甩头。

处理措施：一是要注意温度的稳定及合理，空气质量要好；二是喂一些治疗支原体和大肠杆菌的药物，两三天后即可恢复。

九、疾病诊断和防治常见问题处理

（一）传染病发生前后的处理

1. 传染病发生前处理

当周围鸡场已经发生某种传染性疾病且正在扩散，而本场尚未发生时，应采取应急措施。

（1）加强隔离　全场饲养人员和管理人员不准出入肉鸡场，如要进入肉鸡场，必须经过洗浴消毒后方可进入；外界人员不可进入肉鸡场，特别是那些收购肉鸡、销售饲料和兽药的商贩，更不准进入肉鸡场乃至靠近肉鸡场。直到传染病的警报解除。

（2）严格消毒　加强对管理区和生产区的消毒。管理区每周消毒1～2次，生产区每天消毒1次。对肉鸡场的门口、鸡舍、笼具等进行彻底消毒。针对流行性传疾病的性质，选用不同的消毒药物或几种药物交替使用，物理、化学和生物学方法联合使用。

（3）减少生物性传播　许多病原菌可由苍蝇、蚊子、老鼠、鸟类等生物性传播。在此期间，加强防范，消灭蚊蝇，彻底灭鼠，驱除鸟类，防止狗、猫等家养动物的闯入等。

（4）紧急免疫接种　针对流行病的种类，结合抗体检测结果进行免疫接种，以确保肉鸡群的安全。

（5）紧急药物预防　有些流行的疾病没有疫苗预防或疫苗效果不理想的情况下，选用适当的药物进行紧急预防。如禽霍乱和大肠杆菌病，疫苗预防效果差，目前鸡场一般不进行免疫接种，可选用适当的抗菌药物进行紧急预防，效果良好。

（6）提高肉鸡免疫力　在此期间，在肉鸡饲料中添加维生素C和维生素E、速溶多维以及中草药制剂等减少应激，在水中添加多糖类、核酸类等，提高群体免疫力。

2. 传染病发生时处理

当肉鸡场不可避免地发生了传染性疾病，为了减少损失，避免对外的传播，应采取如下措施。

（1）隔离封锁　隔离病鸡及可疑鸡，将病鸡分离到大鸡群接触不到的地方，封锁鸡舍，在小范围内采取扑灭措施。

（2）尽快做出诊断，确定病因　迅速通过临床诊断、病理学诊断、微生物学检查、血清学试验等，尽快确诊疾病。如果无法立即确诊，可进行药物诊断。在饲料或饮水中添加一种广谱抗生素，如有效则为细菌病，反之则可能为病毒病，再做进一步诊断。

（3）严格消毒　在隔离和诊断的同时，对肉鸡场的里里外外进行彻底消毒。尤其是被病肉鸡污染的环境、与病鸡接触的工具及饲养人员，也应作为消毒的重点。肉鸡场的道路、鸡舍周围用5%的氢氧化钠溶液，或10%的石灰乳溶液喷洒消毒，每天一次；鸡舍地面、鸡栏用15%漂白粉溶液、5%的氢氧化钠溶液等喷洒，每天一次；带鸡消毒，用0.25%的益康溶液、或0.25%的强力消杀灵溶液、或0.3%农家福，0.5%～1%的过氧乙酸溶液喷雾，每天一次，连用5～7天；粪便、粪池、垫草及其他污物化学或生物热消毒；出入人员脚踏消毒液，紫外线等照射消毒。消毒池内放入5%氢氧化钠溶液，每周更换1～2次；其他用具、设备、车辆用15%漂白粉溶液、5%的氢氧化钠溶液等喷洒消毒；疫情结束后，进行全面的消毒1～2次。

（4）加强管理　细致检查鸡舍内小环境是否适宜，如饲料、饮水、密度、通风、湿度、垫料等，若有不良应立即纠正。要尽可能加强通风换气，使得空气新鲜、干燥，稀释病原体。在饲料中增加1～3倍的维生素，采取措施诱导多采食，以增强抵抗力。

（5）紧急免疫接种　如果为病毒性疾病，为了尽快控制病情和扑灭疫病流行，应对疫区及受威胁区域的所有鸡只进行紧急预防接种。通过接种，可使未感染的肉鸡获得抵抗力，降低发病鸡群的死亡损失，防止疫病向周围蔓延。紧急预防接种时，鸡场所有鸡群普遍进行，使鸡群获得一致的免疫力。为了提高免疫效果，疫苗剂量可加倍使用。

（6）紧急药物治疗　确认为细菌性或其他普通疾病，要对症施治。细菌性疾病可以通过药敏试验选择高敏药物尽快控制疾病；如为病毒性传染病，除进行紧急免疫外，对病鸡和疑似病鸡进行对症药物治疗。可抗生素和化学药物，有条件的肉鸡场可使用高免血清治疗。在没有高免血清的情况下，可注射干扰素，以干扰病毒的复制，控制病情发展。用于紧急治疗的剂量要充足，肉鸡场一般可采用饮水或拌料的措施。

（7）病死鸡无害化处理　死、病鸡严禁出售或转送，必须进行焚化或深埋。

3. 传染病发生后处理

一场传染性疾病发生以后，如果本场没有被传染，可解除封锁，开始正常工作。如果本场发生了传染性疾病，并被扑灭，需要做好以下工作。

（1）整理鸡群　经过一场传染性疾病，鸡群受到一次锻炼和考验。有的抵抗力强可能不发病，有的抵抗力差发病死亡，有的发病虽然没有死亡但也没有饲养价值。要及时整理鸡群，及时淘汰处理鸡群中一些瘦弱的、残疾的、过小的等不正常的鸡，保证整个鸡群优质健康。

（2）加强消毒　传染性疾病虽然被扑灭，但肉鸡场不可避免地存留病原菌，消毒工作不可放松。应对整个肉鸡场进行一次严格的大消毒，特别是对于病鸡、死鸡的笼具、排泄物和污染物，以及其周围环境，更应彻底消毒，以防后患。

（3）认真总结　传染性疾病尽管被扑灭，应认真总结经验教训。疫病发生是预防制度问题，还是疫苗问题，或免疫程序问题，或注射问题。如果是制度问题，主要漏洞在哪儿？应该如何弥补和完善？如果是疫苗有问题，那么是疫苗生产问题，还是保存问题？如果是免疫程序问题，应怎样进行改进？如果是注射问题，是注射剂量问题，还是注射时间问题或部位问题？或注射方法问题？是责任心问题，还是技术问题等。传染性疾病被扑灭，采取的主要措施是什么？这些措施是否得力？是否有改进和提高的余地？如果下次再发生类似事件，应该如何应对？等等，通过认真总结，为今后工作的完善和处理类似应急事件奠定基础。

（二）鸡呼吸系统疾病的误诊

近几年肉鸡的饲养量显著增加，但由于饲养技术水平低以及气候异常，如干燥、多风等天气，导致新城疫、温和性禽流感、传染性喉气管炎、肾型传染性支气管炎、支原体、传染性鼻炎、鼻气管炎等呼吸道疾病不分季节常年发生。饲养者或基层兽医遇到呼吸道疾病时，一是感到茫然，无从下手，搞不清楚是什么病，也不能拿出很好、很合理的治疗方案；另一方面容易出现误诊，治疗后效果不明显，甚至因误诊造成倒闭或整批淘汰的也较多。引起呼吸道疾病的病因多，采取的方法也不同，必须了解呼吸道病因，并正确诊断，才能制订正确的治疗方案。

1. 肉鸡呼吸道疾病的分类

包括鸡病毒性呼吸道疾病，细菌性呼吸道疾病、支原体和普通呼吸道疾病。

病毒性呼吸道疾病，主要特点是有较快的传染速度或一定的传染性，部分有怪叫声和高度呼吸困难。支原体的传染性很小，几乎不易察觉。鸡群内主要是打喷嚏，咳嗽明显，有节奏很缓和的呼噜声。几天时间鸡群声音发展不明显；细菌性呼吸道病和支原体的类似，也容易和病毒性呼吸道疾病区别，但是鸡鼻炎传染很快，也不容易和病毒性呼吸道疾病区别。鼻炎的特有特点是脸部有浮肿性肿大，有一定数量的鸡流鼻液，鼻孔粘料。要通过这和病毒性呼吸道疾病鉴别。普通的呼吸道疾病传染性不强。

2. 诊断要点

（1）新城疫　患新城疫的鸡群，粪便呈黄色的稀便，堆型有一元硬币大小。粪便内有黄色稀便加带草绿色的像乳猪料样的疙瘩粪，或加带有草绿色的黏液脓状物质。非典型性新城疫虽然不出现典型的粪便变化，但解剖变化是同典型的类似的。解剖变化有五个特点。一是从盲肠扁桃体往盲肠端 4 厘米内，有枣核样突起，并且出血；突起的大小和出血的严重与否只是说明严重程度和鸡的大小。突起的数量在 1～3 个不等。二是回肠（两根盲肠夹的地方）有突起并且出血。严重病例突起很明显出血也更严重，强毒的会在突起上形成一层绿色或黄绿色的很黏的渗出物附着。非典型的只是像半个黄豆那样的，有的并不出血，有的只是轻微有几个出血点。三是卵黄蒂后 2～6 厘米（一般在 4 厘米处）有和回肠上一样的变化。四是有呼吸困难的鸡，气管内有白色的黏液（量的大小只是和严重程度有关），气管 C 状软骨出血与否无关紧要可以不考虑。包括泄殖腔和直肠条状出血也不重要。关键有一项大家要注意，就是在气管和分岔的支气管交叉处有 0.5 厘米长的出血，尤其强毒的。五是腺胃乳头个别肿大、出血，有的病例是不出现变化的。

（2）温和型禽流感　温和型禽流感在腺胃上的解剖变化和新城疫几乎相同，但肠道上这一系列的变化几乎不存在，只是肠道内也有大量的绿色内容物。患鸡温和型禽流感的鸡群，临床诊断要点如下。①呼吸道异常的声音，不同的群体表现不同。②粪便有两类表现。一

类是初期暂时不出现什么变化。另一类是拉黄白色稀粪，并夹杂有翠绿色的糊状粪便，有的夹有绿色或黑色老鼠粪样的。中期出现橙色粪便。③病的早晚期采食表现不一，初期采食轻微少，中后期采食严重变少，或不食。④肿脸鸡的出现，有可能1000只鸡就1～2只，也可能有很多，也有可能就没有（早期）。这也是和新城疫区别的主要依据。⑤剖检变化。腺胃乳头出血，或基部出血、发红等，肌胃内有绿色内容物。盲肠扁桃体出血肿胀，但也有不出血的病例（这个症状只是参考的，不是决定性的条件）。肠道淋巴滤泡积聚处不出现椭圆形的出血，肿胀和隆起（这是和新城疫区别的最关键部分）。病初就可以见到腹膜炎，占解剖鸡的90%。肉鸡也一样，但中期和后期主要出现败血型大肠杆菌的“三炎”症状，尤其是肉鸡，蛋鸡出现的也有卵黄性腹膜炎，也有大杆的“三炎”。且没明显的臭味（这也是和大杆病的区别，也是诊断本病最主要的依据，容易误诊）。肾脏肿大、出血，呈黑褐色。胰脏坏死，有白色点状坏死，条状出血。有红黄白相间的肿胀（有人称这为“流感胰”）。胸腺第3～4叶出血，有出血点或红褐色的坏死灶。气管上部C状软骨出血（新城疫是整个气管的C状软骨出血）。法氏囊轻微出血或有脓性分泌物叫“流感囊”，胸肌有爪状出血。胆囊充盈，胆汁倒流，但肠道淋巴滤泡不出现隆起、出血；但十二指肠下段有淋巴滤泡条状隆起，并有点状出血。肠黏膜上有散在的像小米或绿豆大的出血斑叫“流感斑”，有渗血的感觉。脾脏轻微肿大，有大理石样变化。

（3）鸡肾型传支病　主要发生于20～50日龄的小鸡，但成年鸡也有发生。主要表现是以咳嗽为主的呼吸道声音异常，精神差，多为湿性咳嗽；3天后开始出现肾脏有尿酸盐沉积，皮下出血；单凭肾脏尿酸盐沉积和有咳嗽声就可以和法氏囊病新城疫、流感区别开来。

（4）支原体（慢性呼吸道疾病）　患支原体病的鸡群，主要表现打喷嚏（不是咳嗽）和呼噜声，病程持久。解剖可以看到腹腔内有一定量的泡沫，肠系膜上和气囊内混浊或有白色絮状物附着；鼻腔内鼻甲骨肿胀充血，病程长的鸡气管增厚。

（5）传染性鼻炎　传染快，这和其他细菌性呼吸道疾病有明显的区别。刚开始发病主要也是咳嗽声，仔细看有初期鼻孔流白色或淡黄色的鼻液，使料粘在鼻孔上。脸部眼下的三角区先鼓起肿胀，严重的整个眼的周围肿胀，成浅红色的浮肿；这是和温和型禽流感和肿头型大肠杆菌病的区别；并且颈部皮下不出现白色纤维素样病变。本病不出现明显的死亡鸡只，这也是和其他病区别的特点。

（6）鸡的鼻气管炎　本病可感染任何日龄的鸡，尤其是青年鸡更严重。临床上主要表现为治疗不好，连续治疗几次没效，用ND疫苗也无效的以咳嗽为主的呼吸道异常。主要是出现咳嗽的鸡特多，晚上有部分也有呼噜音。没有死鸡的现象，传染快，只是鸡消瘦；病程可达数月；它没有鼻炎那样的肿脸现象出现。一般以咳嗽为主的呼吸道病常见的有新城疫、肾支、支原体和鸡鼻气管炎。解剖鼻腔有点状出血，鼻甲骨肿胀有出血点，气管内有白色黏液。肺脏和气囊无任何变化，不出现鼻液、肿脸、流泪等。注意尤其不要和鼻炎混淆，用鼻炎药是无效的。

3. 处理措施

鸡病毒性呼吸道疾病的处理原则，首先必须先对新城疫进行鉴别性确诊，只有新城疫的治疗方法是特异性的。新城疫用一般的抗病毒药几乎是无效。新城疫引起的呼吸道症状主要是以咳嗽为主，也有尖叫，怪叫声；只要用大量的药物不见效果，或效果不理想的必须考虑新城疫。其他的病毒性呼吸道疾病基本处理方法大同小异。肾型传染性支气管炎只是要在用药时添加肾肿解毒药。

细菌性呼吸道疾病和支原体可以使用抗菌药物进行治疗。普通呼吸道疾病由于不具有传染性，用治疗呼吸道疾病的一般药物，同时改善环境卫生即可痊愈。

（三）出现“包心包肝”的误诊

生产中，发病或死亡的肉鸡，解剖后很多出现“包心包肝”，人们往往认为是大肠杆菌病。“包心包肝”其实是渗出性炎症的一种——纤维素性炎症。当然大肠杆菌感染也可以造成“包心包肝”的病理现象，但并不是只有大肠杆菌感染才能造成“包心包肝”现象。由于诊断失误，不管三七二十一，按照大肠杆菌病来进行治疗，结果是效果差，甚至导致较多鸡的死亡。出现“包心包肝”的病因如下。

1. 心源性“包心”

夏季，鸡群长期处于热应激状态，造成机体血压升高，心冠状

动脉充血，肺动脉高压，引起心包积液，日久不愈易呈现纤维素性炎症，出现“只包心不包肝”的病理变化。夏季需要做好防暑降温工作，避免舍内温度过高。

2. 气囊型“包心包肝”

多发生在舍内通风不好的冬季，灰尘进入鸡只气囊，导致慢性无菌性炎症发生，如果不能及时有效地改善环境，长久下去，胸气囊就会发生纤维素性炎症，最后引起心包炎，再发展到腹气囊，则会引起腹气囊炎。这也是许多鸡场在冬末春初最易出现的原因。冬季不仅要注意保温，还要注意适量通风，驱除舍内有害气体。加强鸡舍的卫生管理，定期进行消毒，减少舍内尘埃和微生物。

3. 呼吸道型“包心包肝”

鸡只外呼吸道炎转变成肺炎时，鼻腔、气管中会有白黄色痰咳出现，肺部有出血性炎性渗出物或出现肺水肿，心肌肥大，心肺循环障碍，引起胸气囊，肺侧出现纤维样化，向心包衍生，造成心包纤维化，向下引起腹气囊炎。

4. 肾型“包心包肝”

肾肿、肾上浆膜纤维化等病变，蔓延至腹气囊、胸气囊后，最终引起“包心包肝”。

（四）混合感染的诊断和防治失误引起的大批死亡

1. 肉鸡大肠杆菌病与球虫病的混合感染的误诊

2010 年 8 月 5 日，新乡市某肉鸡养殖场购进肉雏鸡 5000 羽，按常规进行了鸡新城疫、传染性法氏囊炎的免疫。38 日龄时鸡群开始有 62 只陆续发病，并零星死亡 30 多只。鸡群采食量下降，精神萎顿，缩颈闭目，羽毛蓬乱，冠、肉髯苍白，鸡体消瘦、贫血。部分病鸡排黄白色、咖啡色或红色如番茄汁色稀粪。病情严重的食欲废绝，严重腹泻，高度呼吸困难，抽搐，尖叫，共济失调，瘫痪，痉挛而死。根据发病鸡粪便带血的症状，认为是鸡球虫病，便立即在饲料和饮水中添加抗球虫药物进行防治。采取以上措施后病情并未明显好转，死亡不断发生。后经本校兽医院诊治。

剖检病鸡出现典型的纤维素性肝周炎、心包炎。肝脏表面被覆有纤维蛋白膜，肝脏肿大、质脆，胆囊肿大、充满胆汁，气囊壁混浊、增厚。心包膜增厚、混浊，附着大量绒毛状渗出物，并与胸腔粘连，心包积液，心冠脂肪及心内膜有少量出血点，呈土黄色，脾脏、肾脏肿大、瘀血，胰脏有点状出血，十二指肠、空肠有肉芽肿，并有点状、斑状出血，肠内充满气体。两侧盲肠显著肿大2～3倍，且浆膜、黏膜出血，肠壁增厚，肠内容物为暗红色凝血块，有的形成干酪样物。泄殖腔内充满血凝块和豆腐渣样物，泄殖腔黏膜点状出血。

实验室进行球虫卵囊检查和细菌分离培养。刮取盲肠病变部位黏膜置载玻片上，与灭菌生理盐水1～2滴混合均匀，加盖玻片，在显微镜下观察可见大量卵圆形的球虫卵囊，内有1个圆形合子，有部分为裂殖子和裂殖体；取病鸡粪便和盲肠内容物，采用饱和盐水漂浮法，置显微镜下观察，结果也见大量球虫卵囊；取3只病死鸡的肝脏病料以无菌操作接种于普通琼脂培养基上，经37℃培养48小时，生长出圆形、灰白色、半透明、边缘整齐的光滑菌落。挑取单个菌落涂片，进行革兰染色镜检，可看到革兰阴性、两端钝圆、浓染、单个或成对排列的、中等大小的短杆菌。确诊为大肠杆菌和球虫混合感染。

【处理措施】（1）立即隔离病鸡，病重鸡和死鸡进行无害化处理。

（2）加强卫生管理发病期间每天用0.2%“百毒杀”（癸甲溴铵）带鸡消毒1次。加强对粪便的处理及鸡舍空气的消毒与净化。每天清除粪便，有效地清扫鸡舍，坚持经常用1∶400倍碘制剂（聚维酮碘）带鸡喷雾消毒。定期清洗水箱和供水管道，特别是在投完可溶性粉剂药物后应及时清洗。饮水器每天至少洗刷1次。用1∶2000倍聚维酮碘消灭水中致病性大肠杆菌。饲料中适当增加蛋白质、电解多维等营养物质的含量，以增强机体抵抗力，进一步改善饲养管理条件，减少饲养密度。

（3）每千克饲料中添加丁胺卡那霉素200毫克，连用7天，诺氟沙星按100毫克/千克浓度饮水，连用5天。之后用浓度为125～150毫克/千克尼卡巴嗪饮水，连用5～7天。采取上述措施后，鸡群逐渐康复。

2. 非典型新城疫与大肠杆菌混合感染的治疗失误

2010年6月在某肉鸡养殖户的6500只肉鸡，在30日龄突然发病。病鸡精神沉郁，采食量明显下降，鸡体消瘦，闭目缩颈，颈背部羽毛逆立，翅膀下垂。鸡群有呼吸道症状，呼噜、咳嗽、甩鼻，同时排黄白色、黄绿色稀粪便，肛门周围被粪便污染。每天死亡率接近0.8%。养殖户只在水中投放了泰乐菌素和利巴韦林来治疗。4天以后病情没有明显好转反而加重，死亡率约1.5%。后经本校兽医院诊治。

剖检病死鸡15只，气管有明显的充血、出血，支气管有大量黏液。气囊壁明显增厚、混浊，死鸡气囊内有明显的黄白色干酪样物。肺脏表现充血、出血，肝脏和心脏有明显的纤维素性渗出物包裹。

腺胃壁增厚、水肿，其中3只病死鸡腺胃乳头有明显的出血点，其他病死鸡腺胃乳头有黄白色的脓性分泌物，肌胃内容物为绿色。个别病死鸡十二指肠有明显的芝麻粒大小的出血点，小肠终端淋巴滤泡有明显的出血或隆起，回肠淋巴滤泡也有明显的出血或肿胀，盲肠扁桃体出血严重，直肠呈条状出血。

采取病死鸡肝脏涂抹在麦康凯培养平板上，放上常规药敏片，放置于37℃恒温箱中培养24小时，试验结果显示该病对新霉素、庆大霉素、氟苯尼考高敏，对阿莫西林和头孢拉定中敏，对青霉素和左旋氧氟沙星低敏。由此诊断该病例系非典型新城疫混合感染大肠杆菌。

【处理措施】（1）每100千克饮水中混入氟苯尼考和丁胺卡那霉素粉剂各10克，全天饮用，上午集中2小时饮用信必妥（转移因子），连用3天。

（2）加强环境消毒和饲养管理　使用1∶500的威力碘每天带鸡消毒1次。注意鸡舍通风和保温，供给优质饲料，隔离病、弱鸡只，进行特别护理。经过上述用药治疗，2天后病情基本得到控制，采食量明显提高，4天后鸡群基本康复。

生产中由于免疫不确实而导致非典型新城疫的发生，如果卫生条件不好或控制不力，很容易并发或继发大肠杆菌病。在诊断及防治时，不要盲目地用药，有条件的要做新城疫抗体监测、药敏试验，正确掌握用药剂量和疗程，做到及时准确地用药，防止复发，并要注意药物残留控制。

3. 新城疫和法氏囊病混合感染的诊治失误

辉县市一肉鸡饲养户饲养肉鸡3500只，在15日龄时开始发病，初期仅有几只表现精神沉郁，病情进一步发展，3天后鸡群采食量下降，开始出现死亡（3天死亡约60只鸡）。

病鸡初期精神沉郁，采食量下降，羽毛松乱、无光泽，畏寒战栗，啄肛，排黄色或白色水样粪便，随后开始出现蛋清样白色黏稠粪便，泄殖腔周围羽毛被粪便污染，严重鸡只精神高度沉郁、嗜睡，最终因虚脱而死。发病后到一兽医门诊诊治，解剖病死鸡，胸肌和腿肌有块状出血，法氏囊充血、水肿，体积增大2～3倍，表面被覆胶冻样物质，肾脏肿胀。个别鸡只表现心包炎、肝周炎、气囊炎和腹膜炎等，诊断为法氏囊病。推荐使用法氏囊高免卵黄，每只鸡2毫升，严重者第二天再注射2毫升。结果注射后第二天，死亡不仅没有减少，反而增加，陆续死亡，两周后鸡群逐渐恢复。共计死亡1300多只。

采集病鸡进行了实验室检查以确定死因。无菌采取病鸡病料，用普通琼脂培养基进行培养，24小时、48小时各观察1次，没有细菌生长；共随机抽采6批症状典型鸡群的血液，每批按5%～10%的比例抽取，新城疫做血凝抑制试验，抗体滴度均参差不齐；法氏囊做琼脂扩散试验，阳性率占30%～40%。根据临床症状、病理剖检变化及实验室诊断结果，确诊为新城疫和法氏囊病混合感染。

本病例说明发病后要进行综合诊断，不能盲目使用卵黄抗体和药物，否则会引起大批死亡。如果确诊是新城疫和法氏囊病混合感染，采取措施：①全群使用含有新城疫抗体和法氏囊抗体的双抗高免卵黄或血清与植物血凝素全群胸肌注射，每只1.5毫升，先注射健康鸡，再注射病鸡，严重者第二天再注射1次；②用含有黄芪多糖的抗病毒中药加头孢类抗生素配合治疗，同时用VC辅助治疗；③病愈后5～7天补做新城疫疫苗，7～10天补做法氏囊疫苗。

（五）黄曲霉毒素中毒的处理

1. 发生原因

玉米、花生、稻、麦等谷实类饲料在潮湿的环境中极易被黄曲霉菌污染，其产生黄曲霉毒素可引起肉鸡肝脏损坏，并可诱发肝癌。肉

鸡吃了霉变的饲料或垫料可引起本病发生。

2. 临床症状

2～6周龄的肉鸡发生黄曲霉毒素中毒时最严重，可造成大批死亡。病鸡出现虚弱，嗜睡，食欲不振，生长停滞，发生贫血，鸡冠苍白，有时带血便。

3. 处理措施

①立即停喂发霉变质饲料；②使用制霉菌素，每只鸡3万～5万单位，连用3天；③饮水中添加葡萄糖、速溶多维等；④死鸡要进行深埋处理，不可食用。

4. 防治措施

不喂发霉饲料，不用发霉垫料，加强饲料及垫料的保管。对已发霉的要用福尔马林进行熏蒸消毒。

（六）食盐中毒

食盐是肉鸡饲料中不可缺少的重要组成部分，但如果采食过多则会引起肉鸡中毒，甚至造成死鸡损失。当饲料中食盐用量达到肉鸡每千克体重1～1.5克时即可中毒，达到4克时即可死亡。饲料中食盐超过3%时，饮水中食盐超过0.9%，5天内肉鸡死亡率达到100%。

1. 发病原因

①饲料管理不当，使肉鸡采食了过多的食盐，如喂饲过量的鱼粉、饲料或饮水中加入过量食盐等；②盐粒过粗，混合或稀释不匀。

2. 临床症状

病鸡早期食欲不振或完全废绝，饮水量大增。随着病情的发展，病鸡高度兴奋，肌肉震颤，运动失调，两腿无力，走路摇摆，有时出现瘫痪，最后虚脱死亡。

3. 处理措施

发现中毒后，应立即停喂含盐的饲料及饮水，以大量清水供肉鸡饮用；肉鸡中毒早期，可口服植物油缓泻剂，以减轻中毒症状。

4. 防治措施

饲料中食盐含量不能超过0.5%，混合要均匀；保证充足供水。

（七）煤气中毒的处理

煤气中毒即一氧化碳中毒，育雏期或寒冷季节肉鸡舍以煤炉取暖不当所致。

一氧化碳（CO）为无色、无味、无刺激性气体。其与血红蛋白的亲和力要比氧与血红蛋白的亲和力大200～300倍，而碳氧血红蛋白的解离却比氧合血红蛋白慢3600倍。所以，一氧化碳一经吸入，即与氧争夺同血红蛋白的结合，碳氧血红蛋白形成后不易分离，使机体急性缺氧。

轻度中毒，鸡表现为羞明流泪、呕吐、咳嗽，心动疾速，呼吸困难；重度中毒，出现昏迷，知觉障碍，反射消失，可视黏膜呈桃红色，也可呈苍白色或发绀，体温先升高，以后下降，呼吸急促，脉细弱，四肢瘫痪或出现阵发性肌肉强直及抽搐，瞳孔缩小或放大。伴随中枢神经系统的损害，患鸡陷入极度昏迷状态，呼吸麻痹。如不及时治疗，很快死亡。

生产中，肉仔鸡对一氧化碳中毒最为敏感。使用煤炉加温时没有安装导烟管或导烟管密闭性能差、为了提高温度打开舍内煤炉的火口等，使大量的一氧化碳滞留在舍内，加之注意保温而忽视通风而引起肉仔鸡煤气中毒。

发生中毒后，一是立即进行通风，加大通风量驱除舍内一氧化碳，换进舍外氧含量高的新鲜空气；二是在饮水中加入维生素C和葡萄糖，每100千克水中添加10克维生素C和5千克葡萄糖，让肉仔鸡自由饮用；个别严重的可以人工滴服；三是认真检查煤炉供温系统，封堵漏洞，每次添加煤炭后要盖好火盖，以防类似事件再次发生。

（八）肉鸡消化不良的处理

鸡出现消化不良时，是饲料在消化道中存留的时间过短，没有来得及很好的消化所致，原因可能有几种：一是肠道发生炎症（细菌性的、病毒性的）；二是饲料适口性差。

如果是肠道发生炎症，则饲喂调理肠道药物即可解决，如果怀疑是饲料适口性差，换一下饲料做一下对比饲喂即可证明。另外添加一

些酶制剂、微生态制剂也会起到良好的调理作用。

（九）肉鸡拉水便的处理

鸡拉水便，一般有如下几种原因：一是肾脏肿胀（传染性支气管炎或痛风病），输尿管被尿酸盐阻塞，水的代谢出现故障，水从肠道排出，此时要喂通肾药；二是饲料中能量成分过高，鸡舍通风不畅，氧气不足造成代谢不良所致，此时调整通风或降低能量即可；三是盐分过高，可能来自饮水或饲料，及时调整；四是饲料变质，更换饲料。具体情况请兽医现场诊断。

（十）肉鸡多病因呼吸道病的处理

鸡多病因呼吸道病又称鸡呼吸道综合征，是最近几年十分普遍和严重的疾病，表现有轻微呼吸道症状，打喷嚏、甩鼻、咳嗽，接着气喘，并伴有呼吸啰音，严重的出现流泪、眼睑肿胀、伸颈张口呼吸、排黄绿色、黄白色稀便、生长停滞等现象。喉、气管内有大量黏液，喉头有出血点，气管壁有出血，气囊混浊、增厚，有干酪样渗出物。严重的出现心包炎、肝周炎、腹膜炎，肾脏肿大、苍白，盲肠扁桃体肿大、出血，直肠有条索状出血。预防和治疗十分困难，肉用仔鸡明显，产蛋鸡也有发生。

1. 发生原因

一是环境条件差，如温度的突然变化、湿度过小、有害气体含量超标等；二是受到病原体侵袭，如支原体、嗜呼吸道病毒、大肠杆菌等感染。

2. 处理措施

一是将鸡舍进行全面消毒，减少室内灰尘含量；二是将鸡舍门窗关闭，用呼瑞康（延胡索酸泰妙菌素）＋地塞米松＋氨溴索混合，用电动气溶胶喷雾器进行喷雾给药，连用 3 天；三是在饮水中添加杆立克（环丙沙星）＋六感清，白天饮水，连用 4 天；饲料中添加冰连清热散，连用 4 天；四是晚间饮水中添加活力健。

（十一）发生鸡痘的处理

鸡痘是由禽病毒引起的一种缓慢扩散、高度接触性传染病。特征是在无毛或少毛的皮肤上有痘疹，或在口腔、咽喉部黏膜上形成白色结节。在集约化、规模化和高密度的情况下易造成流行，可以引起增重缓慢，鸡体消瘦。肉鸡由于饲养周期短，生产中人们往往不进行鸡痘的预防接种而引起鸡痘的发生，多发生于夏秋季节。

【处理措施】(1) 对症疗法　目前尚无特效治疗药物，主要采用对症疗法，以减轻病鸡的症状和防止并发症。皮肤上的痘痂，一般不做治疗，必要时可用清洁镊子小心剥离，伤口涂碘酒、红汞或紫药水。对白喉型鸡痘，应用镊子剥掉口腔黏膜的假膜，用1%高锰酸钾洗后，再用碘甘油或氯霉素、鱼肝油涂擦。病鸡眼部如果发生肿胀，眼球尚未发生损坏，可将眼部蓄积的干酪样物排出，然后用2%硼酸溶液或1%高锰酸钾冲洗干净，再滴入5%蛋白银溶液。剥下的假膜、痘痂或干酪样物都应烧掉，严禁乱丢，以防散毒。

(2) 紧急接种　发生鸡痘后也可视鸡日龄的大小，紧急接种新城疫Ⅰ系或Ⅳ系疫苗（4～5倍量），以干扰鸡痘病毒的复制，达到控制鸡痘的目的。

(3) 防止继发感染　发生鸡痘后，由于痘斑的形成造成皮肤外伤，这时易继发引起葡萄球菌感染，而出现大批死亡。所以，大群鸡应使用广谱抗生素如0.005%环丙沙星或培福沙星、恩诺沙星或0.1%氯霉素拌料或饮水，连用5～7天。

（十二）饮水中食盐含量过高引发的肾脏病变的处理

2009年7月29日，养殖户刘某饲养的2500只雏鸡2日龄死亡率升高。鸡群表现精神较差，饮水较少，出现脱水的鸡只很多，解剖鸡只，发现鸡群肾脏颜色变白，尿酸盐沉积过多，现场共死亡鸡只172只，怀疑与饮水量过少有关，遂嘱咐农户饮水中添加葡萄糖，并提高鸡舍温度，增加鸡群饮水量。

8月1日，鸡群不见好转，伤亡率不减反增，可见大群鸡精神萎靡、闭眼呆立，有的瘫痪不立，鸡群脱水更厉害，采食量和饮水量都比正常减少2/3。解剖鸡只15只，发现均出现花斑肾，有5只鸡心脏和肝脏上还有白色粉状尿酸盐沉积，现场死亡鸡只812只。

了解用户用药情况，从接鸡开始除第二日用了少量的大肠杆菌药物和第四日用了活力健外，其他时间都在使用葡萄糖。用户反映用活力健饮水时鸡群争先喝水，用葡萄糖时鸡只饮水量则很少，这与鸡的习性和平常情况相反。

随取少量葡萄糖品尝，发现含盐量极高，咸度很大，而雏鸡对盐很敏感。查看葡萄糖说明，发现该葡萄糖为某药厂生产的多维葡萄糖，说明用量为每500克（1袋）加水500千克，而该用户仅加水40～50千克，因此，可以确定为饮水中盐含量过高，鸡群厌恶饮水，导致饮水量急剧减少，又由于肉鸡饲料中蛋白比较高，饮水过少，导致尿酸盐排泄不畅，所以也有痛风的症状，从大群精神和解剖症状看，已无治疗价值。

采用3%葡萄糖和0.1%维生素C治疗，3天后鸡群伤亡率有所减少，但脱水鸡还在继续死亡，1周后仅剩600只鸡。而其邻居同批次同一孵化场引进的3500只肉鸡，成活率都在99%以上，基本确定该户鸡群脱水严重和肾脏病变为饮水中盐分含量过高引发的尿酸盐浓度过高，排泄不畅造成的。经查阅有关资料，发现也有类似情况，鸡群伤亡率达95%，主要与肉鸡，尤其是肉雏鸡对盐较敏感有关系。

肉鸡生长速度快，抵抗疾病的能力较差，容易发生肾脏病变，对于鸡的肾脏病变，除怀疑肾型传支等传染病引起的肾脏疾病外，还应详细调查用户的用药史，以确定引起肾脏病变的原因，及时调整投药，同时提醒广大兽医工作者，用药时应注意药物的配伍禁忌和药物的副作用，以减少用药失误，降低不必要的经济损失。

（十三）发生腿病的处理

腿部疾病是肉鸡的常见病，表现为腿无力、骨骼变形且关节囊肿等，造成跛行、瘫痪，严重影响运动和采食，制约生长速度，降低养殖效益。

1. 发生原因

一是疾病。如病毒性关节炎、滑液囊支原体感染、骨髓炎等；二是饲料中矿物质、微量元素、维生素D等缺乏或不平衡；三是垫料质量或网面结构有问题。

2. 处理措施

对已患腿部疾病的肉鸡要及早隔离，精心护理，适时将其售出。

3. 预防措施

（1）根据不同的阶段进行营养控制　在饲养前期（3～4周龄），要使肉鸡长好骨架，促进骨骼发育，防止体脂蓄积，为此要加强运动，增强体质。要控制饲料中的代谢能水平，或根据需要通过限量饲养的方法来控制体脂蓄积，可定期抽查体重，及时调整日粮能量水平，4～5周龄后加速育肥上市。

（2）保持鸡舍的良好环境　鸡舍要保持通风、卫生、干燥，垫料要松散防潮，并定时更换。饲养的密度要适宜，3～4周龄后，每平方米不超过10只鸡。

（3）保持日粮的营养均衡　日粮中的矿物质、维生素（特别是维生素A和维生素D）含量要丰富，但不可过量，且钙磷比例要适当，特别要注意防止日粮中钙、锰及维生素D、维生素B_2等的缺乏。维生素D对骨骼发育的作用尤其重要。对于0～3周龄的肉用仔鸡，每千克日粮中维生素A、维生素D的含量应保证在250～400国际单位。

（4）保持适当的运动　可采取定期少量投喂维生素A、维生素D及丰富的青绿多汁饲料，如胡萝卜、南瓜等，可采用勤添少喂的投料方式，以增加鸡啄食和运动的时间。

（5）搞好疾病预防　部分细菌和病毒会造成肉鸡发生腿部疾病，如葡萄球菌等。必须做好疫苗接种和预防工作。

（十四）脱肛处理

1. 发生原因

脱肛多发生于种母鸡的产蛋盛期。诱发原因：育成期运动不足、鸡体过肥、母鸡过早或过晚开产、日粮中蛋白质供给过剩、日粮中维生素A和维生素E缺乏、光照不足或维生素D供给不足，以及一些病理方面的因素，如泄殖腔炎症、鸡白痢、球虫病及腹腔肿瘤等。

2. 处理措施

重症鸡大部分愈后不良，没有治疗价值。一旦发现脱肛鸡，要立即隔离，对症状较轻的鸡，可用1%的高锰酸钾溶液洗净脱出部分，然后涂上紫药水，撒敷消炎粉或土霉素粉，用手将其按揉复位。对经上述方法整复无效的，可让病鸡减食或绝食两天，控制产蛋，然后在其肛门周围用1%的普鲁卡因注射液5～10毫升分3～4点封闭注射，再用一根长20～30厘米的胶皮筋做缝合线（粗细以能穿过三棱缝合针的针孔为宜），在肛门左右两侧皮肤上各缝合两针，将缝合线拉紧打结，3天后拆线即可痊愈。

（十五）肠毒综合征的处理

肠毒综合征是肉鸡饲养发达地区商品肉鸡群中普遍存在的一种疾病。它以腹泻、粪便中含有没有消化的饲料、采食量明显下降、生长缓慢或体重减轻、脱水和饲料报酬下降为特征。虽然死亡率不高，但造成隐性的经济损失巨大。

1. 发病原因

一是魏氏梭菌、厌氧菌、艾美尔球虫中的一种或多种病原共同作用；二是肠道内环境的变化；三是在病原感染的情况下，饲料营养含量过高；四是自体中毒。

2. 临床表现

多发于20～40日龄的肉鸡。鸡群一般没有明显症状，精神正常、采食正常、死亡率也在正常范围内，但是鸡粪便变稀、不成形、粪中含有没消化的饲料，随着时间的延长，采食量下降，增重减慢或体重下降，粪便变稀，粪中带有未消化的饲料，颜色变为浅黄色、黄白色或呈鱼肠子样粪便，不成堆，比正常的鸡粪所占面积大，同时，排胡萝卜样粪便，粪便中出现凝血块。当鸡群中多数鸡出现此种粪便之后2～3天，鸡群的采食量下降10%～20%，有的鸡群采食量可下降30%以上，个别鸡扭头、疯跑，死亡鸡只出现角弓反张。此时如果得不到确实治疗，会导致严重损失。

3. 主要病变

在发病的早期，十二指肠及空肠的卵黄蒂之前的部分黏膜增厚，颜色变浅、呈现灰白色，像一层厚厚的麸皮、极易剥离，肠黏膜增厚的同时，肠壁也增厚，肠腔空虚、内容物较少。有的肠腔内没有内容物，有的内容物为尚未消化的饲料。该病发展到中后期，肠壁变薄，黏膜脱落，肠内容物呈蛋清样，盲肠肿胀充满红色黏液。个别鸡群表现的特别严重，肠黏膜几乎完全脱落崩解、肠壁变薄，肠内容物呈血色蛋清样或黏脓、柿子样，盲肠肿胀，内含暗红色栓子。其他脏器未见明显病理变化。

4. 处理措施

按照多病因的治疗原则，抗球虫、抗菌、调节肠道内环境、补充

部分电解质。磺胺氯吡嗪钠＋强力维他饮水，黏杆菌素拌料，连用3～5天；复方青霉素钠＋氨基维他饮水，连用3～5天。停药后应用活菌制剂调理菌群，改善肠道环境。

（十六）发生应激时的处理

应激是指动物在外界和内在环境中，一些具有损伤性的生物、物理、化学，以及特种心理上的强烈刺激作用于机体后，随即产生的一系列非特异性全身性反应，或曰非特异性反应的总和。应激的频繁发生会严重影响肉鸡的生长发育，甚至危害健康。规模化生产中，应激因素增多，如免疫接种、转群移舍、突然噪声等都能导致肉鸡出现应激。

应激发生时的处理措施：一是尽快消除应激源。应激源持续强烈的刺激，加剧应激反应，所以要尽快消除应激源；二是在饲料或饮水中添加抗应激剂。在饮水中添加维生素C（每千克水中添加0.025克）或速溶多维，在饲料中添加氯丙嗪等来缓解应激。如果是一些已知的应激，如免疫、转群等，应该在应激前后3天内连续使用抗应激剂。

（十七）肉鸡发生“腺胃炎”的处理

商品肉鸡“腺胃炎”指发生于商品肉鸡的以临床采食量降低、消化不良，剖检主要病变为肌胃角质层糜烂、腺胃肿大的疾病。

发病鸡群常常在7天后出现明显的症状，病鸡表现相同，但发病严重程度差异很大，如控制不当，随着日龄的增加，病情会越来越重；鸡群发病与鸡苗来源、饲料来源、疫苗来源没有因果关系。一个鸡场可连续几批鸡发病，饲养管理不当，特别是高温高湿或低温均会加重病情。

典型病变是病鸡消瘦、腺胃肿大，腺胃壁增厚，腺胃乳头出血，肌胃角质层糜烂、溃疡。临床明显发病时根据临床表现和剖检病变可以做出诊断。临床发病不明显时可根据肌胃病变尽早判断。

大量的病鸡胃触片细菌镜检，视野中均可见短小杆菌。病料经加抗菌药物处理后接种雏鸡显著改善雏鸡的增重速度，说明细菌为重要的致病因素，并且可以排除霉菌毒素为该病的主要致病原。

处理措施：发病时，主要采用健胃消食的中药治疗。如使用鸡病清散（黄连40克，黄柏40克，大黄20克），0.5%拌料，连用3～5天或鸡病灵（黄连150克，黄芩150克，白头翁150克，板蓝根150克，

苦参150克，滑石450克，木香75克，厚朴75克，神曲75克，甘草75克）0.6%拌料，连用3～5天。饮水中添加氨苄西林，混饮（以氨苄西林计），60毫克/升，每日1次，连用2～3天。

预防措施：空舍期做好冲洗消毒工作，尽量减少舍内及场区潜在的病原；日常做好隔离消毒等生物安全工作；抗菌药物预防。1～4天和7～10天两次饮用对G^+菌敏感性好的药物（如氨苄西林或阿莫西林饮水）；平时注意剖检淘汰鸡。如发现发病征兆，马上投抗菌药＋健胃中药治疗；因饲养管理不当可加重病情，要尽量按饲养管理规范给鸡群提供舒适的生长环境。

（十八）突然死亡的处理

肉鸡场中肉鸡出现突然死亡，应引起高度重视。

【处理措施】（1）进行认真诊断，弄清疾病种类和性质。如果是普通性疾病，可做一般处理。如果怀疑是传染性疾病，请有经验的兽医进一步确诊，或到权威机构进行实验室诊断。

（2）立即进入紧急预防状态　加强对环境、鸡舍和肉鸡的消毒；隔离和认真观察，注视病情发展。

（3）妥善处理病死鸡　死鸡严禁乱扔，应装在可以封闭的塑料袋内放在指定地点，进行深埋或焚烧等无害化处理。有些鸡场随意处理突然死亡的肉鸡，认为肉鸡场死鸡是很正常的事情，无需大惊小怪。这样做是很危险的。尽管肉鸡场死鸡是经常发生的事情，但应搞清病情，区别对待。尤其是对于疑似传染性疾病，务必引起高度重视。

（4）对大群进行针对性预防　根据具体情况使用药物或进行免疫接种。

（十九）发生球虫病的处理

球虫病是肉鸡养殖生产中最为常见也是危害最大的疾病之一，球虫从雏鸡开始携带于机体，并存在于家禽的一生。尤其是饲养在温暖、潮湿环境中的肉鸡容易发生此病，死亡率高的可达80%，病愈鸡生长严重受阻，抵抗力降低，易继发其他疾病。

球虫的发病日龄一般为15日龄以后，但也有7～10日龄爆发球虫病的报道。其症状一般为发病初期，病鸡精神沉郁，采食量减少，鸡体逐渐消瘦，鸡冠和腿部皮肤苍白；排水样稀粪或饲料样粪便，严重者排深褐色和西红柿样粪便，有刺鼻难闻的气味，粪便中含有血液

和黏液，出现零星死亡。以后病鸡还出现瘫痪，不愿走动，尖叫，而且夜间死亡明显增多。剖检变化为肠壁增厚。从浆膜面可见感染部位出现针尖大白色和红色病灶，有的为片状出血斑；肠内容物呈淡灰色、褐色或红色，有的小肠内有水样稀粪，肠壁黏膜呈麸皮样；空肠和回肠脆而易碎，充满气体，肠黏膜覆盖一层黄色或绿色伪膜，有的易剥落，黏膜有出血斑点。

发生球虫病时，一是加强管理，注意通风换气，并且及时清理粪便，保持鸡舍的干燥和清洁卫生。二是发病后及时用药，可以使用磺胺类药物治疗，但要注意使用剂量和使用周期，并且在饮水中添加肾肿解毒药。在治疗球虫的过程中，最好能够几种药物交替使用，以防止产生耐药性和影响治疗的效果。如球痢清（盐酸氨丙啉 20 克＋乙氧酰胺苯甲酯 1 克＋磺胺喹噁啉 12 克）饮水 3 ～ 5 天，再使用三嗪酮（百球清），混饮（以托曲珠利计），25 毫克 / 升，连用 2 ～ 3 天。三是在治疗的过程中多维素要增至 3 ～ 5 倍，如果发生严重的肠道出血，在每千克饲料中添加维生素 K_3 3 ～ 5 毫克以缓解症状，防止贫血和愈后不良，避免影响生长速度和饲料的转化率。

球虫病重在预防：一是成鸡与雏鸡分开喂养，以免带虫的成年鸡散播病原导致雏鸡爆发球虫病；二是保持鸡舍干燥、通风和鸡场卫生，定期清除粪便，并堆放发酵以杀灭卵囊；保持饲料、饮水清洁，笼具、料槽、水槽定期消毒，一般每周一次，可用沸水、热蒸气或 3%～ 5%的热碱水等处理；补充足够的维生素 K 和给予 3 ～ 7 倍推荐量的维生素 A，可加速鸡患球虫病后的康复；三是雏鸡在 3 ～ 4 周龄，选用链霉素、土霉素等药物预防白痢病，同时也预防了球虫病；四是终身给予预防药物，常用莫能霉素、盐霉素、奈良菌素、尼卡巴嗪、马杜拉霉素、硝苯酰胺、氯苯胍、地克珠利等，主要用于肉鸡，在上市屠宰前 7 天停药。

（二十）发生腹水综合征的处理

腹水综合征是肉鸡饲养中常见的非传染性疾病。主要发生在 40 日龄以后，春、冬季发病率较高。发生腹水的鸡前期并没有什么症状，中后期主要表现为全身循环不畅，冠、表皮发紫，鸡呼吸困难，采食量低，腹部膨大，有波动感。排灰白色粪便，有时粘在肛门羽毛上。剖检可见腹腔内流出大量淡黄色的液体，时而有胶冻样物，心脏扩张，心壁变薄，右心较严重。肝脏初期淤血肿大，后期

萎缩硬化。肠道淤血严重，肾肿。

1. 发病原因

（1）环境因素　鸡舍通风不良，密度过大，有害气体较多，氧气量较少，导致肉鸡机体缺氧。肉鸡为了获得较多的氧气，呼吸加快，时间长了，肺部淤血，其内血管狭窄，由心向肺的血流受阻，右心作为血流的动力因负担加重而代谢性增大，继而疲劳松弛，不能正常接受来自肝脏的静脉血，使肝脏淤血，由肠管流向肝脏的静脉血流受阻，整个肠管淤血。由于机体需要氧气不足，心脏负担加重。血浆就会从心脏中渗出。偶见因用药引起慢性中毒导致心包积液。

（2）药物因素　药物使用后慢性中毒，使肝、肾功能受损；如果育雏前期温度较低，鸡采食量增加，增加了肝肾负担。

（3）营养因素　10～25日龄鸡只生长速度较快，饲料转化率高，体内代谢快，器官发育不完全，造成体内氧不足，使心脏、肝、肾的代谢负担加重。另外饲料中营养不均，蛋白和能量过高，维生素缺乏也可导致本病的发生。

2. 处理措施

已发生腹水的肉鸡没有好的治疗方法，可以淘汰。对整个肉鸡群，一是保证舍内空气清新，氧气量充足；二是适当降低饲料能量水平；三是使用中草药拌料。茯苓5克、赤芍5克、黄芩5克、党参4～5克、陈皮4～5克、甘草4克、苍术3克、木通3克。鸡只用药拌料按1克/千克体重，1次/天，连用5天。

（二十一）发生猝死症的处理

肉鸡猝死成为肉鸡生产中的一大问题，给肉鸡饲养者带来较大损失。发病前鸡群无任何明显征兆。以肌肉丰满，外观健康的肉鸡失去平衡，翅膀剧烈扇动，肌肉痉挛，发出狂叫或尖叫，继而死亡为特征。从丧失平衡到死亡，时间很短。死鸡多表现为背部着地躺着，两脚朝天，颈部伸直，少数鸡死时呈腹卧姿势，大多数死于喂饲时间。

发生后处理措施：一是饲料中添加生物素，每千克饲料中添加300微克以上生物素，可以减少肉仔鸡死亡率；二是使用碳酸氢钾饮水（每100只鸡62克）或0.36%拌料，其死亡率显著降低。

（二十二）发生啄癖的处理

优质肉鸡活泼好动，喜追逐打斗，特别容易引起啄癖。啄癖的出现不仅会引起鸡的死亡，而且影响鸡长大后的商品外观，给生产者带来很大的经济损失，必须引起注意。引起啄癖的原因很多，出现啄癖时往往一时难于找到主要诱发因素，这时需先想法制止，再排除诱因。一旦发现啄癖，将被啄的鸡只捉出栏外，隔离饲养，啄伤的部位涂以紫药水或鱼石脂等带颜色的消毒药；检查饲养管理工作是否符合要求，如管理不善应及时纠正；饮水中添加0.1%的氯化钠；饲料中增加矿物质添加剂和多种复合维生素。

为防止啄癖，可对鸡群进行断喙。断喙多在6～9日龄进行。切除时应注意止血，通过与刀片的接触灼焦切面而止血。最好在断喙前后3～5天在饲料中加入超剂量的维生素K（每千克饲料加2毫克）。为防止感染，断喙后在饲料或饮水中加入抗生素，连服2天。

（二十三）胸部囊肿的处理

肉鸡胸部囊肿是由于鸡龙骨承受全身压力刺激或摩擦外伤引起的炎症，继而龙骨表面发生皮质硬化形成的囊状组织，其里面逐渐积累一些黏稠的渗出液，呈水泡状，颜色由浅变深。胸部囊肿降低肉鸡胴体的等级，也影响肉鸡的生产效益。

1. 发生原因

该病的发生主要与肉鸡的品种、日龄、体重、季节和垫料性质等因素有关。

（1）品种　肉用仔鸡的品种与其胸部囊肿发生率有很大关系。生长速度越快的品种，其发病越高。对平养肉仔鸡调查发现：AA鸡平均发病率为6.83%，最高达10.0%；海佩科平均为3.70%；海新平均发病率为2.30%。

（2）日龄　AA鸡180日龄的发病率为10.1%；海佩科60日龄时发病率为2.0%，120日龄则为7.5%。上述数字表明，不论品种如何，随着日龄增长，发病率随之增高。

（3）体重　资料分析表明，鸡体重与胸部囊肿发病率呈正比。AA鸡体重为1.75～2.5千克时，发病率为5.8%；体重为3.4～3.9千克时，发病率为7.9%；体重为6～7.6千克时，发病率为12.0%。

（4）季节性　季节的变化与肉鸡胸部囊肿发生率具有一定的关系，AA鸡夏季为8.15%，秋季和春季分别为3.0%和4.2%，冬季没有发生；海佩科夏季为7.5%，秋季和春季分别为1.7%和2.0%。由此可以看出，夏、春季发病率较高，这可能是夏春季节气温高，病菌繁殖较快。

（5）垫料性质　不同垫料，其胸部囊肿发病率各不相同。小刨花垫料肉用仔鸡发病率为7.5%，而细锯屑的发病率为10.0%，后者比前者高2.5%，这说明不同垫料对肉用仔鸡胸部囊肿发病有一定的影响。

2. 处理措施

根据上述缘由我们在管理上就应采取下列适当措施来防止或减少胸囊肿的发生。

（1）加强垫料管理　选择柔软的垫料；保持垫料的干燥、松软，将潮湿结块的垫料及时更换出去；保持垫料足够的厚度，防止鸡直接爬卧在地面上；定期抖松垫料，以防垫料板结。

（2）改善笼具弹性　采用笼养或网上平养时，必须加一层弹性塑料网垫，这样可有效地减少胸囊肿的发生率。可以采用竹竿网养，即用圆竹钉成网面。圆竹好像树枝，肉鸡休息时会蹲着休息，减少伏卧时间。

（3）减少肉用仔鸡俯卧时间　事实上，长时间伏卧对鸡的加快生长不利。肉用仔鸡食欲旺盛，采食速度很快，吃饱就休息，一天当中有68%～72%的时间处于伏卧状态。由于伏卧时其体重由胸部支撑，这样胸部的受压时间长，压力大，加之胸部羽毛又长得较迟，很易形成胸部囊肿；减少伏卧时间的办法是适当地增加饲喂次数，减少每次喂料量。如果采用链式喂料器供料，每次少供一些饲料，多供几次，并可每隔一段时间使喂料器空转一次，促进活动。

（4）搞好鸡舍通风夏季要降低舍内空气温度，保持鸡舍清洁卫生。

（二十四）微量营养缺乏引起疾病的处理

肉用仔鸡由于生长迅速，常因养分供给不足而发病，特别在笼养或网上平养时。最常见的是发生啄毛、啄趾等啄癖或腿病，这些都与营养缺乏有很大关系。饲养肉用仔鸡，容易忽视动物性蛋白质、微量矿物质和维生素或青饲料的添加，常常发病后还找不出原因。饲养中

必须按饲养标准满足各种微量养分的供给，才能避免发病，也就是才能提高整个经济效益。

1. 锰、锌缺乏与脱腱症

这在 2 周龄后肉鸡最为多见，发病率 1%～16%。可见单侧或双侧足关节肿大，腿骨粗短或弯曲呈 X 及 O 字形。过去一直认为仅缺锰，现在发现与锌及生物素、胆碱、叶酸、烟酸等维生素缺乏关系很大。据报道，肉粉、鱼粉等动物性蛋白质含量较高时对锌的需要亦增加，从而也成为促进发病的原因之一。

2. 硫、铜、铁缺乏与啄癖

禽体内的硫，一般都以含硫氨基酸形态存在，家禽羽毛、爪等含有大量的硫，鸡缺硫时易发生食毛癖，鸡显得惊慌，躲在角落以防被啄或见鸡体很多部位不长毛，要将铜、铁等以硫酸盐形式添加，因为蛋氨酸在体内代谢过程中有部分因硫酸盐不足而转化为硫酸盐，使极难满足需要的蛋氨酸更为缺乏，这是由于蛋氨酸和胱氨酸在体内有协同转化功能。据报道食毛时在饲料中加入 1%～2%的石膏粉（$CaSO_4 \cdot 4H_2O$）有治疗作用。

3. 硒和维生素 E 缺乏与肌肉营养不良

主要是微量元素硒和维生素 E 缺乏，其次是精氨酸、含硫氨基酸、必需脂肪酸（亚油酸）缺乏也促使发病。肉仔鸡在高温或缺鱼粉时更易发病。开始脚、头出现紫红色肿胀，其后胸肌、腿肌呈灰白色状变化，并伴随水肿、出血、二脚麻痹而不能去采食、饮水，走向死亡。

4. 核黄素（维生素 B_2）缺乏与趾麻痹症

主要 1 月龄以内的肉鸡雏，趾爪向内弯曲是其特征。发病原因为维生素 B_2 缺乏，或因饲料中添加抗球虫剂及其他抗菌药物（特别是呋喃类药物引起维生素 B_2 吸收受阻而发病）。

5. 维生素 D 与佝偻病

维生素 D_3 是由皮肤中的 7- 脱氢胆固醇经阳光（紫外线）照射生成，如果鸡既晒不到阳光，又不补充维生素，就会缺乏维生素 D_3。

维生素D影响钙、磷代谢，或饲料本身钙磷含量不平衡，使吸收与利用发生障碍而发生佝偻病。常见鸡步态不稳、蹲坐在地上；骨质变软、长骨变形弯曲等。

十、经营管理的问题处理

俗话"家财万贯，带毛的不算"形象说明养殖业有太大的风险，今天有的，明天可能就没有了，今天靠搞养殖积攒了一些财产，明天也有可能会失去，甚至会弄得倾家荡产。这种说法虽然未免过激，但是却在一定程度上说明了养殖业确实存在一定的风险性。降低风险一方面需要不断提高技术水平，另一方面需要不断提高经营管理水平，任何一个方面出现问题都会影响到养殖的效益。生产中人们比较注重养殖技术而忽视经营管理，增加了肉鸡养殖的风险性。

（一）缺乏正确的养殖观念

"观念决定态度，态度决定行动"。没有一个正确的观念，就不可能有正确的行动。禽生产也需要树立正确的观念，即树立"畜禽为我，我为畜禽"的观念。"畜禽为我"就是饲养畜禽的目的是为生产者生产畜禽产品，创造效益；"我为畜禽"就是生产者只有为畜禽创造了良好的生活和生产条件，满足畜禽需求，才能使畜禽的生产潜力充分发挥，才能获得更多的畜禽产品，才能取得更好的效益。但生产中，普遍缺乏正确的养殖观念，只是把畜禽看作生产的"机器"，不考虑畜禽的生理、心理和行为需要，不能最大限度满足其需求，最终结果也不可能达到人类"贪婪"的目标。只有善待畜禽，维持畜禽的康乐，进行友好型生产，才能取得持续稳定的收益，最后最大的受惠者还是生产者，因为：一方面可以最大限度生产畜禽产品。为畜禽提供的环境条件适宜，满足畜禽各种需要，畜禽机体健康，生长发育良好，其生产潜力得以最大限度发挥，可以生产更多的畜禽产品；另一方面可以提高产品质量和产品价格，增强市场的竞争力。畜禽的康乐状况影响到产品的质量，生产条件适宜，畜禽的生理、心理和行为表现不受限制，动物身心愉悦，身体健康，适应能力和免疫能力增强，疾病发生少，使用药物少或不用药物，体内残留药物的概率降低，产品残留机会也会减少，产品质量提高。人们喜欢消费这种优质产品，可以获

得较高的市场价格和较好的经济效益。

（二）管理不善影响养殖效益

相同的鸡苗，相同的饲料，相同的价格，有的养殖场户赚钱，有的养殖场户赔钱，其原因就是管理问题。管理好，鸡长得好，市场行情好，就赚钱，否则就会赔钱。所以，管理就是效益，管理就是金钱。对养殖场进行精细化管理，是养殖取得成功的前提和保证。如果管理到位，鸡没有疫病，或疫病得到及时的控制，鸡长得好，遇到好的行情可以赚到更多的钱，遇到差的行情可以不赔钱。但生产中，许多养殖场户管理不善，肉鸡生长发育不良，疾病频繁发生，即使市场行情很好，也没有赚到多少钱，行情稍差一点就不赚钱甚至亏损。

目前疫病是制约肉鸡养殖效益提高的一个主要原因。疫病是比价格更可怕的一个杀手，它可以让养殖户血本无归。加强管理所针对的就是疫病风险。你的管理到位了，你对上鸡的时机把握准确了，你就可以百战百胜，立于不败之地。

处理方法：一是能否为肉鸡提供良好的环境。良好的生长环境应该有适宜的温度，适当的湿度，通风良好，干净卫生。只有环境好了，舍内清洁卫生，肉鸡的抵抗力强，才能远离疫病，健康的生长发育。二是是否细心观察，特别是注意观察肉鸡每天的采食量、饮水量，做到心中有数。鸡随着日龄的增长，体重的增加，采食量、饮水量应该是逐步增加的，如果鸡群有疫病，这会首先从鸡群的采食量、饮水量中得到体现。比如，鸡群的采食突然减少，你就应该分析一下鸡群减料的原因，如果找不到原因，你的鸡群很可能存在疫病了。出现这种情况的时候，鸡群一般还看不出病态，这时应该找一个水平高一点的兽医来确诊一下，及早治疗可以降低治疗的难度，并有效减少疫病带来的损失（当然，气温过高等原因也可以导致鸡群采食量、饮水量的异常波动，这要具体情况具体分析）。采食量、饮水量是鸡群健康状况的晴雨表，它可以帮你及时发现疫病，降低养殖难度，减少疫病带来的损失。如果发现问题，要及时请教兽医进行诊治。三是防疫工作做得到位不到位。只要把防疫工作做好，所防过的病基本就不会再出现。

（三）不了解市场盲目生产导致养殖效益差

肉鸡养殖生产的产品是商品，需要通过市场进行销售。肉鸡市场

存在较大的不稳定性和一定的季节性，如肉鸡出栏量过多时，市场价格较低，即使饲养得很好，也不可能获得很好效益；如果市场肉鸡出栏量少，又是市场消费量较多的季节，肉鸡的市场价格就高，同样的肉鸡产量就可以获得较多的收益（这也是市场效益）。但有些养殖户不了解市场需求和市场变化，埋头在家养殖，虽然辛辛苦苦，养的也不错，结果效益并不好。

肉鸡养殖场户必须要密切关注市场变化，了解市场规律，在市场价格较高的季节和时间段大量出栏肉鸡。了解和掌握市场规律可以从以下方面着手。一是多打听。向有经验的养殖户打听，向规模比较大的养殖户打听，向自己关系比较好的经销商打听。二是广泛查阅资料。注意从网络或报刊杂志上搜集相关信息，通过前一段时间成鸡、鸡苗、饲料等的情况综合分析今后的市场走势。三是做好养殖记录，及时总结经验。这在当时不管用，但是从长远来看，对你今后把握上鸡的时机，还是相当管用的。可以了解历年来不同季节肉鸡市场价格的变化规律，也可以利用资料进行科学预测。四是通过饲料厂家获得有效信息。鸡量最可靠的晴雨表是在当地最有影响的饲料厂510料（0～21天肉用仔鸡料）的销售量，510销售量大，就说明最近上鸡量大，510销量小，就说明最近上鸡量少，能得到这种信息的前提是你在饲料厂有关系（必须是大厂），或者和饲料经销商的关系够铁，铁得经销商可以放弃自己可以得到的利益而跟你说实话。五是通过孵化厂获得肉仔鸡销售情况，如果肉仔鸡供不应求，销售量大，说明肉鸡饲养量较多。

（四）盲目扩大规模导致效益降低

规模化应该是适度规模，应该是数量和质量并重。但随着肉鸡养殖业的集约化和规模化，养殖者不仅要考虑规模的扩大，更应注意饲养质量的提高，特别是环境质量。养殖数量虽然上去了，规模扩大了，但养殖效益并不好，甚至亏损倒闭。只注重数量增加而不注重质量提高也是目前普遍存在的共性问题。生产中，有些养鸡生产者不考虑资金、土地、饲料供应和产品销售条件，一味扩大养殖规模，盲目增加养殖数量。由于资金不足、场地面积过小，场区规划布局不合理，鸡舍距离太近，鸡舍简陋，舍内面积过小，饲养密度过高，粪便污水不能合理处理和利用，场区和鸡舍内环境质量差，小气候不

稳定；鸡场附属设施和生产设备不配套，隔离卫生条件差，鸡场污染严重等，导致疾病发生率高，鸡群生产性能不能充分发挥，产品质量差，效益不好。

集约化、规模化对环境提出了更高的要求，如果只注意扩大规模，盲目增加数量而不注重质量提高，硬件设施和饲养管理技术跟不上去，不能保证适宜的生产条件，则会适得其反。所以，必须改变盲目追求数量而忽视质量的做法，在保证每只鸡有良好的生活环境和较高生产性能的前提下，据自己的资金、场地、饲料报酬和与生产有关的其他情况量力而行，适量增加养殖数量，保持适度规模，增产增收，取得较好效益。

（五）不注重经济核算而影响生产成本的降低

畜牧业经济核算就是对畜牧企业生产经营过程中所发生的一切活劳动和物化劳动消耗及一切经营成果进行记载、计算、考查和对比分析的一种经济管理方法。经济核算有利于提高企业经营管理水平和经济效益、及时发现生产经营中的问题并加以处理以及降低生产成本和保证资产安全等。目前，许多养殖场户缺乏经济核算观念和经济核算知识，没有详细的记录或记录不全，不注重或不进行经济核算，不知道生产成本的构成项目，也不知道产品成本多少，也找不出生产成本升高的原因，就不可能采取有效措施降低生产成本，导致养殖效益差。

十一、停电处理

规模化、集约化肉鸡场对于电力具有很强的依赖性，如光照控制、饮水、通风换气、饲料加工、温度控制，乃至工作人员的生活等。肉鸡场的现代化程度越高，对电的依赖性越强。因此，对于规模化肉鸡场，除了有外部电源以外，还应自备电源，以保证生产的正常进行。一旦发生停电，应采取相应措施。

一是事前与供电部门取得联系，确定停电日期和时间，将自备电源系统准备好，提前进行试运行。在停电期间替代外源电源，保证肉鸡场的正常生产。

二是自己生产饲料的肉鸡场，应提前备足饲料，保证在停电期间

有足够的饲料供应。如果停电时间较长，可考虑外部加工饲料或饲喂相应的商品饲料。

三是进行机械通风的肉鸡场，如果没有自备电源，应根据舍内温度情况进行自然通风。在气温较高时，打开所有的可通风门窗，保证舍内通风。

四是冬季靠电源取暖供温时，在停电期间做好肉鸡舍内的保温工作，尽量减少散热，同时注意换气。

五是加强饲喂。白天要加强饲喂，使肉鸡多采食。必要时晚上可以使用蓄电池为电源，适当延长肉鸡采食时间。

附录　参考的饲料配方

见附表 1 ～附表 4。

附表 1　二段制肉鸡配方（一）　　单位：%

原料	0 ～ 3 周龄		4 周龄以后	
	配方 1	配方 2	配方 1	配方 2
玉米	50.0	59.75	51.0	66.95
高粱	10.0		15.0	
豆粉	18.0		17.50	
豆粕		35.0		29.0
鱼粉（65%粗蛋白）	8.0	1.2	6.0	1.0
鱼精粉（45%粗蛋白）	2.0		肉骨粉 3.0	
麸质粉	3.0		麸皮 2.0	
苜蓿粉	2.0			
酵母	1.0			

续表

原料	0～3周龄		4周龄以后	
	配方1	配方2	配方1	配方2
油脂	3.30	1.1	3.80	1.1
食盐	0.25	0.3	0.25	0.3
碳酸钙	0.60	0.4	0.50	0.4
二磷酸钙	0.80	2.0	0.30	1.8
蛋氨酸	0.18		0.07	
维生素预混料	0.1	0.1	0.1	0.1
矿物质预混料	0.1	0.1	0.1	0.1
盐化胆碱	0.05	0.05	0.05	0.05
其他	0.68		0.68	
合计	100	100	100	100
营养水平				
粗蛋白	22.7	21.3	19.7	19.0
粗脂肪	6.8		7.60	
粗纤维	2.7		2.4	
代谢能/(兆焦/千克)	12.8	12.46	13.19	
钙	0.99	1.00	0.99	0.90
有效磷	0.39	0.45	0.39	0.40
赖氨酸	1.08	1.10	0.95	0.96
蛋氨酸	0.54	0.48	0.35	0.41
蛋氨酸+胱氨酸	0.87	0.84	0.66	0.74

附表2　二段制肉鸡配方（二）　　单位：%

原料	0～3周龄		4周龄以后	
	配方1	配方2	配方1	配方2
玉米	62.5	58.0	64.3	60.88

续表

原料	0～3周龄		4周龄以后	
	配方1	配方2	配方1	配方2
豆粕	30.0	25.0	28.0	32.0
鱼粉（65%粗蛋白）	5.0	7.0	5.0	
麸质粉		7.85		2.0
油脂				3.0
二磷酸钙	2.0	1.5	2.0	1.5
食盐	0.25	0.25	0.25	0.25
蛋氨酸	0.10	0.25	0.25	0.25
赖氨酸			0.05	
多维素预混剂	0.02	0.02	0.02	0.02
微量元素添加剂	0.13	0.13	0.13	0.10
合计	100	100	100	100

附表3　肉鸡三段制不同原料组成的配方

单位：%

组成	鱼粉组			肉骨粉组			肉骨粉＋杂粕组		
	前期	中期	后期	前期	中期	后期	前期	中期	后期
黄玉米	55.7	58.3	62.58	55.4	58.6	63.0	53.39	53.71	59.8
大豆粕	31.5	28.1	22.5	31.0	27.5	22.0	32.0	29.2	20.1
次粉	4.0	4.5	5.0	4.0	4.5	5.0	4.0	4.5	5.0
大豆油	1.1	2.2	3.1	1.4	2.1	2.8	1.9	2.3	4.0
鱼粉	4.0	3.5	3.5						
肉骨粉				5.60	4.7	4.7	3.5	3.3	3.0
棉籽粕								2.0	2.5
菜籽粕							2.0	2.0	2.5
石粉	1.20	1.10	1.10	0.85	0.80	0.79	0.96	0.90	0.90

续表

组成	鱼粉组			肉骨粉组			肉骨粉＋杂粕组		
	前期	中期	后期	前期	中期	后期	前期	中期	后期
碳酸氢钙	1.10	0.90	0.85	0.15	0.35	0.28	0.70	0.62	0.66
食盐	0.30	0.30	0.30	0.30	0.28	0.30	0.30	0.30	0.30
蛋氨酸	0.10	0.10	0.07	0.15	0.12	0.10	0.15	0.12	0.10
赖氨酸				0.10	0.05	0.05	0.10	0.05	0.11
1%预混料	1.0	1.0	1.0	1.0	1.0	1.0	1.0	1.0	1.0
合计	100	100	100	100	100	100	100	100	100
营养水平									
代谢能 /（兆焦 / 千克）	11.92	12.34	12.78	11.95	12.35	12.75	11.92	12.33	12.73
粗蛋白	20.0	19.5	17.5	21.0	19.5	17.5	21.0	19.5	17.5
钙	0.95	0.85	0.80	0.95	0.85	0.80	0.95	0.85	0.80
磷	0.46	0.42	0.40	0.46	0.42	0.40	0.46	0.42	0.40

附表 4　肉仔鸡三段制饲料配方　　单位：%

原料	0～21 日龄		22～37 日龄		38 日龄	
	配方 1	配方 2	配方 1	配方 2	配方 1	配方 2
玉米	59.8	56.7	65.5	63.8	68.2	66.9
大豆粕	32.0	38.0	28.0	31.0	25.5	27.0
鱼粉	4.0	0	2.0	0	1.0	0
动、植物油	0.5	1.0	0.6	1.0	1.4	2.0
骨粉	2.0	2.8	2.2	2.6	2.3	2.5
石粉	0.4	0.2	0.4	0.3	0.3	0.3
食盐	0.3	0.3	0.3	0.3	0.3	0.3
预混料	1.0	1.0	1.0	1.0	1.0	1.0
合计	100	100	100	100	100	100

续表

原料	0～21日龄		22～37日龄		38日龄	
	配方1	配方2	配方1	配方2	配方1	配方2
每10千克预混料中氨基酸的量/克						
赖氨酸	0	0	0	0	0	0
蛋氨酸	700	900	850	1000	550	650
营养水平						
代谢能/（兆焦/千克）	12.3	12.2	12.5	12.5	12.8	12.8
粗蛋白	21.6	21.5	19.1	19.1	17.6	17.6
钙	1.00	1.00	0.95	0.96	0.90	0.92
有效磷	0.46	0.45	0.42	0.42	0.40	0.40
赖氨酸	1.18	1.15	1.00	0.98	0.90	0.88
蛋氨酸	0.45	0.44	0.42	0.42	0.36	0.36
蛋氨酸+胱氨酸	0.80	0.82	0.74	0.75	0.66	0.67

参考文献

[1] 赵兴绪，魏彦明主编 . 畜禽疾病处方指南 . 第 2 版 . 北京 : 金盾出版社，2011.
[2] 王笃学 . 禽病防治合理用药 . 北京：金盾出版社，2010.
[3] 刘泽文 . 实用禽病诊疗新技术 . 北京：中国农业出版社，2006.
[4] 郭天宏 . 无公害肉鸡安全生产手册 . 北京：中国农业出版，2008.
[5] 魏刚才 . 现代实用养鸡技术大全 . 北京：化学工业出版社，2010.
[6] 魏刚才 . 规模化鸡场兽医手册 . 北京：化学工业出版社，2012.